EDA 高级应用与科技创新
（第2版）

主　编　尹振东
副主编　赵延龙　杨柱天　吴芝路

哈尔滨工程大学出版社
Harbin Engineering University Press

内 容 简 介

为满足面向创新人才培养的研究生课程体系改革的需要,结合信息与通信工程学科研究生人才培养的实际需求,作者结合近年来的教学、科研和学科发展实际计划,决定再版《EDA 高级应用与科技创新》研究生教材。

本书打破了传统教材章节的界限,采用三个版块,十五个专题的形式对相关内容进行论述。第一版块为 EDA 设计基础,重点从原理和方法层面论述 EDA 设计的基础知识、基本概念和系统设计方法;第二版块为 EDA 与数字信号处理,主要介绍应用 EDA 工具实现数字信号处理的基本方法和典型数字信号处理算法的 EDA 设计流程;第三版块为 EDA 技术在科技创新中的应用,结合课程组在信息与通信工程学科前沿领域新近发表的关于 EDA 设计的 SCI、EI 文献和科技创新成果,论述了 EDA 在信息与通信工程学科中的前沿成果和发展方向。

图书在版编目(CIP)数据

EDA 高级应用与科技创新/尹振东主编. —2 版. —哈尔滨:哈尔滨工程大学出版社,2022.6
ISBN 978 – 7 – 5661 – 3630 – 5

Ⅰ. ①E… Ⅱ. ①尹… Ⅲ. ①电子电路 – 电路设计 – 计算机辅助设计 Ⅳ. ①TN702.2

中国版本图书馆 CIP 数据核字(2022)第 126126 号

EDA 高级应用与科技创新(第 2 版)
EDA GAOJI YINGYONG YU KEJI CHUANGXIN(DI 2 BAN)

选题策划　张志雯
责任编辑　姜　珊
封面设计　李海波

出版发行　哈尔滨工程大学出版社
社　　址　哈尔滨市南岗区南通大街 145 号
邮政编码　150001
发行电话　0451 – 82519328
传　　真　0451 – 82519699
经　　销　新华书店
印　　刷　哈尔滨午阳印刷有限公司
开　　本　787 mm×1 092 mm　1/16
印　　张　17.5
字　　数　415 千字
版　　次　2022 年 6 月第 2 版
印　　次　2022 年 6 月第 1 次印刷
定　　价　49.00 元

http://www.hrbeupress.com
E-mail:heupress@ hrbeu.edu.cn

前　言

　　EDA 技术在最近几年获得了飞速发展,应用领域也变得越来越广泛,其发展过程是现代电子设计技术的重要历史进程。

　　本书基于生产实际和岗位能力需求,重构传统知识体系,融入最新 EDA 技术发展,以完整性、适用性和扩展性的原则,根据职业成长规律和学习认知规律组织教学内容,构建了三个版块:EDA 设计基础、EDA 与数字信号处理、EDA 技术在科技创新中的应用;十五个专题:EDA 设计方法绪论、VHDL 编程语言基础、数字逻辑电路设计基础、有限状态机设计基础、数字信号处理算法基础、基于 VHDL 的离散傅里叶变换算法、基于 VHDL 的快速傅里叶变换算法、基于 VHDL 的 CORDIC 算法应用、研究生科技创新能力培养、直接数字频率合成技术的 EDA 实现、EDA 在通信工程领域中的应用、EDA 在软件无线电领域中的应用——基于软件无线电理论的数字化调频广播接收机、EDA 在模式识别与机器学习中的应用——基于 FPGA 和 Viola Jones 算法的人脸检测系统设计、EDA 在图像处理中的应用——基于 SIFT 算法的图像特征点检测、EDA 在目标检测加速算法中的应用——基于 FPGA 的目标检测加速算法研究。本书考虑了 EDA 技术本身的系统性和完整性,又考虑了 EDA 技术的实用性和实践性,教材编写充分体现以应用为目的,以必需、够用为度,以讲清概念、强化应用为教学重点的教材特色。书中选取了与工程实际相关的若干个任务,包括加法器、乘法累加器、计数器、自动售货机、序列检测器等的设计,突出了 EDA 技术的实用性以及面向工程实际的特点,并注重与工程实际相结合的动手能力的培养。

　　本书主要面向高等院校 EDA 技术和 VHDL 语言基础课,推荐作为电子工程、通信、工业自动化、计算机应用技术、电子对抗、仪器仪表、数字信号或图像处理等专业和相关实验指导课的授课教材或参考书,同时也可作为电子设计竞赛、FPGA 开发应用的自学参考书。

　　书中如存在不妥之出,请广大读者批评指正。

目　　录

第一版块　　EDA 设计基础

第二版块　EDA 与数字信号处理

第三版块　EDA 技术在科技创新中的应用

第一版块　EDA 设计基础

　　本版块主要介绍 EDA 设计的基础知识。同时,介绍 EDA 设计方法绪论,包括 EDA 的发展和现状,EDA 设计思想及其三大应用方向。在此基础上介绍 VHDL 语言编程基础,包括基本语法、数字逻辑电路设计基础及有限状态机设计方法等。

　　通过本版块的学习,读者可以初步掌握 EDA 设计的思想和方法,并提升应用 VHDL 语言设计数字系统中组合逻辑和时序逻辑电路的能力。

专题 1　EDA 设计方法绪论

1.1　EDA 的概念及发展阶段

随着电子系统设计复杂程度的不断增加，仅靠手工进行电子系统的设计已经无法满足要求，因此迫切需要更高级、更快速和更有效的电子设计自动化 EDA 工具。

EDA 是电子设计自动化的简称。EDA 技术是以计算机为工具，在 EDA 软件平台上，利用硬件描述语言 HDL 完成的设计文件，能够自动地完成逻辑编译、化简、分割、综合及优化、布局布线与仿真，直至对特定目标芯片的适配编译、逻辑映射和编程下载等工作，最终形成集成电子系统或集成芯片的一种新技术。

EDA 技术伴随计算机、集成电路和电子系统设计的发展，经历了三个发展阶段，各阶段的特点见表 1-1。

表 1-1　EDA 的发展阶段

阶段	特点
CAD （20 世纪 70 年代）	①硬件设计大量选用中小规模标准的集成电路电子系统，其调试在组装好的 PCB 板上进行； ②研制出一些诸如逻辑仿真、电路仿真以及 IC 版图绘制等的 CAD 软件，此类软件的工作平台主要为小型计算机，能支持的设计工作有限且性能较差
CAE （20 世纪 80 年代）	①将各个 CAD 工具集成为系统，推出的 EDA 工具以逻辑模拟、定时分析、故障仿真、自动布局布线为核心，重点解决电路设计完成之前的功能检验等问题； ②在设计过程中，人工干预比较多，具体化的元件图形制约着优化设计，设计层次不高
ESDA （20 世纪 90 年代）	①ESDA 工具是以系统设计为核心，并且包括一整套电子系统设计自动化工具； ②具有开放式的设计环境和各种工艺，以及丰富的标准元器件模型库，设计层次较高，自动化能力较强

1.2 EDA 设计方法及描述语言简介

EDA 代表了当今电子设计技术的最新发展方向,即利用 EDA 工具,设计者可以从概念、算法、协议等方面开始设计电子系统,大量工作可以通过计算机完成,并且可以将电子产品的从电路设计、性能分析到设计出 IC 版图或 PCB 版图的整个过程都在计算机上自动处理完成。设计者采用的设计方法是一种高层次的自上而下的全新设计方法,即首先从系统设计入手,在顶层进行功能方框图的划分和结构设计。在方框图一级进行仿真、纠错,并用硬件描述语言对高层次的系统行为进行描述,在系统一级进行验证;然后用综合优化工具生成具体的门电路网络表,其对应的物理实现级可以是印刷电路板或专用集成电路。设计者的工作仅限于利用软件的方式,即利用硬件描述语言和 EDA 软件来完成对系统硬件功能的实现。由于设计的主要仿真和调试过程都是在高层次上完成的,这既有利于早期发现结构设计上的错误,避免设计工作上的失误,又有利于减少逻辑功能仿真的工作量,因此提高了一次性设计的成功率。随着现代电子产品复杂度和集成度的日益提高,一般的中小规模集成电路组合已不能满足要求,并且电路设计也逐步从中小规模芯片转为大规模、超大规模芯片,因此高速、高集成度、低功耗的可编程器件已然蓬勃发展起来。

硬件描述语言(hardware description language,HDL)是一种用于电子系统硬件设计的计算机高级语言,它采用软件的设计方法来描述电子系统的逻辑功能、电路结构和连接形式。HDL 是 EDA 技术的重要组成部分,也是 EDA 设计开发中很重要的软件工具。超高速集成电路硬件描述语言(very high speed integrated circuit hardware description language,VHDL),是作为电子设计主流硬件的描述语言。VHDL 具有很强的电路描述和建模能力,能从多个层次对数字系统进行建模和描述,从而大大简化了硬件设计任务,提高了设计的可靠性。利用 VHDL 进行电子系统设计的优点是设计者可以专注于其功能的实现,而不需要对与功能和工艺无关的因素花费过多的时间和精力。

VHDL 可以在三个层次上进行电路描述,其层次由高到低分别为行为级、功能级和门电路级。应用 VHDL 进行电子系统设计有以下四个优点。

(1)VHDL 宽范围的描述能力使它成为高层次设计的核心。同时,设计者的工作重心可放在系统功能的实现与调试上,只需要花较少的精力在物理实现上。

(2)VHDL 可以用简洁明确的代码描述来进行复杂控制逻辑的设计,灵活方便,便于设计结果的交流、保存和重用。

(3)VHDL 的设计不依赖于特定的器件,方便工艺间的转换。

(4)VHDL 设计所用为标准语言,受到众多 EDA 厂商的支持,因此移植性好。

将 EDA 技术方法与传统电子设计方法进行比较可以发现,传统的数字系统设计只能在电路板上进行,是一种搭积木的方式,使复杂电路的设计、调试十分困难。某一过程存在错误,会使查找和修改十分不便。对于集成电路设计而言,设计实现过程与具体生产工艺直接相关,因此可移植性差,只有在设计出样机或生产出芯片后才能进行实现,因而开发产品的周期长。而 EDA 技术方法则有很大不同,它采用可编程器件,通过设计芯片来实现系统功能。同时,它采用 HDL 作为设计输入和库的引入,由设计者定义器件的内部逻辑和管脚,将原来在电路板上设计完成的大部分工作改在芯片设计中进行。管脚定义的灵活性,使得电路图设计和电路板设计的工作量大大减少降低,有效增强了设计的灵活性,提高了工作效率。同时,EDA 技术方法可减少芯片的数量,缩小系统体积,降低能源消耗,不仅提高了系统的可靠性,还能全方位地利用计算机进行自动设计、仿真和调试。

1.3　EDA 技术高级应用介绍

EDA 技术发展至今,现场可编程门阵列(field programmable gate array, FPGA)正处于 EDA 技术的前沿阶段。FPGA 强大的功能,使得基于 FPGA 芯片的 EDA 技术正在改变着电子系统设计技术。如今,基于 FPGA 芯片的 EDA 技术包含以下三大方面的应用:

第一,数字电子系统设计综合应用(与 ASIC 具有相同的功能);

第二,复杂时序控制系统设计(与 PLC 和 MCU 功能相近);

第三,数字信号处理算法设计(与 PDSP 功能相近)。

以上三大方面的应用几乎覆盖了数字电子系统设计的全部内容,因此 FPGA 有一统数字电子系统设计领域之势。以往工业控制领域经常应用 PLC 和 MCU 设计时序来控制程序解决其信号控制需求,现在这一功能也被基于 FPGA 的复杂状态机设计所代替;以往前端的可编程数字信号处理(digital signal processing, DSP)算法(如 FFT、FIR 和 IIR 滤波器)都是利用 ASIC 或者 PDSP 构建的,但现在大多为 FPGA 所取代。现在的 FPGA 系列可以为快速进位链提供 DSP 算法支持,快速进位链用于快速、低系统开销、低成本实现乘 – 累加。在过去 10 年中,FPGA 使用者数量一直保持着 20% 以上的稳步增长速度,超过 ASIC 和 PDSP 10% 以上。这源于 FPGA 具有许多与 ASIC 相同的功能,比如在规模、质量和功耗等方面都减小,同时具有更高的吞吐量以及防止非授权复制的更高安全性,降低了器件、开发的成本以及电路板的测试成本。此外,FPGA 还具有 ASIC 的优势,例如缩短开发时间、在系统上可重复编程、具有更低的 NRE 成本等,对于需求少于 1 000 个单元的解决方案,还可以实现更为经济的设计。与 PDSP 相比,FPGA 通常采用并行设计,例如实现多重乘 – 累加调用效率、消除零乘积项以及流水线操作,每个 LE 都有一个寄存器,这样流水线操作就不需要额外的资源了。

综上所述,基于 FPGA 的 EDA 设计技术发展迅猛,几乎涵盖了数字电子系统设计的各个领域。本书将介绍 EDA 三大方面的应用,并对其在科技成果创新中的应用展开讨论。

在 DSP 硬件设计领域中,其中一个趋势就是从图形设计入口转向 HDL。尽管很多 DSP 算法可以用“信号流程图”来描述,但是现在已经发现采用基于 HDL 的设计入口,其“代码复用率”大大高于图形设计入口的“代码复用率”,这就对 HDL 设计工程师提出了更高的要求。因此,在介绍 EDA 高级应用的内容之前,本书将首先介绍 HDL 的基础知识。当前有两种流行的 HDL 语言:美国西海岸和亚洲倾向于使用 Verilog,而美国东海岸和欧洲则倾向于使用 VHDL。对于采用 FPGA 实现 DSP,两种语言似乎都非常适用。本书主要针对 VHDL 语言展开介绍,对于 Verilog 语言,感兴趣的读者请参阅相关参考书。

专题 2   VHDL 编程语言基础

VHDL 是使用较为广泛的硬件描述语言,具有描述能力强、可读性好的优点,缺点是代码量大。初学者可以通过本专题的语法与例题进行入门学习。

2.1   用 VHDL 语言设计数字电路流程

用 VHDL 语言设计数字电路流程如下:
(1)数字系统模块划分;
(2)VHDL 语言描述模块;
(3)编译;
(4)综合与适配设计;
(5)仿真;
(6)下载或配置。

流程的第(1)步是数字系统模块划分。通常一个数字系统设计是按照层次模块划分出功能模块来设计的,一旦层次模块被划分,就可以进入流程的第(2)步。

流程的第(2)步是为模块写 VHDL 源代码。VHDL 是文本语言,可以使用任何文本编辑器,但是最好使用专用的 VHDL 编辑器,因为这些编辑器具有高亮度显示 VHDL 语言的关键词、自动缩行、VHDL 语言模板和语法检查等功能。

流程的第(3)步,即写完源代码后,应该对源代码进行编译。VHDL 编译程序首先对语法与模块之间的关系进行检查,并生成一些随后需要的设计和仿真信息。在流程中,这一步出错概率最大,例如语法错误,变量名称与类型不一致等都是常见的错误。

流程的第(4)步,综合就是将 VHDL 转换成能够放置在可编程逻辑器件中的逻辑描述,例如对于 CPLD 器件,要转换成两级与或的表达式,因为这一步与器件有关,所以各个器件厂商提供的综合工具都是不同的。设计者使用引脚锁定工具进行引脚锁定后,利用适配设计工具将综合步骤得到的逻辑描述按照目标器件的类型装入器件,适配设计的结果是形成一个可以下载到芯片中的数据文件。

流程的第(5)步是仿真,就是给所设计的模块加上输入信号,进行仿真,并观察模块输出信号是否正确,所以这一步需要设计者给出能够证明模块功能正确的输入信号。仿真器支持使用波形输入信号,并在仿真完毕后显示输出信号的波形。该步骤主要是求证模块的功能,所以需要设计者仔细认定系统的功能是否正确、完善。

若在流程的第(3)至(5)步,发现设计有问题,则需要返回第(1)步进行修改。

流程的第(6)步是下载或配置,当完成设计流程后,需要将设计形成的数据文件通过一根下载电缆下载到器件中,进行实际电路实验。

2.2 VHDL 程序结构

VHDL 程序模块由实体和结构体组成,其中实体定义的是模块的输入信号和输出信号,而结构体定义是对模块行为的详细描述。

1. 实体

实体的声明用于定义模块的外部端口,实体的声明格式如下。

```
entity 实体名 is
    port(端口名,端口名,…:端口模式 端口数据类型;
         端口名,端口名,…:端口模式 端口数据类型;
         …
         端口名,端口名,…:端口模式 端口数据类型);
end 实体名;
```

(1)实体名

实体名由一串标志符组成,即经常由与实体的功能有关的英文或汉语拼音组成。Max + Plus Ⅱ 软件需要实体名与 VHDL 文件名相同,否则提示错误。

(2)端口名

端口名由标志符组成,用逗号分离的多个相同模式的端口名可以排列在一起,常由表示该端口功能的英文或汉语拼音组成。

VHDL 模块中声明的端口可以与实际可编程器件的引脚连接,也可以用于其他模块调用。

(3)端口模式

端口模式就是端口方向说明,需要使用下列关键字说明端口的方向。

in:信号通过该端口进入实体,具有该模式的端口信号不能被赋值。

out:从实体输出的信号,在该实体的结构体中不能使用该端口的值,只能供其他实用体使用。该端口的信号只能被赋值。

buffer:该模式的端口可以输出信号,同时在该实体的结构体中也可以使用该信号的值。值得注意的是,该信号可以反馈到结构体中,但不是输入信号。buffer 模式很少使用。

inout:双向端口,该端口的信号可以进入实体或从实体输出。该端口的信号可以被赋值,也可以用于向其他端口赋值。

图 2 - 1 所示是信号模式的图形表示。

(4)端口数据类型

端口数据类型可以是 VHDL 内部定义的,也可以是自定义的。在书写过程中,应注意最后一个端口数据类型后没有分号,分号在括号外。

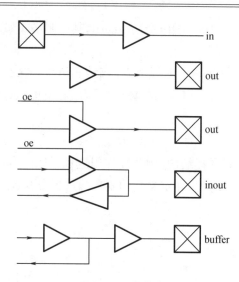

图 2-1　信号模式的图形表示

2. 结构体

在实体中定义端口名、端口的模式和类型,而结构体是模块功能的说明,即是对端口之间的行为进行描述。

(1)结构体名

结构体名由一串标志符组成,ggte 用与结构体的功能有关的英文和汉语拼音组成。

(2)实体名

该结构体所属实体的名字。

结构体的声明格式如下。

```
architecture 结构体名 of 实体名 is
    定义信号
    定义常数
    定义函数
声明元件
    …
begin
    并发叙述
    …
    并发叙述
end 结构体名;
```

(3)定义信号、常数、函数、过程、元件等

根据逻辑描述,需要选择定义的内容。

(4)结构体中的信号

结构体中的外部信号:结构体中的外部信号就是在实体中定义的端口。

结构体中的内部信号:结构体中的内部信号就是在结构体中定义的信号,所定义的信

号只在该结构体中有效。在定义信号时使用关键字 signal,其声明格式如下。

signal 信号名,信号名,…:信号类型;

结构体中的信号就是逻辑图中的一个电气节点,或是一条线。这些信号一旦被定义,就可以在定义它的结构中使用。信号可以在结构体中被读出和赋值,常用来在进程等描述之间传递数据。

(5)结构体中的函数和进程

函数和进程是结构体中的逻辑描述结构,例如经常用进程描述组合和时序电路。在函数和进程的描述中经常用到变量,变量只在定义它的函数和进程中有效。

(6)定义常数

常数的声明格式如下。

constant 常数名:类型名: = 常数值

(7)声明元件

其他模块描述文件,可以作为逻辑元件在结构体中使用。元件在使用前,应该先声明。

VHDL 语言支持层次设计,顶层模块中的结构体可以调用低层模块中的结构体。VHDL 中的层次设计如图 2 – 2 所示。

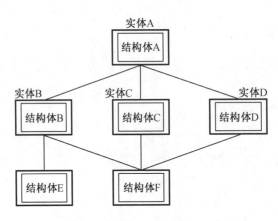

图 2 – 2　VHDL 中的层次设计

在 VHDL 程序中,实体和结构体是分开描述的。实体在前,结构体在后。

【例 2 – 1】　下面是实体和结构体定义的示意程序,用 VHDL 描述 2 输入端与门电路。

VHDL 程序模块如下:

```
library ieee;                    - -使用的库
ise iee.std_logic_1164.all;      - -使用的包
    entity and_ent is            - -名为 and_ent 的实体
        port(a,b:in std_logic;   - -输入信号为 a,b
        y:out std_logic);        - -输出信号为 y
    end and_edt;
architecture and_str of and_edt is - -实体 and_end 的结构体,该结构体名称为 and_str
begin
```

```
    y < = a and b;                            - -逻辑表达式
end and_str;
```

　　例 2 - 1 是一个 2 输入端与门电路的 VHDL 描述,在实体部分定义了输入信号和输出信号,在结构体部分定义了输入信号和输出信号之间的逻辑关系。通常输入信号与输出信号称为端口。

　　在 VHDL 程序中,忽略空格和空行,注释语句前加前导符号" - -"。标志符由字符开始,后加字符、数字和下划线,例如 X、Y、Z、aa_bb 就是标志符。标志符不能是 VHDL 保留字,例如 entity、port、is、in、out、end、architecture、begin、when、else、not 等都是 VHDL 的保留字。标志符和保留字可以大写,也可以小写。

2.3　信号、变量和常数的数据类型

　　在 VHDL 描述中,所有信号、变量和常数必须用数据类型说明它们的取值范围或取值集合。对于不同的数据类型,使用不同的运算符。

　　常数是 VHDL 程序设计中经常使用的数据类型。VHDL 要求所定义的常数数据类型必须与表达式的数据类型一致。在实体、结构体、进程等描述中都可以定义常数,所定义常数的使用范围取决于常数定义的位置,例如在结构体中定义的常数,只能在该结构体中使用。

　　变量属于局部量,只能在进程中使用。如果要将变量所携带的信息传递出进程,需要将变量所携带的信息赋予与变量数据类型相同的信号。

　　信号是 VHDL 描述的基本数据对象,信号可以在并发语句之间传递信息。信号作为一种数值容器,不仅可以容纳当前值,也可以保持历史值(相当于触发器)。信号的使用范围是实体、结构体。在进程中不允许定义信号,在进程的敏感信号表中只能使用信号,而只有信号才能将进程中的信息输出到进程外。信号的赋值源可以是信号、运算表达式、变量或常数。信号的赋值在结构体和进程中的意义不同,结构体中的信号赋值属于并发结构,而进程中的信号赋值则属于顺序结构(因而一个信号可以有多个驱动源,即可以多次赋值)。信号具有全局特性,例如在实体中定义的端口(信号),在该实体的所有结构体中都有效。

　　由此看出,变量与信号似乎有些区别,但是实际上只是用法不同,在硬件实现上相同,都是一根连线。

1. 预定义类型

预定义类型就是在 VHDL 库中已定义的类型。

(1)逻辑类型

boolean(布尔)类型:定义为 type boolean is(false,true),该信号有两个值,即真(true)和假(false)。综合工具将 false 看成逻辑 0,将 true 看成逻辑 1。

bit(位)类型:定义为 type bit is('0','1'),该信号只有两个值,即 0 和 1。综合工具将'0'看成逻辑 0,将'1'看成逻辑 1。

bit_vector(位矢量)类型:多个位类型组成的一个序列。

std_logic(标准逻辑)类型:表 2 – 1 是标准的预定义逻辑类型 std_logic,它是 IEEE 1164 标准包的一部分。该逻辑类型不仅有逻辑 0 和 1,还有其他逻辑值。

表 2 – 1　标准的预定义逻辑类型

值	意义	综合工具认为
'U'	未被初始化	不确定
'X'	强未知	不确定
'0'	强逻辑 0	逻辑 0
'1'	强逻辑 1	逻辑 1
'Z'	高阻	高阻
'W'	弱未知	不确定
'L'	弱逻辑 0	逻辑 0
'H'	弱逻辑 1	逻辑 1
'—'	忽略	不确定

std_logic_vector(标准逻辑矢量)类型:它是由多个标准逻辑类型组成的一个序列,常用于描述多根信号线。

例如,std_logic_vector(0 to 7),表示升序排列的 8 根线;std_logic_vector(3 downto 0),表示降序排列的 4 根线。

(2)数值类型

在 VHDL 的程序中,可以将信号定义成数值,使数值方面的运算非常方便。

integer(整数)类型:定义为 type integer is range – 2147483647 to + 2147483647,相当于 32 位二进制数。

unsigned(无符号整数)类型:该类型和标准逻辑矢量相似,定义时必须指明这个无符号整数的位数。无符号整数类型除了可以进行数值运算外,还可以与标准逻辑矢量相互转换。

通常,VHDL 综合工具不支持实数。

(3)其他类型

character(字符)类型:该类型包含 ISO 规定的 8 位字符,前 128 个为 ASC Ⅱ 字符。字符在 VHDL 语言中用'A','a','1'表示。字符包括 A ~ Z,a ~ z,0 ~ 9,空格及一些特殊符号。

string(字符串)类型:该类型是双引号括起来的一串字符。如"HDL"。

2. 无符号整数与标准逻辑矢量之间的转换

无符号整数与标准逻辑矢量之间的转换如下。

```
d< =std_logic_vector(c);          - -无符号整数 c 转换标准逻辑矢量 d,其中 c 是 2 位
                                      无符号整数,d 是 2 位标准逻辑矢量

b< =unsigned(a);                  - -标准逻辑矢量 a 转换无符号整数 b,其中 a 是标准
                                      逻辑矢量,b 是 2 位无符号整数
```

f < = c + c;	− −无符号数整运算得到标准逻辑矢量,其中 c 是 2 位无符号整数,f 是 2 位标准逻辑矢量
− −m < = a + a;	− −标准逻辑矢量不能直接相加,其中 m 是 2 位无符号整数,a 是标准逻辑矢量
m < = unsigned(a) + unsigned(a);	− −标准逻辑矢量转换成无符号整数后可以进行加法运算

支持有符号数和无符号数运算的数据类型如下:

(1)由 std_logic_1164 包、std_logic_signed 包或 std_logic_unsigned 包定义的 std_logic 类型和 std_logic_vector 类型;

(2)由 std_logic_arith 包定义的数据类型和算法;

(3)使用确定范围的整数,如果是负整数,则综合工具使用 2 的补码表示,整数范围小于 32 位;

(4)由 numeric_std 或 numeric_bit 包定义的有符号和无符号数据。

3. 自定义类型

在 VHDL 中常用的自定义类型是枚举(enumerated)类型,枚举类型的定义格式如下。

type 类型名 is 值列表

这里,type 是类型声明的关键字。类型名为自定义标志符,值列表是用逗号分开的所有可能取值,例如 type motor_state is(start,run,stop),表示名为 motor_state 的枚举数据类型的取值为 start,run,stop。

4. 定义信号、变量与常数的例子

(1)以下是在结构体中定义信号的例子。

signal my_sig1:std_logic;	− −定义信号 my_sig1 为标准逻辑类型
signal my_sig2:integer range 0 to 15;	− −定义信号 my_sig2 为整数类型
signal my_sig3:std_logic_vector(0 to 7);	− −定义信号 my_sig3 为 8 位标准逻辑矢量类型
	− −下脚标排序为 0,1,2,…,7
signal my_sig4:unsigned(3 downto 0);	− −定义信号 my_sig4 为无符号数(4 位二进制)类型
	− −下脚标排序为 3,2,1,0
type states is(s0,s1,s2,s3);	− −定义名为 states 的枚举类型,取值为 s0,s1,s2 和 s3
signal current_state:states;	− −定义信号 current_states 的数据类型为枚举数据类型 states

(2)以下是在进程中定义变量的例子。

variable my_var1:std_logic;	− −定义名为 my_var1 的变量类型为 std_logic
variable my_var2:std_vector(1 to 8);	− −定义名为 my_var2 的变量类型为 std_logic_vector(1 to 8)

(3)以下是定义常数的例子。

```
constant BUS: integer : =16;              – –定义常数 BUS,并赋予初值 16
```

2.4 VHDL 中的运算符

VHDL 中有三类基本运算符:逻辑、关系和算术,另外还有支持不同数据类型运算的重定义操作符。

VHDL 综合工具一般支持使用以下运算符的表达式运算。

1. 用于数值类型的运算符

用于数值类型的运算符见表 2 - 2。

表 2 - 2 用于数值类型的运算符

运算符	说明	操作数类型
+	加法	整数
−	减法	整数
*	乘法(有些综合软件可能不支持)	整数和实数
/	除法(有些综合软件可能不支持)	整数和实数
Mod	模除(有些综合软件可能不支持)	整数
Rem	模余(有些综合软件可能不支持)	整数
* *	乘方(有些综合软件可能不支持)	整数

2. 用于逻辑类型的运算符

用于逻辑类型的运算符见表 2 - 3。

表 2 - 3 用于逻辑类型的运算符

运算符	说明	操作数类型
and	与	bit、boolean、std_logic
or	或	bit、boolean、std_logic
nand	与非	bit、boolean、std_logic
nor	或非	bit、boolean、std_logic
xor	异或	bit、boolean、std_logic
xnor	同或	bit、boolean、std_logic
not	非	bit、boolean、std_logic

3.关系运算符

关系运算符见表 2 - 4。

表 2 - 4　关系运算符

运算符	说明	操作数类型
=	相等	任何数据类型
/ =	不相等	任何数据类型
<	小于	枚举、整数及对应的一维数组
< =	小于等于	枚举、整数及对应的一维数组
>	大于	枚举、整数及对应的一维数组
= >	大于等于	枚举、整数及对应的一维数组

4.并置运算符

并置运算符见表 2 - 5。

表 2 - 5　并置运算符

运算符	说明	操作数类型
&	并置运算	一维数组

5.重定义运算符

程序包 std_logic_unsigned 支持重定义运算符。重定义运算符就是使运算符适合不同数据类型之间的运算。该程序包对一些运算符进行重新定义,使其可以对整数、标准逻辑和标准逻辑矢量类型数据之间进行运算,例如如果 q 的数据类型是标准逻辑矢量,则表达式 q = q + 1 中的加号就是重定义运算符,使标准逻辑矢量和整数之间的加法成为可能。

2.5　函　　数

函数的声明格式如下。

```
function 函数名(信号名:信号类型;)return 返回类型 is
    常数声明,变量声明,…
begin
    函数描述
    …
    函数描述
end 函数名
```

由此可以看出,在函数名之后是函数体内的形式参数,这些参数在函数被调用时需要被实际参数代替,形式参数与实际参数的类型必须相同。函数的返回值出现在调用函数的位置。

【例 2 - 2】 有关函数的例子。

```
architecture and_fun of xxx is
function and_gate(a,b:bit);return bit is
begin
return a and b;
end and_gate
begin
    z < = and_gate(x,y);
end and_fun;
```

2.6　库　和　包

在 VHDL 中,库分为两类:一类是设计库,另一类是资源库(library)。设计库对任何项目都是默认的,不需要进行声明;而资源库中存放的是常规元件和标准模块,在使用前,需要声明。

资源库用于储存和放置设计资源(函数、过程、元件、信号、常数等程序),库中的资源可以被调用。资源库调用的方法是在一个 VHDL 模块的开始,便对使用的库进行声明。library 的声明格式如下。

```
library 库名
```

例如 library ieee,就是声明 ieee 资源库,ieee 资源库是 IEEE 组织认可的、存放 IEEE 1076 标准的设计资源库。

资源库中存放程序包,不同的库存放不同的程序包,程序包中就是 VHDL 编写的对象(函数、过程、元件、信号、常数等程序)。如果在所设计的模块中使用某个库中的某个程序包的某个对象,就必须对该程序包进行声明,声明的格式如下。

```
use 库名,库名.程序包名.对象名;
```

如果对象名的位置用"all"代替,则表明使用程序包中的所有对象。例如:

```
use ieee.std_logic_1164.all;    - -声明使用 ieee 库中的 std_logic_1164 程序包中的
                                  所有对象
```

除了 IEEE 组织认可的 ieee 资源库外,各个芯片生产厂家都开发了自己的资源库,例如:

(1)Mentoe Graphics 公司开发了 mgc_port able 库;

(2)Altera 公司开发了 prim 库、mf 库、Mega_lpm 库和 edif 库;

(3)Synopsys 公司开发了 synopsys 库。

一般的综合工具支持 std 和 ieee 资源库。ieee 是最常用的资源库,该库中包含最常用的程序包 std_logic_1164。资源库支持的数据类型见表 2 - 6。

表 2 - 6　资源库支持的数据类型

库	包	说明
std	standard	包括 bit 和 bit_vector 在内的基本数据
ieee	std_logic_1164	9 值逻辑 std_logic 和 std_logic_vector
ieee	numeric	支持 std_logic_1164 中数据类型的运算
ieee	std_logic_arith	支持无符号数和有符号数,无符号数和有符号数的运算
ieee	std_logic_signed	支持 std_logic 和 std_logic_vector 的有符号运算
ieee	std_logic_unsigned	支持 std_logic 和 std_logic_vector 的无符号运算

脉冲的上升沿(rising_edge)和下降沿(falling_edge)是在程序包 std_logic_1164 中定义的。如果使用 std 库支持的数据类型和运算,则不用声明,因为该库是 VHDL 的内建库。

下面是一个与门的例子,该例中就没有声明库和程序包,因为该例用到 std 库支持的数据类型与运算。

【例 2 - 3】　该例为不需要声明库的例子。

```
entity std is                    --实体前没有声明库
    port(a,b:in bit;
        y:out bit);
end;
architecture kk of std is
begin
    y < = a and b;
end kk;
```

2.7　信号赋值语句

1.简单赋值语句与条件赋值语句

信号赋值语句用于给表达式的值赋予信号。信号赋值语句之间是并发关系,即这些语句在结构体中书写时不分顺序,都是同时执行的。信号赋值语句的声明格式如下。

(1)简单赋值

信号名 < = 表达式;

(2)条件赋值

信号名 < = 表达式 when 布尔表达式 else

　　　表达式 when 布尔表达式 else

　　　…

表达式 when 布尔表达式 else

表达式；

简单赋值语句经常使用的是并发信号赋值方式，< = 符号为信号赋值符。

下面是一个用简单赋值语句描述检查素数 1,2,3,5,7,11,13 的逻辑电路的例子，例中 w 是 1 位宽输出端口，数据类型为 std_logic；a 是 4 位宽输入端口，数据类型为 std_logic_vector (3 downto 0)。该例的 VHDL 描述如下。

```
architecture shiti 1 of li1 is                          - -结构体
signal y0,y1,y2,y3:std_logic;                            - -定义信号
begin
y3 < = a(0)and not a(3);                                  - -简单赋值
y2 < = a(1)and not a(2) and not a(3);                     - -简单赋值
y1 < = a(1)and not a(2) and a(0);                         - -简单赋值
y0 < = a(0)and not a(1) and a(2);                         - -简单赋值
w < =y3 or y2 or y1 or y0;                                - -简单赋值
end shiti 1;
```

描述中使用了 VHDL 自有的 and,or,not 运算符，其中 not 运算符的优先级别最高。

条件赋值语句是具有条件的并发信号赋值方式。在该描述方式中使用了关键字 when 和 else，而布尔表达式是使用布尔运算符(and,or,not)连接起来的关系表达式。关系表达式是使用关系运算符 = ,／ = (不等)，> , > = , < 和 < = 的关系式。

下面是使用条件赋值语句描述素数检测逻辑电路的例子。

```
architecture liti_arch of liti6 is                       - -结构体
        signal y0,y1,y2,y3:std_logic;                    - -定义信号
begin
    y3 < = '1'when a(0) = '1' and a(3) = '0' else '0';    - -条件赋值
    y2 < = '1'when a(1) = '1' and a(2) = '0' and a(3) = '0' else '0';   - -条件赋值
    y1 < = '1'when a(1) = '1' and a(2) = '0' and a(0) = '1' else '0';   - -条件赋值
    y0 < = '1'when a(0) = '1' and a(1) = '0' and a(2) = '1' else '0';   - -条件赋值
    w < =y3 or y2 or y1 or y0;                            - -简单赋值
end liti_arch;
```

2. 选择赋值语句

选择赋值语句的声明格式如下。

```
with 表达式 select
信号名 < =信号值 when 选择值,
        信号值 when 选择值,
        …
        信号值 when 选择值;
        信号值 when others;
```

选择赋值方式的功能是，如果表达式的值与选择值相等，则把信号值赋予信号名。每个选择值可以是单值或是用垂直符号"|"分开的值列表，选择值不能相同。关键字 others

用于代表选择值之外的表达式值。

下面是使用选择赋值语言描述素数检测逻辑电路的例子。

```
architecture li_arch of li7 is                    --结构体
begin
    with a select                                 --选择赋值语句
    w < = '1'when"0001",
    '1'when"0010",
    '1'when"0011" |"0101" |"0111",
    '1'when"1011" |"1101",
    '0'when others;
end li_arch;
```

还可以用如下方式进行描述。

```
architecture li7_arch of li7 is                   --结构体
begin
    with conv_integer(a) select                   --将逻辑矢量 a 转换成整数
    w < = '1'when 1 |2 |3 |5 |7 |11 |13,
    '0'when others;
end li7_arch;
```

从上面的例子可以看出,信号赋值语句可以很好地描述组合电路。

2.8　进　　程

VHDL 语言支持行为描述,进程 process 就是行为描述的关键字。一个进程就是一个顺序描述语句的集合,进程和进程之间、进程和其他并发描述之间是并发关系,进程可以描述组合和时序电路。进程的声明格式如下。

```
process (信号名,信号名,…,信号名)
    定义变量
    定义常数
begin
    顺序描述语句
    …
    顺序描述语句
end process;
```

进程由关键字 process 开始,因为进程是在结构体内部,所以在结构体内声明的信号、常数、函数等都可以在进程中使用。在进程内部可以定义进程自己的变量、常数等数据类型。值得注意的是,进程内部不能定义信号,只能定义进程内部使用的变量。进程内部使用的变量声明格式如下。

```
variable 变量名,变量名,…,变量名:变量类型;
```

进程不是处于运行状态,就是处于停止状态。在进程关键字后的信号列表称为敏感信号表,这些敏感信号可以决定进程是否运行。当敏感信号的值发生变化时,进程开始运行,从进程中的第一条语句开始逐行执行到最后一行语句。

如果进程中没有敏感信号列表,则必须有 wait until 语句,该语句的声明格式如下。

wait until 表达式;

若表达式成立,进程开始运行。例如 wait until x = '1',表示当 x = 1 后进程开始运行。

在进程中可以使用下述几种顺序描述语句。

1. 顺序信号赋值语句

该语句与并发信号赋值语句有相同的格式,也使用赋值符号 < = ,但是因为其在进程内部使用,所以是顺序赋值,而不是并发赋值。

2. 变量赋值语句

变量赋值语句的声明格式如下。

变量名: = 表达式;

注意该语句的赋值符是": = "。

下面是使用变量赋值语句描述素数检测逻辑电路的例子。

```
architecture li8_arch of li8 is              - -结构体
begin
    process(a)                               - -进程,a 是敏感信号
    variable y0,y1,y2,y3:std_logic;          - -在进程内定义变量
    begin
    y3: = a(0)and not a(3);                   - -变量赋值,使用变量赋值符号: =
    y2: = a(1)and not a(2) and not a(3);      - -变量赋值
    y1: = a(1)and not a(2) and a(0);          - -变量赋值
    y0: = a(0)and not a(1) and a(2);          - -变量赋值
    w < = y3 or y2 or y1 or y0;               - -信号顺序赋值
    end process;
end
```

3. if 语句

if 语句的声明格式如下。

if 条件语句 then 顺序语句

end if;

if 条件语句 then 顺序语句

else 顺序语句

end if;

if 条件语句 1 then 顺序语句

elsif 条件语句 2 then 顺序语句

…

elsif 条件语句 N then 顺序语句

```
else 顺序语句
end if;
```

下面是使用 if 语句描述素数检测逻辑电路的例子。

```
architecture li9_arch of li9 is                    --结构体
begin
    process(a)                                     --进程
        variable p:integer;                        --定义变量
    begin
    p:=conv_integer(a);                            --将4位二进制数 a 转换
                                                     成整数

        if p=1 or p=2 then w<='1';                 --if,then 语句
        elsif p=3 or p=5 or p=7 or p=13 then w<='1';  --elsif,then 语句
        else w<='0';                               --else 语句
        end if;
    end process;
end li9_arch;
```

4. case 语句

case 语句也是一种顺序语句,它的声明格式如下。

```
case 表达式 is
    when 选择值 => 顺序语句
    …
    when 选择值 => 顺序语句
    when others =>顺序语句
end case
```

只要表达式的值等于选择值,就执行其后的顺序语句。选择值可以是单值或用"|"分隔的多个值,选择值不能相同。若选择值不能包含表达式的所有值,则需要使用关键字 others 来代替剩余的选择值。

下面是使用 case 语句描述素数检测逻辑电路的例子。

```
architecture li10_arch of li10 is                  --结构体
begin
    process(a)                                     --进程
    begin
        case conv_integer(a) is                    --case 语句,将 a 转换成
                                                     整数

        when 1 =>w<='1';
        when 2 =>w<='1';
        when 3|5|7|11|13 =>w<='1';
        when others =>w<='0';
        end case;
```

```
        end process;
    end li10_arch;
```

2.9 用 VHDL 语言描述组合电路

组合电路可以使用信号赋值语句描述,也可以使用进程语句描述。

1. 用信号赋值语句实现组合电路

描述组合电路的信号赋值语句有简单信号赋值语句(< =)、条件信号赋值语句(when – else)和选择信号赋值语句(with – select – when),这些语句中的被赋值信号一定是在结构体中声明的信号或是在实体中的输出端口信号。

(1)简单信号赋值语句:描述一个与非门。

```
architecture simple of comm is
begin
    c < = a nand b;                                          – –简单信号赋值语句
end simple;
```

这里 a 与 b 是输入端口,c 是输出端口。

(2)条件信号赋值语句:描述一个 2 选 1 选择器,其中 sel 是选择端口,a 和 b 是输入数据端口,output_signal 是输出端口。

```
architecture sim of whenesle is
begin
    output_signal < = a when sel = '1'else                  – –条件赋值语句
                      b when sel = '0'else
                      'X';
end sim;
```

(3)选择信号赋值语句:描述一个 2 选 1 选择器。

```
architecture simp of comm3 is
begin
    with sel select
    output_signal < = a when '1',                           – –选择信号赋值语句
                      b when '0',
                      'X'when others;
end simp;
```

2. 用进程语句实现组合电路

用进程语句也可以描述组合逻辑,其声明格式如下。

```
process(敏感信号表)
    声明变量,数据类型
begin
```

顺序语句:

信号和变量赋值(信号赋值符 < = ,变量赋值符: =)

选择语句:if - else 或 case 语句

循环语句:while 或 for

函数和过程调用

end process;

在敏感信号表中,一定要包含所有需要进程执行的信号,或者说在进程中出现的信号,一定要在敏感信号表中。

在进程中被赋值的信号,一定是在实体中定义的输出端口信号或是在结构体中定义的信号。任何被赋值的变量只能在进程中声明和使用。

在执行组合电路进程时,所有信号都必须被赋值,否则综合工具会自动增加一个电平锁存器用于记忆未被赋值的信号值。

【例 2 - 4】　利用 if - then - else 语句进程,描述 2 选 1 数据选择器。

```
library ieee;
use ieee.std_logic_1164.all;
    entity comm4 is
        port(output_signal:out std_logic;
        a,b,sel:in std_logic);
end;
architecture simp of comm4 is
begin
    process(sel,a,b)                    - -组合电路进程,sel,a 和 b 是敏感信号
    begin
    if sel ='1'then                     - -if_the_else 语句
        output_signal < =a;
    elsif sel ='0'then
        output_signal < =b;
    else
        output_signal < ='X';
    end if;
    end process;
end simp;
```

【例 2 - 5】　利用 case 语句进程,描述 2 选 1 数据选择器。

```
library ieee;
use ieee.std_logic_1164.all;
    entity comm5 is
        port(output_signal:out sid_logic;
        a,b,sel:in std_logic);
end
architecture simp of comm5 is
```

```
begin
    process(sel,a,b)                          --组合电路进程,sel,a 和 b 是敏感信号
    begin
        case sel is                           --case 语句
            when'1' = >output_signal < =a;
            when'0' = >output_signal < =b;
            when others = >output_signal < ='X';
        end case;
    end process;
end simp;
```

2.10 用 VHDL 语言描述时序电路

时序电路是由电平敏感锁存器和时钟边沿触发的触发器组成的逻辑电路。

1. 电平敏感锁存器

电平敏感锁存器经常使用条件信号赋值语句描述。在描述中使用 buffer 端口模式才能实现反馈线的连接。

【例 2 -6】 使用条件信号赋值语句描述电平敏感锁存器。

```
library ieee;
use ieee.std_logic_1164.all;
    entity shixul is
        port(a,b,clk:in std_logic;
            q:buffer std_logic);            --定义端口 q 为缓冲模式
        end;
architecture simp of shixul is
begin
    q< =a or b when clk ='1'else q;         --这里 q 是 q 的输入量,因此数据类型为
                                                        buffer
end simp;
```

当 clk、a 或 b 发生变化时,信号赋值符右侧的表达式就会重新计算。在 clk 为高电平时,a 或 b 的值就会赋予输出 q;当 clk 为低电平时,q 的值就会赋予输出 q。

【例 2 -7】 使用进程语句描述电平敏感锁存器。

```
library ieee;
use ieee.std_logic_1164.all;
    entity shixu2 is
        port(a,b,clk:in std_logic;
            q:out std_logic);
    end;
```

```
architecture simp of shixu2 is
begin
    process(clk,a,b)                    --描述电平敏感锁存器的进程
        begin
            if clk = '1' then           --没有 else 的 if 语句
                q < = a or b;
            end if;
        end process
end simp;
```

这里的 if 语句没有 else,即综合工具要自动增加一个电平锁存器来保存当 clk 为 0 时的 q 值。

2. 时钟边沿触发的触发器

值得注意的是,当使用进程描述时钟触发的边沿触发电路时,时钟信号一定要在进程的敏感信号表中。

在进程中,时钟的描述格式如下。

上升沿:cp'event and cp = '1'

下降沿:cp'event and cp = '0'

还可以使用如下格式。

上升沿:rising_edge

下降沿:falling_edge

【例 2 - 8】　描述上升沿触发的 D 触发器。

```
library ieee;
use ieee.std_logic_1164.all;
    entity li12 is
    port(clk,d:in std_logic;
        q:out sid_logic);
    end
architecture li12_arch of li12 is
begin
    process (clk)                       --具有敏感信号 clk 的进程
    begin
        if clk'event and clk = '1' then --当上升沿到来时就执行下一句,还可以
                                          使用 rising_edge(clk)的时钟沿描
                                          述格式
            q < = d;                    --触发器驱动方程
        end if;
    end process;
end li12_arch;
```

对于异步置位和复位触发器,其置位和复位信号独立于时钟沿,将触发器置 1 或清 0,

这样的置位和复位称为异步置位和复位。为使该触发器具有异步置位和复位功能,进程语句的敏感信号表中必须包含置位和复位信号。

【例 2 - 9】 具有异步置位和复位的上升沿触发的 D 触发器。

```
library ieee;
use ieee.std_logic_1164.all;
    entity dd is
        port (clk,data,set,reset:in std_logic;        - -时钟 clk,数据 data,置位 set,
                                                            复位 reset
                q:out std_logic);                      - -触发器输出 q
        end
architecture behave of dd is
begin
process(clk,reset,set)                                 - -敏感信号表中有复位 reset 和
                                                          置位 set 信号,因此复位和置位
                                                          信号直接是进程运行

    begin
    if reset = '1' then                                - -复位
        q < = '0';
    elsif set = '1' then                               - -置位
        q < = '1';
    elsif rising_edge (clk) then                       - -上升沿
        q < = data;                                    - -触发器接收数据
    end if;
end process;
end behave;
```

对于同步置位和复位触发器,其置位和复位信号在时钟沿的控制下,将触发器置 1 或清 0,这样的置位和复位称为同步置位和复位。为使该触发器具有同步置位和复位功能,进程语句中的敏感信号表中不能包含置位和复位信号。

【例 2 - 10】 具有同步置位和复位上升沿触发的 D 触发器。

```
library ieee;
use ieee.std_logic_1164.all;
    entity dd is
        port(clk,data,set,reset:in std_logic;
            q:out std_logic);
        end;
architecture behave of dd is
begin
    process(clk)                                       - -敏感信号表中没有置位与复位信号,只有时
                                                          钟信号

        begin
```

```
    if rising_edge(clk) then          --控制置位、复位的上升沿时钟
        if reset = '1' then           --复位
            q < = '0';
        elsif set = '1' then          --置位
            q < = '1';
        else
            q < = data;               --如果不置位也不复位,则触发器接收数据
        end if;
    end if;
end process;
end behave;
```

【例 2 – 11】　用 VHDL 实现图 2 – 3 所示的三位纹波(异步)计数器。

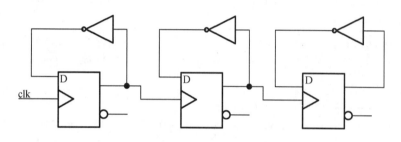

图 2 – 3　三位纹波(异步)计数器

该例的 VHDL 程序如下。

```
library ieee;
use ieee.std_logic_1164.all;
entity li13 is
    port(clk:in std_logic;            --时钟 clk
        q0,q1,q2:out std_logic);      --触发器输出 q0、q1 和 q2
end
architecture li13_arch of li13 is
signal qn0,qn1,qn2:std_logic;         --定义结构体内部信号
begin
    process(clk,qn0,qn1)              --具有敏感信号 clk、qn0、qn1 的进程
    begin
    if clk'event and clk = '1' then
        qn0 < = not qn0;
    end if;
    if qn0'event and qn0 = '1' then
        qn1 < = not qn1;
    end if;
    if qn1'event and qn1 = '1' then
```

```
            qn2 < = not qn2;
        end if;
        end process;
        q0 < = qn0;                                  – –信号向端口赋值
        q1 < = qn1;
        q2 < = qn2;
    end li13_arch;
```

【例 2 – 12】 用 VHDL 语言描述一个 8 位二进制计数器。在该计数器的描述中,因为 qq 是输出信号,不能向内部电路反馈,所以使用了信号 qqn;另外,为能够完成整数的加法运算,使用了无符号整数数据包。实现该 8 位二进制计数器的 VHDL 程序如下。

```
    library ieee;
    use ieee.std_logic_1164.all;
    use ieee.std_logic_unsigned.all            – –支持无符号整数
        entity coun is
            port(clk,rst:in std_logic            – –时钟 clk,复位 rst
            qq:out std_logic_vector(7 downto 0));; – –计数器输出 8 位信号 qq
            end;
    architecture ter of coun is
        signal qqn :std_logic_vector(7 downto 0);,  – –因为 qq 是输出信号,不能向电路
                                                        内部反馈信号,所以定义 8 位信号
                                                        qqn

    begin
        process(rst,clk)                         – –rst 是敏感信号,因此该计数器异
                                                        步复位

            begin
                if rst = '1'then qqn < = "00000000";  – –复位
                    elsif clk'event and clk = '1'then qqn < = qqn +1;
                                                    – –必须有无符号整数数据包支持
                end if;
            end process;
        qq < = qqn;
    end ter;
```

在该程序中,还可以在进程中使用变量代替信号来描述 8 位计数器。

2.11　元件描述与调用

元件(component)可以是事先编制好的、放在资料库中的 VHDL 程序,也可以是一个用 VHDL 语言描述的模块文件。

在调用元件时,需要首先在调用该元件的结构体中声明元件,然后进行端口位置映射或端口信号名映射。元件语句的声明格式如下。

```
component 元件名
    port(信号名, 信号名, …:信号模式 信号类型;
        信号名, 信号名, …:信号模式 信号类型;
        …
        信号名, 信号名, …:信号模式 信号类型);
end component;
```

元件声明中的端口信号名一定要与元件模块中的对应端口信号名相同。

下面介绍元件调用的语句格式。

位置映射语句的声明格式如下。

元件名 port map(信号 1,信号 2,…,信号 n);

在位置映射语句中,信号 1,信号 2,…,信号 n 是调用元件结构体中的信号。注意信号顺序一定要与元件端口声明中的端口顺序一致。

信号名映射语句的声明格式如下。

元件名 port map(元件端口 1 = >信号 1,元件端口 2 = >信号 2,…,元件端口 n = >信号 n);

在信号名映射语句中,由于是使用符号" = >"将元件端口与调用结构体中的信号连接起来的,因此信号名映射的顺序是可以改变的。

例如,某一元件的端口声明为:

```
port(a,b:in bit;
    c:out bit);
```

位置映射调用该元件时:

u2:元件名 port map(n1,n2,m);　　　　　　　　　　– –n1 对应端口 a,n2 对应端口 b,m 对应端口 c

信号名映射调用该元件时:

u2:元件名 port map(a = >n1,b = >n2,c = >m);

这种调用元件方式称为结构说明或结构设计,因为这种元件调用结构详细地确定了信号之间的连接关系,所以可以看作是用文字描述的一个结构原理图。

专题 3　数字逻辑电路设计基础

3.1　常用数字电路的 VHDL 语言描述

1. 百进制同步计数器

两个十进制计数器组成的百进制计数器的 VHDL 描述如下。

```
library ieee;
use ieee.std_logic_1164.all;
use ieee.std_logic_arith.all;
use ieee.std_logic_unsigned.all;
    entity li1 is
    port(clk:in std_logic;                          - -时钟 clk
        jinwei:out std_logic;                       - -进位信号 jinwei
        gaowei,diwei:out std_logic_vector(3 downto 0));
                                                    - -计数器输出高 4 位与低 4 位
    end;
architecture ds100_arch of li1 is
    signal qg,qd:std_logic_vector(3 downto 0);
    signal cin,cing,cc:std_logic;
begin
n1:process(clk)                                     - -低 4 位进程
    begin
        if clk'event and clk = '1'then
            if qd > =9 then qd < ="0000";
            else
            qd < = qd +1;
            end if;
            if qd =8 then cin < = '1';
            else cin < ='0';
            end if;
        end if;
    end process;
n2: process(clk,cin)                                - -高 4 位进程
```

```
begin
    if clk'event and clk = '1' then
        if cin = '1' then
        if qg = 9 then qg < = "0000";cing < = '1';
        else
        qg < = qg +1;cing < = '0';
        end if;
    end if;
end if;
if cin = '1' and cing = '1' then cc < = '1';              --进位处理
else cc < = '0';
end if;
end process;
gaowei < = qg;diwei < = qd;                              --信号赋予端口
jinwei < = cc;                                          --进位信号赋予信号端口
end ds100_arch;
```

2. 二百五十六进制以内十六进制预置数加法计数器

该加法计数器的 VHDL 语言描述如下。

```
library ieee;
use ieee.std_logic_1164.all;
use ieee.std_logic_unsigned.all;
    entity jishu is
        port(clk, t:in std_logic;                       --时钟 clk,计数控制信号 t,t
                                                            =1 计数,t =0 预置数

            data :in std_logic_vector(7 downto 0);     --预置的数据 data
            td :out std_logic;                          --计数器记满信号 td
            scg,scd:out std_logic_vector(3 downto 0));

                                                        --scg 是计数个位信号
                                                            scd 是计数十位信号

        end;
architecture jishu_arch of jishu is
    signal qq:std_logic_vector(7 downto 0);             --设置 8 位计数信号
begin
    kk1:process(clk,t)                                  --计数进程,异步预置数
        begin
            if t = '0' then qq < = data;               --如果 t =0,则预置数
            elsif clk'event and clk = '1' then          --如果时钟上升沿到,而且计数
                                                            器不计满,则加法计数

                if qq < "11111111" then qq < = qq +1;
```

```
                else qq < = qq;                          - - 不是上述情况,计数器数据保
                                                              持
            end if;
        end if;
        scg < = qq(7 downto 4);scd < = qq(3 downto 0);
                                                    - - 将信号赋予输出引脚
    end process;
kk2:process(qq)                                      - - 加到 255 进位处理进程
    begin
        if qq < "11111111" then td < = '0';          - - 如果计数值小于 255,则
                                                          td = 0,否则 td = 1
        else td < = '1';
        end if;
    end process;
end jishu_arch;
```

3. 百进制以内十进制预制数减法计数器

该减法计数器的 VHDL 语言描述如下。

```
library ieee;
use ieee.std_logic_1164.all;
use ieee.std_logic_unsigned.all;
    entity jishuq is
        port(clk,t :in std_logic;                    - - clk 是时钟,t 是计数/预置数控
                                                          制,t = 1 计数,t = 0 置数
            td60:out std_logic;                       - - td60 是计数器归零信号
            data:in std_logic_vector(7 downto 0); - - data 是预置数,分为高 4 位,低 4 位
            gaowei,diwei:out std_logic_vector(3 downto 0));
                                                    - - 输出高位 gaowei 和低位 diwei
        end;
    architecture jishu_arch of jishu is
    signal qd,qg:std_logic_vector(3 downto 0);
    begin
        process(clk, t)
            begin
                if t = '0' then qd < = data(3 downto 0);qg < = data(7 downto 4);
                                                    - - 如果 t = 0 则置数,否则:
                elsif clk'event and clk = '1' then
                if qd > "0000" or qg > "0000"then   - - 如果高位、低位数都大于 0
                if qd > "0000"then qd < = qd - 1;    - - 如果低位大于 0,则低位减计数
                else qd < = "1001";                  - - 如果低位为 0,则置 9
                end if;
```

```
            if qd = "0000" then qg < = qg - 1;        --如果低位为 0,则高位减计数
            end if
                else qd < = qd;qg < = qg;            --保持数据不变
            end if;
        end if;
        gaowei < = qg;                              --将高位信号赋予引脚
        diwei < = qd;                               --将低位信号赋予引脚
    end process;
  td60 < = '1' when qd = "0000" and qg = "0000" else '0';
                                                    --高位和低位都是 0 时,归零信号
                                                      为 1
end jishu_arch;
```

4. 并入、并出和串出移位寄存器

该移位寄存器的 VHDL 语言描述如下。

```
library ieee;
use ieee.std_logic_1164.all;
use ieee.std_logic_unsigned.all;
    entity li2 is
    port(clk,load:in std_logic;                     --时钟和置数信号
        data:in std_logic_vector(7 downto 0);       --输入数据
        dataout:out std_logic_vector(7 downto 0);   --并行输出
        y:out std_logic);                           --串行输出
    end;
architecture yw_arch of li2 is
    signal qq:std_logic_vector(7 downto 0);
begin
    n1:process(clk,load)
      begin
        if load = '0' then qq < = data;             --load = 0 则预置数
        elsif clk'event and clk = '1' then          --否则上升沿到
            qq(7 downto 1) < = qq(6 downto 0);      --左移
            end if;
        y < = qq(7);                                --高位赋予串行输出端口
            dataout < = qq;
    end process;
end yw_arch;
```

5. 全天定时电路

该 VHDL 描述可以在一天的任何时刻定时。

```
library ieee;
```

```
use ieee.std_logic_1164.all;
use ieee.std_logic_arith.all;
use ieee.std_logic_unsigned.all;
    entity li3 is
        port(clk:in bit;                                --时钟 clk 以分为单位
            shuchu:out bit;                             --报警信号
            ss:out std_logic_vector(11 downto 0));      --用于显示12位矢量ss
end;
architecture da1439_arch of li3 is
    signal qq:integer range 0 to 1439;                  --一天为1 440 min
    signal cin:bit;
begin
n1:process(clk)                                         --全天循环计数进程
    begin
        if clk'event and clk ='1' then
            if qq =1439 then qq < =0;
            else
            qq < =qq +1;
            end if;
        end if;
        if (qq =100 or qq =200 or qq =300)then          --在100 min、200 min、300
                                                           min 时,cin =0
            cin < ='0';                                  --报警信号
        else
            cin < ='1';
        end if;
        shuchu < =cin;
        ss < =conv_std_logic_vector(qq,11);             --将整数qq转换成标准12
                                                           位矢量

    end process;
end ds1439_arch;
```

6. 二十四进制计数器

二十四进制计数器的 VHDL 描述如下。

```
library ieee;
use ieee.std_logic_1164.all;
use ieee.std_logic_arith.all;
use ieee.std_logic_unsigned.all;
    entity li4 is
        port(clk :in std_logic;                         --时钟 clk
            gaowei,diwei:outstd_logic_vector(3 downto 0));
```

```
        end;
architecture ds24_arch of li4 is
begin
    n1:process(clk)
        variable qg,qd:std_logic_vector(3 downto 0);  －－在过程内部定义变量
    begin
    if clk'event and clk = '1'then
            if qd = "0011"and qg: = "0000";
            elsif qd < "1001"then
                qd: = qd + 1;
            else qd: = "0000";qg: = qg + 1;
            end if;
        end if;
        gaowei < = qg;
        diwei < = qd;
    end process;
end ds24_arch;
```

7. 十进制输出的六十进制减计数器

该减计数器在 t = 0 时置数,t = 1 时计数,当减计数到 0 时,td60 = 1。采用十进制的好处是显示的数字直观易读,容易实现七段译码。

```
library ieee;
use ieee.std_logic_1164.all;
use ieee.std_logic_unsigned.all;
entity li5 is
    port(clk,t:in std_logic;                          －－时钟 clk 与计数控制信号 t
        td60:out std_logic;
        gaowei,diwei:out std_logci_vector(3 downto 0));
                                                       －－计数器高位与低位
end;
architecture ds60_arch of li5 is
    signal qd,qg:std_logic_vector(3 downto 0);
begin
    process(clk,t)
        begin
            if t = '0'then qd < = "1001";qg < = "0101";
            elsif clk'event and clk = '1'then
                if qd > "0000"or qg > "0000"then
                    if qd > "0000" then qd < = qd - 1;
                    else qd < = "1001";
```

```
                    end if;
                else qd < = qd;qg < = qg;
                end if;
            end if;
        gaowei < = qg;
        diwei < = qd;
    end process;
    td60 < = '1' when qd = "0000" and qg = "0000" else '0';
end ds60_arch;
```

8. 七段共阳数码管译码器模块

该译码器的 VHDL 描述如下。

```
library ieee;
use ieee.std_logic_1164.all;
use ieee.std_logic_unsigned.all;
    entity yimabcd is
        port(aa:in std_logic_vector(3 downto 0);        - - aa 是 4 位二进制输入
        abc:out std_logci_vector(0 downto 6));          - - abc 是七段译码器输出,高位是
                                                            a 段
    end;
architecture yimabcd_arch of yimabcd is
    signal bb:std_logic_vector(6 downto 0);
begin
    process(aa)
        begin
            case aa is
                when"0000" = >bb < = "0000001";          - - 低电平有效输出,g 段不亮,显示
                                                            数值 0
                when"0001" = >bb < = "1001111";
                when"0010" = >bb < = "0010010";
                when"0011" = >bb < = "0000110";
                when"0100" = >bb < = "1001100";
                when"0101" = >bb < = "0100100";
                when"0110" = >bb < = "0100000";
                when"0111" = >bb < = "0001111";
                when"1000" = >bb < = "0000000";
                when"1001" = >bb < = "0000100";
                when"1010" = >bb < = "0001000";
                when"1011" = >bb < = "1100000";
                when"1100" = >bb < = "0110001";
                when"1101" = >bb < = "1000010";
```

```
                    when"1110" = >bb < = "0110000";
                    when"1111" = >bb < = "0111000";
                    when others  = >bb < = "1111111";
            end case;
        abc < = bb;
        end process;
end yimabcd_arch;
```

9. 可置数的十六进制减计数器

该计数器的 VHDL 描述如下。

```
library ieee;
use ieee.std_logic_1164.all;
ues ieee.std_logic_unsigned.all;
    entity jidsq is
        port(clk,t:in std_logic;                    – –clk 时钟,t 为计数控制信号
                data:in std_logic_vector(7 downto 0);
                                                    – –预置数
                td:out std_logic;                   – –计数值为 0 信号
scg,scd:out std_logic_vector(3 downto 0));          – –计数器高 4 位与低 4 位
end;
architecture jtdsq_arch of jtdsq is
    signal qq:std_logic_vector(7 downto 0);
begin
    kk1:process(clk,t)                              – –减计数进程
        begin
            if t = '0'then qq < = data;             – –如果 t = 0,将数据 data 写入 qq
            elsif clk'event and clk = '1'then
                if qq > "00000000"then qq < = qq – 1; – –如果 qq≠0,则减法计数
                else qq < = qq;
                end if;
            end if;
            scg < = qq(7 downto 4);scd < = qq(3 downto 0);
end process;
kk2:process(qq)                                     – –计数器归零后的借位 td 处理进程
    begin
        if qq > "00000000"then td < = '0';
        else td < = '1';
        end if;
end process;
end jtdsq_arch;
```

10. 微分模块

微分模块用于阻止在按下按键的时间过长时,出现多状态转换。该模块的 VHDL 描述如下。

```vhdl
library ieee;
use ieee.std_logic_1164.all;
use ieee.std_logic_unsigned.all;
    entity weifen is
        port(clk,key:in std_logic;          - -时钟 clk,按键信号 key
            oo:out std_logic);              - -输出信号 oo
        end;
architecture weifen_arch of weifen is
    signal q1,q2:std_logic;
begin
    process(clk)
        begin
    if clk'event and clk = '1'then
        q1 < = key;
        q2 < = q1;
    end if;
    oo < = (not q2)and q1;
    end process;
end weifen_arch;
```

微分模块的仿真结果如图 3 - 1 所示。由此可以看出,该模块对输入信号 key 的上升沿微分,输出了窄脉冲 oo。

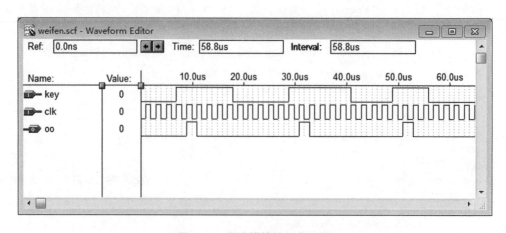

图 3 - 1 微分模块的仿真结果

11. 加减十进制计数器

加减十进制计数器由 updn 信号控制加减,clr 信号清零,en 信号控制是否计数;输出信号 rcon 和 maxmin 是用于级联和表示计数值最大或最小的信号;sc 是计数信号输出。

```
library ieee;
use ieee.std_logic_1164.all;
use ieee.std_logic_unsigned.all;
entity jishuqi is
    port(clk,updn,clr,en:in std_logic;
         rcon,maxmin:out std_logic;
         sc:out std_logic_vector(3 downto 0));
end;
architecture jishuqi_arch of jishuqi is
    signal qq:std_logic_vector(3 downto 0);
begin
    kk1:process(clk)
        begin
            if clr = '0' then qq < = "0000";
            elsif clk'event and clk = '1' then
                if(updn = '1')and(en = '1')then
                    if(qq/ = "1001")then qq < = qq +1;
                    else qq < = "0000";
                    end if;
                elsif (updn = '0')and (en = '1') then
                    if (qq/ = "0000")then qq < = qq -1;
                    else qq < = "1001";
                    end if;
                end if;
            end if;
        end process;
    kk2:process(qq,clk)
        begin
        if updn = '1'then
            if(qq = "1001")and (clk = '0')and(clr = '1')then rcon < = '0';
            else rcon < = '1';
            end if;
            if(qq = "1001")then maxmin < = '1';
            else maxmin < = '0';
            end if;
        elsif (updn = '0')then
            if (qq = "0000")and(clk = '0')and(clr = '1') then rcon < = '0';
            else rcon < = '1';
            end if;
```

```
            if(qq = "0000")then maxmin < = '1';
        else maxmin < = '0';
        end if;
        end if;
        sc < = qq;
        end process;
    end jishuqi_arch;
```

图 3 - 2 所示是加减十进制计数器的仿真结果。

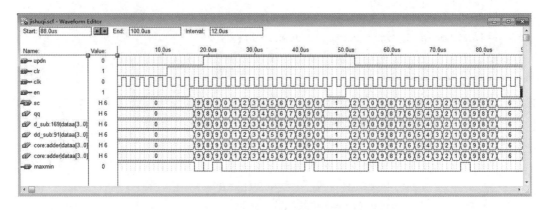

图 3 - 2　加减十进制计数器的仿真结果

3.2　编程注意事项

(1)在 VHDL 中,共有三种常用对象:常量、变量和信号。

(2)应注意端口的方向。out 方向只能被赋值;in 方向可以赋值;buffer 可以赋值和被赋值;由于 inout 就是输入/ 输出端口,因此也可以赋值和被赋值。

(3)信号使用信号赋值符" < = "。

(4)变量使用变量赋值符": = "。

(5)std_logic 和 std_logic_vector 是可综合 VHDL 描述常用的数据类型。

(6)在 ieee. std_logic_unsigned. all 数据包的支持下,可以进行 std_logic 和 std_logic_vector 的加减运算。

(7)在进程中,信号可以被多次赋值,但是只有最后一次赋值有效。在进程中,因为语句的执行是按顺序进行的,虽然对于一个信号有多次赋值,但是仍然认为该信号具有一次驱动。

(8)在结构体中,不能对一个信号赋值多次,因为各个信号赋值语句之间是并发关系。

(9)被赋值信号的位数与赋予它的数值位数必须相等,否则会出错。例如,将 2 位八进制赋予 4 位逻辑矢量 z 是错误的。

（10）为使赋值和被赋值情况不易出现错误，可以在结构体内声明与输入、输出端口相同数据类型的信号。在结构体中，先将输入端口赋予信号，然后在对信号进行逻辑处理后，再用赋值语句将信号赋予输出端口。

专题 4 有限状态机设计基础

有限状态机及其设计技术是数字系统设计的重要组成部分,采用硬件描述语言设计状态机时,状态机设计更简单实用。可编程逻辑器件、硬件描述语言与状态机设计技术三者的结合可以解决很多工业控制问题。

4.1 有限状态机

状态就是一个事物的状况或处境,在某种状态出现时,该事物就满足某些条件、实行某些活动或等待某些事物。状态可以由一组属性来描述。例如,信誉卡账户的状态与资金平衡、支付历史有关,而传真机的状态是等待、发送和接收。

状态表、状态图、状态的文字描述是对一个事物在某个事件发生后从一个源状态到另一个目的状态转移的说明。

一个状态描述需要五个要素:状态、输入信号、输出信号、状态转移函数和输出函数。

如果在一个状态中包含着另一个状态序列,则称该状态为复合状态。

状态机是能够根据状态转移条件进入状态转换和输出状态活动的自动机。如果状态机的状态数量、输入数量、输出数量有限,则称其为有限状态机。

状态机可以用硬件描述语言描述,用数字电路实现;也可以用 C 语言描述,用单片机实现。

在数字电路中,有两类基本的电路:组合电路和时序电路。它们的区别是组合电路结构中没有反馈,输入直接决定输出;而时序电路的结构中有反馈,其输出由输入和现态决定。状态机就是广义的时序电路,其一般模型如图 4 -1 所示。

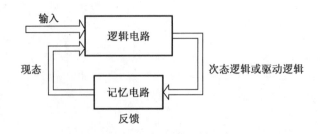

图 4 -1 状态机的一般模型

图 4 -1 中的逻辑电路可以产生同步状态机电路所需的次态逻辑或驱动逻辑,记忆电路用于产生输出到输入的反馈,通常由触发器实现。

1. 时钟同步有限状态机

如果一个状态机的状态变化需要与时钟信号同步,则称其为同步状态机。在同步状态机中,时钟是状态变化的必要条件。

（1）结构

时钟同步状态机(梅里状态机)的结构如图 4-2 所示。

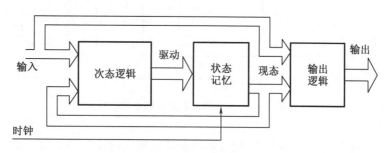

图 4-2　时钟同步状态机(梅里状态机)的结构

其中,次态逻辑由现态和输入形成。状态记忆用于记忆现态。输出逻辑由现态和输入形成。

时钟处在上升沿还是处在下降沿,取决于触发器的开关,而触发器的开关在次态(驱动)逻辑的控制下动作。

（2）输出逻辑

如果一个时序电路的输出与现态和输入有关,则称其为梅里状态机。如果状态机的输出只与现态有关,则称其为摩尔状态机。

在某状态下,满足某输入条件的输出就是梅里输出,在输出的同时进行某输入条件下的状态转移。值得注意的是,梅里状态机的输入变化可以直接引起输出的变化,而不是等到下一个状态到来时输出才变化。

与输入无关,在某状态下才有的输出称为摩尔输出。摩尔输出一定与状态变化同步。

一般情况下,摩尔输出是电平,而梅里输出可在状态变化时输出脉冲。例如,当一个状态转换到另一个状态时,输出一个正脉冲。对于行为相同的状态机,摩尔状态机比梅里状态机需要更多的状态。摩尔状态机的结构如图 4-3 所示。

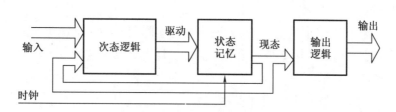

图 4-3　摩尔状态机的结构

（3）管道输出

具有管道输出的梅里状态机如图 4-4 所示。这种状态机的输出可以与时钟同步。在某状态下,并且在满足某输入条件的情况下,当脉冲时钟沿到来时的输出为梅里管道输出。

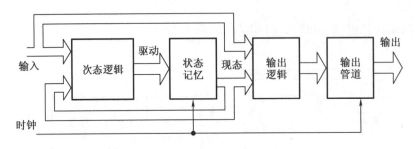

图 4-4 具有管道输出的梅里状态机

状态机的分类并非是最重要的,最重要的是如何使它的输出满足设计要求。梅里状态机与摩尔状态机之间是可以转换的。

需要指出的是,状态机中触发器一般都选择 D 触发器。这是因为使用 D 触发器可以使设计更简单,但是设计出的状态机不一定是最简单的。

2. 时钟同步状态机设计

（1）传统设计步骤

传统的设计方法就是使用中、小集成电路来设计状态机,在设计中没有硬件描述语言支持。

①根据实际问题的文字说明建立状态／输出表或状态图,状态可以用文字表示。

②化简,使状态达到最小化。

③确定状态变量,进行状态编码。

④将变量和编码的状态代入状态／输出表,建立现态／输入-次态／输出表,以表明现态／输入-次态／输出之间的关系。

⑤选择触发器类型。

⑥建立驱动表。

⑦从驱动表得到驱动方程。

⑧从现态/ 输入-次态/ 输出表中得到输出方程。

⑨画逻辑图。

在这些步骤中,第①步最重要,因为该步骤把实际问题的文字说明变成状态表或状态图,这是一个创造的过程。第②步和第③步需要设计者具有一定的设计经验。一旦完成前三步,其余工作就容易了。

（2）硬件描述语言支持下的设计步骤

由于硬件描述语言支持状态机设计,因此只要把实际问题转换成状态表或状态图,则可很容易使用硬件描述语言描述。也就是说,在硬件描述语言支持下的状态机设计,只需要传统设计步骤的前三步。将实际状态机问题用文字表示的状态表或状态图进行状态编码后,就可以使用硬件描述语言描述状态机,从而在可编程逻辑器件中实现。

在传统设计步骤的前三步中,从实际问题得到状态表是最难的一步,而第③步状态编码就是选择一种合适的编码形式对状态机进行编码,这是一个尝试的过程。另外,在包含多个状态的状态机设计中,往往将状态机划分成主、从状态机,以减少状态机的复杂程度。

（3）状态编码

具有 n 个状态变量的状态机具有 2^n 个状态。研究一个状态用什么样的二进制数表示,就是状态编码问题。最简单的状态编码就是采用自然二进制整数的顺序来表示状态。虽然这样的编码简单,但是最终的电路未必是最简单的。如果要得到最简单的结果,最好把各种编码都试一试,但是费时费力,所以一般情况下采用经验编码方法。

在状态编码时应该考虑下面的因素。

①初始状态的编码与状态机的复位状态相同,以便使状态机复位时就回到状态机的初始状态。

②每一次状态变化,应该使变化的状态变量最少。

③如果有未使用的状态,则尽量选择可以达到简化逻辑设计的状态编码。在设计中,应该保证从未使用的状态一定可以进入初始状态。

表 4-1 是对 A0、A1、A2、A3、A4、A5、A6、A7 八个状态进行编码的例子。

表 4-1　编码例子

状态	自然二进制编码 Q2 ~ Q0	单作用编码 Q7 ~ Q0	Gray 编码 Q2 ~ Q0
A0	000	00000001	000
A1	001	00000010	001
A2	010	00000100	011
A3	011	00001000	010
A4	100	00010000	110
A5	101	00100000	111
A6	110	01000000	101
A7	111	10000000	100

单作用（one hot）编码,又称为独 1 编码,它的缺点是使用的硬件较多,一个状态使用一个触发器,但是可以使设计变得简单。Gray 编码虽然具有一次只变一个二进制位的优点,但也有编码值不易识别的缺点。自然二进制编码的优点是用 n 个触发器存储 2^n 个状态,缺点是要考虑如何处理未使用状态的问题,以及状态转移中的状态过渡问题,例如,从 001 过渡到 010 要经过 000 状态,容易引起一些不希望的尖峰脉冲问题。

（4）主从状态机

一个大状态机的设计是非常复杂的,一般情况下,最好将大状态机分解成小状态机的集合。状态机一般按照功能划分:主要输入、输出和控制算法由主状态机完成,而辅助的、在主状态机控制下的算法由从状态机完成,即主状态机完成顶层算法,从状态机完成底层算法。

在主状态机中启动从状态机的状态称为复合状态。在复合状态中,启动从状态机后,主状态机可以等待,也可以继续运行。如果主状态机继续运行,就会出现主状态机和从状态机同时运行的情况。

最常见的状态机划分就是将计数器作为从状态机,这时主状态机发出启动信号后,状态机(计数器)完成计数后返回信号。虽然主状态机增加了启动计数器的输出信号和来自计数器的计数完成信号,但是 n 位计数器可以为主状态机节省 $n-1$ 个状态。主 / 从状态机的一般结构如图 4-5 所示。

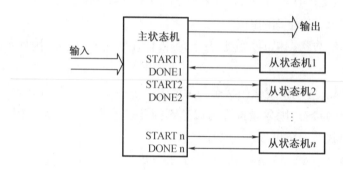

图 4-5 主 / 从状态机的一般结构

若计数器的计数时钟周期固定,则计数值就是时间值,因此计数器就是定时器。例如,若计数器时钟周期为 1 s,则计数器的值为 10,就代表 10 s。

(5)状态转移条件

状态转移条件与输入的信号数量有关,n 个输入信号,将有 2^n 个转移条件。这些条件之间应该是互斥的,只能有一个转移条件有效,也就是只能转移到另一个状态,而不是一个以上的状态。

在状态机设计过程中,状态转移条件是容易给出的,但是使多个状态转移条件满足互斥条件却比较难,因为这需要更深刻地考虑状态、转移条件之间的关系。

一个状态只向另一个状态转移的状态机是最简单的状态机,因为只有一个状态转移条件。

有些状态图或状态表只能给出本状态向外状态转移的条件,而向本状态转移的条件未给出。这种情况可以理解为只要不向外状态转移,就保持在本状态不动。

(6)状态机的输入信号

状态机的输入信号常常是按钮信号,既然是按钮信号,则按下的时间长短是随机的,可能是一个或几个状态机时钟脉冲的时间。如果状态机的状态转移是在某输入信号的作用之下连续转移的,例如在状态 1,当按钮第一次为 0 时,转移到状态 2,当按钮第二次为 0 时,转移到状态 1,则会因为按钮一直保持在 0 引起状态不断地转移,不能实现每按一次按钮,转移一次状态的目的。

该例的解决方法是采用按下一次按钮后,只在状态变化的时钟沿输出一个时钟周期低电平的电路。图 4 - 6 所示是实现该功能的下降沿微分电路,其输出波形如图 4 - 7 所示。在图 4 - 7 中,anniu 是按钮信号,out 是输出信号。

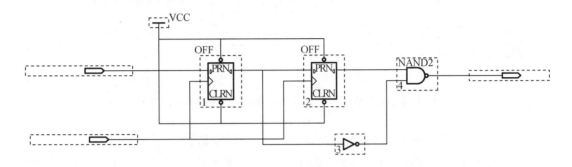

图 4 - 6 下降沿微分电路

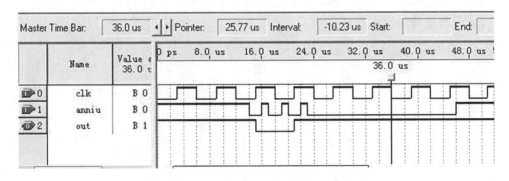

图 4 - 7 下降沿微分电路的输出波形

图 4 - 8 所示是脉冲的上升沿、下降沿和上升下降沿微分电路。图 4 - 9 所示是该电路的输出波形,在该波形图中,anniu 是按钮信号,up_down 是上升下降沿信号,up 是上升沿微分信号,down 是下降沿微分信号。

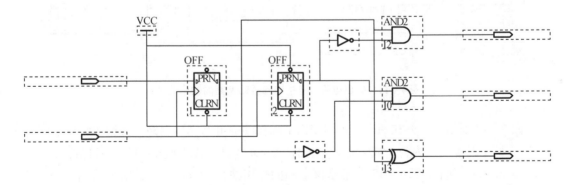

图 4 - 8 上升沿、下降沿和上升下降沿微分电路

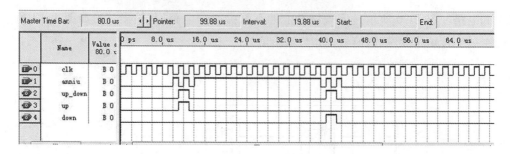

图 4-9　上升沿、下降沿和上升下降沿微分电路的输出波形

微分电路在某种程度上可以消除抖动,只要时钟周期足够大,就可以消除一些抖动信号。这是因为输出的微分信号只在脉冲的上升沿发生变化,只要按钮抖动的时间小于一个时钟周期,就可以消除按钮抖动的影响。图 4-10 所示是另一种消除抖动电路,该电路可以输出电平信号。从消除抖动的角度来说,也需要按钮抖动的时间小于一个脉冲周期。图 4-11 所示是该电路的输出波形。

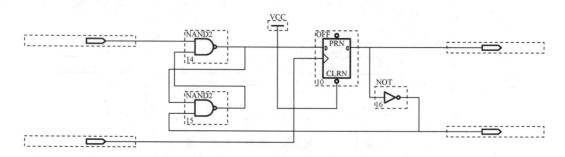

图 4-10　输出电平信号的消除抖动电路

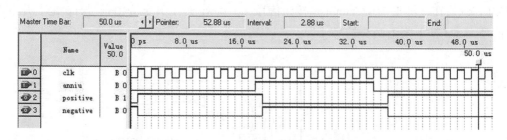

图 4-11　输出电平信号的消除抖动电路的输出波形

图 4-12 所示是能够在两个时钟周期内消除抖动的电路。该电路只有检测到按钮信号 anniu 在两个时钟周期内为 1 或为 0 时,输出信号 out 才会输出 1 或 0,而且一直保持到按钮信号 anniu 变化为止。图 4-13 所示是该电路的输出波形图,posedge 是对输出信号 out 实现上升沿微分后输出的信号。

VCC
PRN
CLRN
20
19
VCC
PRN
CLRN
10
9

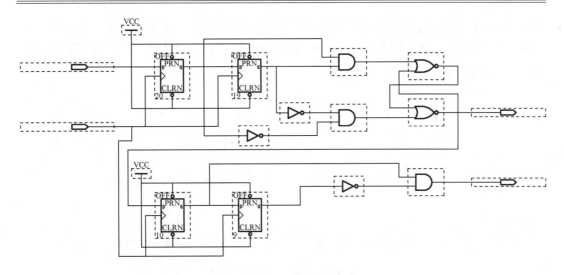

图 4-12　在两个时钟周期内消除抖动的电路

Master Time Bar: 75.007215 us
Pointer: 71.67 us
Interval: -3.34 us
Start:
End:
Name
Value at 75.01 u
0 ps
16.0 us
32.0 us
48.0 us
64.0 us
80.0 us
75.007215 us
0 clk B 1
1 anniu B 1
2 out B 1
3 posedge B 0

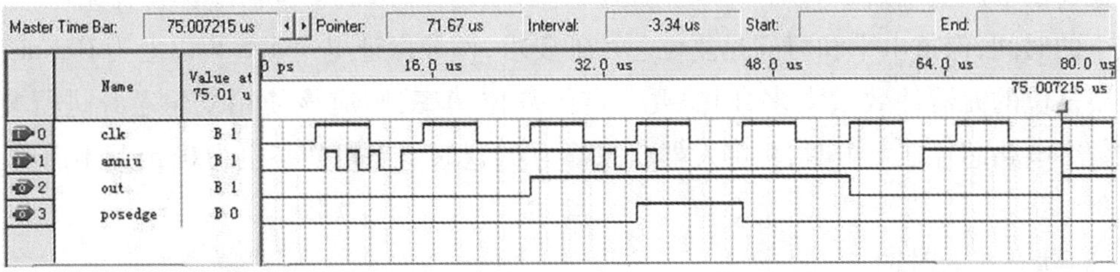

图 4-13　在两个时钟周期内消除抖动的电路的输出波形

用增加一个状态的方法禁止按钮按下 1 次发生状态多次转移的状态图如图 4-14 所示。当按钮 key 按下(key=0)时,状态从 S0 进入 S1,只要按钮按下,状态就保持在 S1,直到按钮抬起(key=1),到达稳定状态 S2。这样,就可以避免由按钮按下时间长、状态机时钟周期短造成的状态转移的情况。

key=0
S1
key=0
key=1
S0
key=1
S2

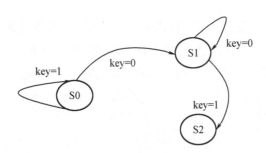

图 4-14　状态图

(7)上电初始状态问题

在状态机上电时,无论为何种输入条件,都应该进入一个确定的状态,该状态称为上电初始状态。有些状态机可以在上电时自动进入上电初始状态,该状态称为自启动。有些状态机则不能自启动,需要借助复位信号才能进入上电初始状态。复位信号产生电路一般由电阻和电容组成,如图 4 – 15 所示。图 4 – 15(a)所示是高电平复位信号产生电路;图 4 – 15(b)所示是低电平复位信号产生电路。

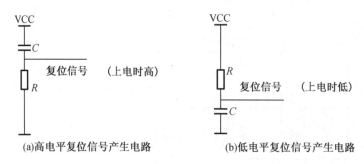

图 4 – 15　复位信号产生电路

复位信号产生电路中的电容和电阻值的选取原则是,保证复位信号保持在某电平之上或之下的时间,保持电平和时间是复位芯片的要求,例如保证电平 4.5 V 以上为 100 ms。如果需要复位的元器件数量太多,即需要一定的复位功率,则应该使用复位芯片进行复位。有些数字电路芯片在上电时,其触发器状态都为 0,这时状态机初态也为 0,因此不需要专门的复位电路。

(8)状态机的时钟

因为同步状态机的状态转移是在时钟的上升沿或下降沿发生的,所以时钟的频率决定了状态机的状态转移速度。状态转移速度经常受输入信号的制约,只要输入信号不抖动,而且在状态转移时钟沿前出现,那么状态机时钟频率就越高越好。

4.2　状　态　表

状态表是描述状态机现态、次态、转移条件和输出之间关系的表格。

设计状态表是一个创造性的过程,也是状态机设计中最难的一步。虽然输入和输出量之间有详细列表,但是它们之间的关系却不能一眼看透。在一般情况下,对于状态数量、何种输入条件下进入何种状态,以及在某状态下输出何种输出量,并不是完全清楚的。在设计中要仔细辨认和处理实际问题相关文字说明中隐含的条件。因为设计过程不是一个完善的算法,所以不能保证一次设计就获得成功,必须尝试再尝试,最终得到一个根据输入条件能够输出精确结果的状态机。在设计过程中可能要经历多次纠正错误和返工。

在设计状态表时,应首先确定控制器的初始状态,根据实际问题的叙述,确定该初始状态下的输出、状态转移条件和要转移的次态;其次将前述的次态定为现态,根据实际问题的叙述,确定该状态下的输出、状态转移条件和转移的次态,周而复始,直至所有情况都叙述完毕。

【**例 4 - 1**】　设计一个电子秒表控制器。该控制器的输入信号端接有两个按钮:一个按钮 A 用于启动和停止秒表;另一个按钮 B 用于复位秒表。控制器的输出为一个启动 / 停止计数器的电平信号,以及一个复位计数器信号。该例的原理框图如图 4 - 16 所示。根据按钮电路可知,信号 A 与 B 低电平有效。

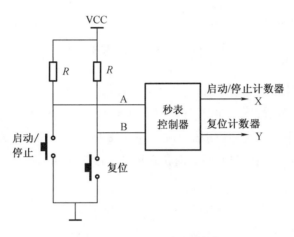

图 4 - 16　例 4 - 1 的原理框图

在停止状态下,当按下复位按钮 B 时,计数器复位;当按下启动 / 停止按钮 A 时,计数器开始计数;当再次按下启动 / 停止按钮 A 时,计数器停止计数;周而复始。

该例的输入变量是启动 / 停止计数器的信号 A,以及计数器复位信号 B,输出变量为计数器启动 / 停止信号 X(电平信号)和复位信号 Y(电平信号)。假设上电时处于初始状态 INIT,则有表 4 - 2 所示的状态表。

表 4 - 2　例 4 - 1 的状态表

说明	现态	输入变量 A、B 组合				输出变量	
		00	01	11	10	X	Y
初始状态	INIT	INIT	A0	INIT	INIT	0	0
计数	A0	INIT	A1	A0	A0	1	1
停止计数	A1	INIT	A0	A1	INIT	0	1

在构建该表过程中,首先给出所有变量的组合;其次给出第一个现态(上电时的状态),不断地推算出在各个输入变量组合情况下应该进入的状态,直至所有情况都推算完毕;最后在表格中填入对应各个现态的输出。该例的简化状态如图 4 - 17 所示,图中没有画出向状态自身转移的条件。对按钮 A 信号应该加微分电路,保证按下按钮 1 次,只更换一个状态。

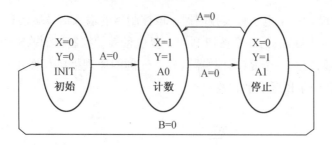

图 4-17 例 4-1 的简化状态图

【例 4-2】 设计一个按钮开关,该按钮开关在第一次按下按钮时,输出信号 X 和 Y 瞬时变为高电平;在第二次按下按钮时,输出信号 X 瞬时变为低电平,但是输出信号 Y 在延时 90 s 后,才变为低电平。该例的原理框图如图 4-18 所示,状态表见表 4-3。该例的简化状态图如图 4-19 所示,图中没有画出向状态自身转移的条件。

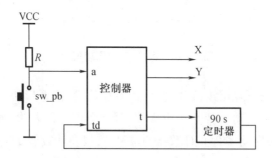

图 4-18 例 4-2 的原理框图

表 4-3 例 4-2 的状态表

说明	现态	次态	条件	输出		
				t	X	Y
初始状态	INIT	S0	a = 0	0	0	0
第一次按下按钮后	S0	S1	a = 1	0	1	1
第一次按下按钮后弹起	S1	S2	a = 0	0	1	1
第二次按下按钮后	S2	INIT	td = 1	1	0	1

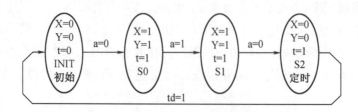

图 4-19 例 4-2 的简化状态图

4.3 状 态 图

状态图又称为状态转移图,它用图形的方式描述现态、次态、输入和输出之间的关系。梅里型时序电路与摩尔型时序电路的画法不同。

梅里型时序电路的画法是使用圆圈中的数字或字母表示时序电路的状态,使用箭头表示状态变化,并且在箭头旁边标记输入 X 和输出 Z,标记时将输入 X 与输出 Z 用斜杠／隔开,如图 4 – 20(a)所示。

梅里型时序电路的输入、输出和状态之间的关系如图 4 – 20(a)所示,可以看出状态的变化发生在时钟的上升沿,而输出 Z 的变化出现在输入 X 发生变化时,即输出 Z 的变化使得状态变化提前,这也正是输出标示在箭头旁的原因。

摩尔型时序电路的画法是使用圆圈中的数字或字母表示时序电路的状态与输出,使用箭头表示状态变化,并且在箭头旁标记有输入 X,如图 4 – 20(b)所示。

摩尔型时序电路的输入、输出和状态之间的关系如图 4 – 20(b)所示,可以看出状态的变化发生在时钟的上升沿,而输出 Z 的变化也出现在时钟的上升沿,即输出 Z 的变化与状态变化发生在同一时刻,这也正是输出标示在圆圈内的原因。

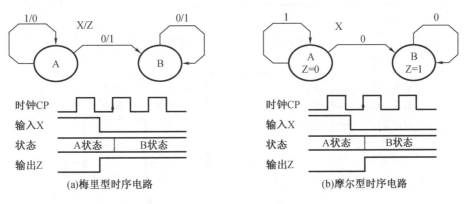

图 4 – 20 状态图

状态图以图的形式表示了状态之间的关系,既显示了输入与输出之间的关系,又显示了一个状态到另一个状态的转移,所以使用起来非常直观、方便。

状态图是用于小型、中型状态机设计的一种方法,设计过程几乎与状态表相同。该方法的特点是简单,但容易出错。

在状态表中,状态转移的输入条件若采用所有输入的组合方式,则该状态的所有次态都会出现在状态表中,不会出现漏掉次态的情况。因为状态图中的状态转移是用一根弧线表示的,所以不管有多少输入变量,也只能有一个转移条件表达式。如果不考虑所有输入变量最小项作为转移条件的所有次态,则有可能漏掉一些次态。总之,画状态图时容易出现的错误是有的现态下缺少次态,有的现态下的次态太多,所以充分考虑现态的次态,使其不多不少是非常重要的。另一个必须注意的事项是,现态到所有次态的转移条件必须互斥,即只能转移到一个次态。

用于控制器的状态机大部分都是摩尔状态机,这些状态机的输出仅与状态有关。

状态图的第一个状态一般是控制器的输出不使能的状态,也就是控制器上电后的状态。

状态不一定用圆圈表示,也可用椭圆、矩形框表示。当摩尔状态机的输出量太多时,也可以标记在状态圈外侧,将状态转移方向箭头线画成直线,或在直线上增加一小段 90°短横线,这样可以增加状态图的可读性和可画性更好。

一些只标注了向其他状态转移的条件的状态图是不完全转移条件状态图(简化状态图),这种图没有标注状态向自身转移的条件,实际上不满足向其他状态转移,也就是不转移,保持原状态不变。

【例 4 - 3】 设计一个送料小车控制器。图 4 - 21 所示是该例的示意图。小车可以在 A 与 B 之间运动,在 A、B 点各有一个行程开关。小车从 A 点向 B 点前进,到达 B 点,停止 10 s 后,从 B 点后退到 A 点,在 A 点停车 20 s 后再向 B 点前进,如此往返不止。要求可以人为控制小车的前进启动和后退启动,并且在任何时候小车都可以停止运行。

根据题意,应该使用状态机加定时器(计数器)的方案,该例的原理框图如图 4 - 22 所示。

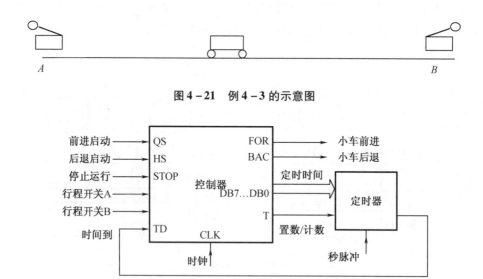

图 4 - 21　例 4 - 3 的示意图

图 4 - 22　例 4 - 3 的原理框图

该例的状态图如图 4 - 23 所示。该图中使用了 5 个状态,其中 INIT 是小车停止状态、A0 是小车前进状态、A1 是小车到达 B 点时的状态,A2 是后退状态,A3 是小车到达 A 点时的状态。在各个状态圆中,给出了该状态下的输出,转移弧线旁是状态转移条件。

输入信号都是高电平有效,而输出信号中除 T = 0 时对定时器置数外,其他也都是高电平有效。

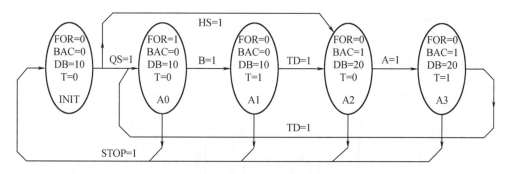

图 4 - 23 例 4 - 3 的状态图

该状态机在上电后,进入 INIT 状态,当 QS 按钮按下时小车进入前进状态 A0,小车前进信号 FOR = 1,同时 T = 0 将小车在 B 点停留时间 10 s 置入定时器;当小车到达 B 点后,行程开关信号 B = 1,状态机计入 A1 状态,小车在该状态停止运行;当 FOR = 0,同时 T = 1 时,启动定时器。当定时器定时时间到信号 TD = 1 时,状态机进入 A2 状态,小车开始后退,BAC = 1,同时 T = 0,将小车在 A 点停留时间 20 s 置入定时器。到达 A 点后,行程开关信号 A = 1,状态机进入 A3 状态,小车停止运行,BAC = 0,这时 T = 1,启动定时器,当 20 s 时间到,TD = 1,状态机再次进入状态 A0,小车再次向前运行。由状态图可知,只要停止按钮 STOP = 1,无论状态机在什么状态,都会进入 INIT 状态。

【例 4 - 4】 设计一个交通信号灯控制器,该交通灯的红、黄、绿灯的亮、闪动作顺序见表 4 - 4。

表 4 - 4 交通灯的红、黄、绿灯的亮、闪动作顺序

南北绿灯亮 10 s	南北绿灯闪 5 s	南北黄灯亮 3 s	南北红灯		
东西红灯			东西绿灯亮 10 s	东西绿灯闪 5 s	东西黄灯亮 3 s

该例的原理框图如图 4 - 24 所示。

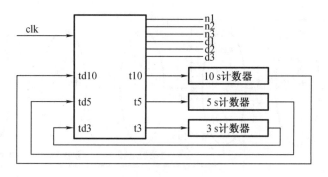

图 4 - 24 例 4 - 4 的原理框图

td10、td5 和 td3 是定时时间到信号。

t10、t5 和 t3 是定时启动信号。

n1、n2 和 n3 是南北红、黄、绿灯。

d1、d2 和 d3 是东西红、黄、绿灯。

该例的状态图如图 4 – 25 所示。

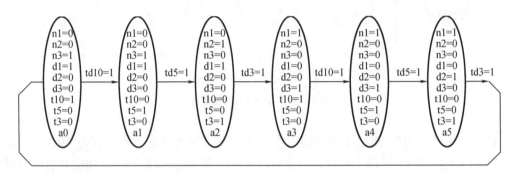

图 4 – 25　例 4 – 4 的状态图

a0 是南北绿东西红状态;a1 是南北绿闪东西红状态;a2 是南北黄东西红状态;a3 是南北红东西绿状态;a4 是南北红东西绿闪状态;a5 是南北红东西黄状态。

【例 4 – 5】　设计一个电动机控制器。该控制器控制一台电动机运行,启动按钮 k1 按下后,启动控制器,要求电动机运行 10 s 后停止 5 s,如此动作 3 次后自动结束。该例的原理框图如图 4 – 26 所示,状态图如图 4 – 27 所示。

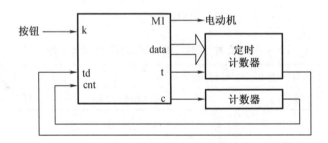

图 4 – 26　例 4 – 5 的原理框图

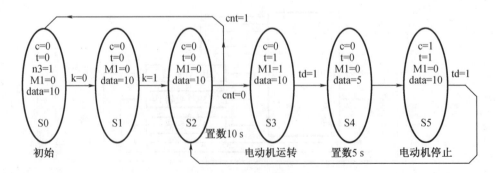

图 4 – 27　例 4 – 5 的状态图

S0 是初始状态。

S1 是按钮按下的过渡状态。

S2 是按钮抬起,置定时计数器为 10 s。若计数器不到 2,则进入状态 S3;若计数器到 2, 则返回状态 S0。

S3 是电动机运转状态,等待定时器 10 s 时间到。

S4 是定时计数器置数 5 s 时间到状态。该状态电动机停止运转。

S5 是等待定时计数器 5 s 时间到状态。该状态计数器输入信号 $c = 1$,计数器加 1 计数。

4.4 使用 VHDL 语言描述状态机

状态机分为次态逻辑、状态寄存器和输出逻辑三部分,如图 4 - 28 所示,无论怎样编写 VHDL 程序,都必须具有这三部分。

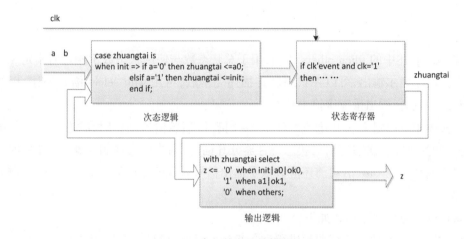

图 4 - 28 摩尔状态机的描述格式

1. 如何描述状态机

VHDL 中没有专门描述状态机的语句,一般使用枚举类型定义状态数据类型,然后使用 case 语句进行状态转移的描述。

在结构体中,首先用 type 语句定义状态值,例如:

```
type state_name is(init,s0,s1,s2,s3);        --定义 state_name 为枚举数据类型,
                                               其枚举值为 init, s0, s1, s2, s3
```

随后定义一个信号,该信号的数据类型是枚举数据类型,例如:

```
signal sreg:state_name;
```

信号定义后,便可使用进程和 case 语句来描述状态机。例如:

```
process(clk)                    --clk 为状态机的时钟
begin
    if clk'event and clk = '1'then       --时钟上升沿
        case sreg is
```

```
        when init = >if 条件式 1   then sreg < = s0;
                                  - -当 sreg 为 init 状态时,如果满足
                                     条件式 1 成立,则转移到 S0 状态
              elsif 条件式 2   then sreg < = s1;
                                  - -否则如果条件式 2 成立,则转移到
                                     S1 状态
              end if;
        when s0   = >if 条件式 1   then sreg < = s2;
              elsif 条件式 2   then sreg < = s3;
              end if;
  .....
  .....
        when others = > sreg < = init;
      end case;
    end if;
  end process;
```

在 case 叙述中的 when others 语句,用于总状态数与使用状态数不相等时指定无用状态的次态。对于摩尔输出,可以在状态转移描述完毕后,再用 with select 语句描述,以指明在某个状态出现时,输出量应该输出什么。

在实体中可以定义一个异步或同步 reset 信号,当该信号动作时,状态机处于上电初始状态。同时,可以将次态逻辑与状态寄存器分开描述,因为次态逻辑是组合电路,状态寄存器是时序电路。在 case 语句前还应该赋予输出信号默认值,这样可以避免产生不需要的电平锁存器。

常用的状态机描述格式如下。

(1)次态逻辑、状态寄存器的进程和一组输出赋值语句(一个进程和一个赋值)。

(2)次态逻辑进程、状态寄存器进程和一组输出赋值语句(两个进程和一个赋值)。

(3)包含摩尔输出的次态逻辑进程和状态寄存器进程(两个进程)。

(4)次态逻辑进程、状态寄存器进程和输出进程(三个进程)。

2. 举例描述状态机

【例 4 - 6】 用 VHDL 语言描述状态图。图 4 - 29 所示为本例状态图(同步摩尔状态机的状态图),该状态机具有 5 个状态,输入为 a 和 b,输出为 z。

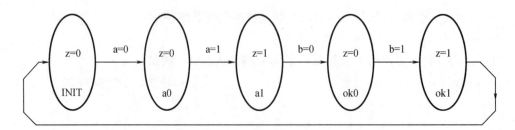

图 4 - 29　例 4 - 6 的状态图

【例 4-7】　用一个进程、一个选择语句描述状态机。本例采用一个状态寄存器与次态进程、一个选择语句描述状态机输出。描述状态机的 VHDL 程序如下。

```
library ieee;
use ieee.std_logic_1164.all;
entity fsm is
    port(clk,a,b:in std_logic;
        z:out std_logic);
    end;
architecture fsm_arch of fsm is
    type zt_type is (init,a0,a1,ok0,ok1);      --定义数据类型
    signal zhuangtai:zt_type;                  --定义信号状态
begin
    process(clk)                               --描述状态寄存器与次态逻辑进程
    begin
    if clk'event and clk = '1' then
        case zhuangtai is
        when init = >if a = '0' then zhuangtai < =a0;
            elsif a = '1' then zhuangtai < =init;end if;
        when a0 = >if a = '1' then zhuangtai < =a1;
            elsif a = '0' then zhuangtai < =a0;end if;
        when ai = >if b = '0' then zhuangtai < =ok0;
            elsif b = '1' then zhuangtai < =a1;end if;
        when ok0 = >if b = '1' then zhuangtai < =ok1;
            elsif b = '1' then zhuangtai < =ok0;end if;
        when ok1 = >zhuangtai < =init;
        when others   = >zhuangtai < =init;
        end case;
    end if;
end process;
with zhuangtai select                          --描述输出的选择型赋值语句
z < = '0' when init |a0 | ok0,
    '1' when a1 |ok1,
    '0' when others;
end fsm_arch;
```

在上述描述中,将次态逻辑和状态寄存器放在一个时钟控制的进程中进行描述,而输出逻辑使用信号赋值语句描述。该例的仿真结果如图 4-30 所示。

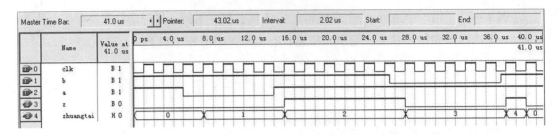

图 4 - 30 例 4 - 7 的仿真结果

【例 4 - 8】 在例 4 - 7 中,状态编码是由 VHDL 综合工具给出的,一般使用自然二进制编码。如果需要人工进行状态编码,则需要如下人工状态编码格式。

```
library ieee;
use ieee.std_logic_1164.all;
......
architecture fsm_arch of fsm is
    type zt_type is (init,a0,a1,ok0,ok1);        --定义数据类型
    attribure enum_encoding:string;
    attribute enum_encoding of zt_type:type is
    "0000,0001,0010,0100,1000";                  --使用枚举属性设置状态编码,可以根
                                                    据需要定义编码
    signal zhuangtai:zt_type;                    --定义状态信号
```

使用人工状态编码格式描述状态机的 VHDL 程序如下。

```
library ieee;
use ieee.std_logic_1164.all;
entity fsm2 is
    port(clk,a,b:in std_logic;
        z:out std_logic);
    end;
architecture fsm_arch of fsm2 is
    type zt_type is (init,a0,a1,ok0,ok1);
    attribute enum_encoding:string;
    attribute enum_encoding of zt_type:type is"0000 0010 0100 1000";
    signal zhuangtai:zt_type;
begin
    process(clk)                                 --状态寄存器与次态逻辑进程
    begin
        if clk'event and clk ='1' then
            case zhuangtai is
            when init = >if a ='0' then zhuangtai < =a0;
                elsif a ='1' then zhuangtai < =init;end if;
            when a0 = >if a ='1' then zhuangtai < =a1;
                elsif a ='0' then zhuangtai < =a0;end if;
```

```
        when a1 = > if b = '0' then zhuangtai < = ok0;
            elsif b = '1' then zhuangtai < = a1;end if;
        when ok0 = > if b = '1' then zhuangtai < = ok1;
            elsif b = '1' then zhuangtai < = ok0;end if;
        when ok1 = > zhuangtai < = init;
        when others = > zhuangtai < = init;
        end case;
        end if;
    end process;
with zhuangtai select                                    – – 输出描述
    z < = '0' when init |a0 | ok0,
        '1' when a1 |ok1,
        '0' when others;
end fsm_arch;
```

图 4 – 31 所示是例 4 – 8 的人工编码描述的仿真结果,可以看出,状态编码值与自然二进制数不一样。

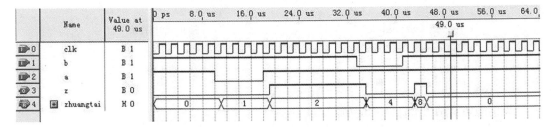

图 4 – 31　例 4 – 8 人工编码描述的仿真结果

【例 4 – 9】　用两个进程和一个赋值语句描述状态机。在两个进程中,第 1 个进程用于次态逻辑的描述,第 2 个进程用于状态寄存器的描述。输出逻辑使用信号赋值语句描述。

使用两个进程和一个赋值语句,描述状态机的 VHDL 程序如下。

```
library ieee;
use ieee.std_logic_1164.all;
entity fsm3 is
    port(clk,a,b: in std_logic;
        z: out std_logic);
end;
architecture fsm_arch of fsm3 is
type zt_type is ( init,a0,a1,ok0,ok1);
signal zt_now,zt_next: zt_type;
    begin
n1: process(a,b,zt_now)                                  – – 次态进程
    begin
        case zt_now is
```

```
            when init = > if a = '0' then zt_next < = a0;
               elsif a = '1' then zt_next < = init; end if;
            when a0 = > if a = '1' then zt_next < = a1;
               elsif a = '0' then zt_next < = a0;end if;
            when a1 = > if b = '0' then zt_next < = ok0;
               elsif b = '1' then zt_next < = a1;end if;
            when ok0 = > if b = '1' then zt_next < = ok1;
               elsif b = '0' then zt_next < = ok0;end if;
            when ok1 = > zt_next < = init;
            when others = > zt_next < = init;
            end case;
      end process;
      n2: process(clk)                          --状态寄存器进程
         begin
         if clk'event and clk = '1' then zt_now < = zt_next;
           end if;
      end process;
   with zt_now select
   z < = '0' when init |a0 |ok0,                --输出描述语句
         '1' when a1 |ok1,
         '0' when others;
   end fsm_arch;
```

该例的仿真结果如图4-32所示。

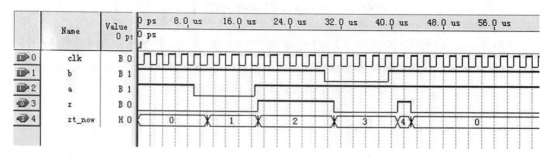

图4-32 例4-9的仿真结果

【例4-10】 只用两个进程描述状态机。将与输入信号无关的摩尔输出放在次态逻辑进程中描述。描述状态机的 VHDL 程序如下。

```
library ieee;
use ieee.std_logic_1164.all;
entity fsm4 is
    port(clk,a,b: in std_logic;
              z: out std_logic);
end;
```

```
architecture fsm_arch of fsm4 is
        type zt_type is (init,a0,a1,ok0,ok1);
        signal zt_now,zt_next: zt_type;
    begin
n1: process(a,b,zt_now)                        --输出与次态逻辑
    begin
        case zt_now is
            when init = > z < ='0';            --首先描述该状态下的输出,然后再描
                                                 述次态逻辑
                if a ='0' then zt_next < = a0;
                elsif a ='1' then zt_next < = init; end if;
            when a0 = > z < ='0';
                if a ='1' then zt_next < = a1;
                elsif a ='0' then zt_next < = a0;end if;
            when a1 = > z < ='1';
                if b ='0' then zt_next < = ok0;
                elsif b ='1' then zt_next < = a1;end if;
            when ok0 = > z < ='0';
                if b ='1' then zt_next < = ok1;
                elsif b ='0' then zt_next < = ok0;end if;
            when ok1 = > z < ='1';  zt_next < = init;
            when others  = > zt_next < = init;
            end case;
end process;
n2: process(clk)                               --状态寄存器进程
    begin
    if clk'event and clk ='1' then zt_now < = zt_next;
        end if;
end process;
end fsm_arch;
```

该例的仿真结果如图4-33所示。

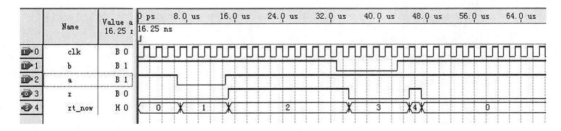

图4-33 例4-10的仿真结果

【例4-11】 采用三个进程描述状态机,可以用次态进程、输出进程和状态寄存器进程

描述状态机。描述状态机的 VHDL 程序如下。

```
library ieee;
use ieee.std_logic_1164.all;
entity fsm5 is
    port(clk,a,b: in std_logic;
            z: out std_logic);
end;
architecture fsm_arch of fsm5 is
        type zt_type is (init,a0,a1,ok0,ok1);
        signal zt_now,zt_next: zt_type;
    begin
n1: process(a,b,zt_now)                    - -次态进程
    begin
        case zt_now is
            when init = > if a = '0' then zt_next < = a0;
                elsif a = '1' then zt_next < = init; end if;
            when a0 = > if a = '1' then zt_next < = a1;
                elsif a = '0' then zt_next < = a0;end if;
            when a1 = > if b = '0' then zt_next < = ok0;
                elsif b = '1' then zt_next < = a1;end if;
            when ok0 = > if b = '1' then zt_next < = ok1;
                elsif b = '0' then zt_next < = ok0;end if;
            when ok1 = > zt_next < = init;
            when others = > zt_next < = init;
            end case;
end process;
n2: process(clk)                           - -状态寄存器进程
    begin
        if clk'event and clk = '1' then zt_now < = zt_next;
    end if;
    end process;
n3: process(zt_now)                        - -输出进程
    begin
    case zt_now is
        when init |a0 |ok0 = > z < = '0';
        when a1 |ok1     = > z < = '1';
        when others     = > z < = '0';
    end case;
    end process;
end fsm_arch;
```

该例的仿真结果如图 4 - 34 所示。

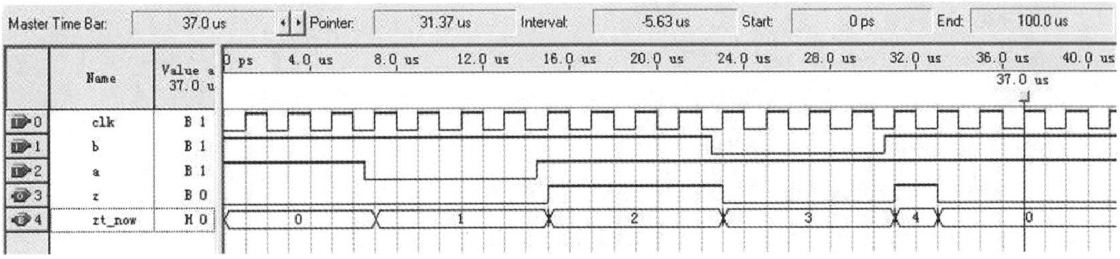

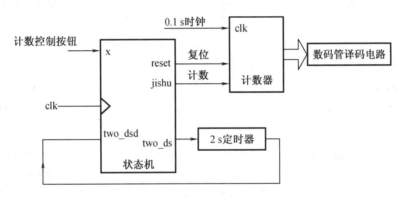

图 4-34　例 4-11 的仿真结果

【例 4-12】　设计数字秒表,该数字秒表使用一个计数器按钮,当第一次按下按钮时, 秒表开始计数;当第二次按下按钮时,秒表停止计数;当第三次按下按钮时,秒表计数器继 续计数;当第四次按下按钮时,秒表计数器停止计数,如此反复。若在停止计数状态,按钮 按下时间超过 2 s,则秒表计数器清零。

该例的原理框图如图 4-35 所示。根据实际描述,该例的状态图如图 4-36 所示。

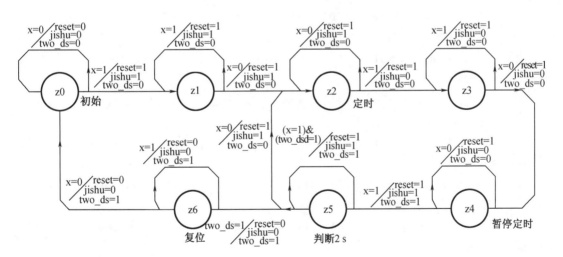

图 4-35　例 4-12 的原理框图

图 4-36　例 4-12 的状态图

描述状态机的 VHDL 程序如下。

```
library ieee;
use ieee.std_logic_1164.all;
use ieee.std_logic_unsigned.all;
entity state is
    port(x,clk,two_dsd : in std_logic;
        reset,jishu two_ds : out std_logic);
end;
architecture state_arch of state is
    type zt_type is (z0,z1,z2,z3,z4,z5,z6);
    ATTRIBUTE ENUM_ENCODING : STRING;
    attribute enum_encoding of
    zt_type : type is "000 001 011 010 110 111 101";    ——格雷编码
    signal zt_now,zt_next : zt_type;
begin
n1: process(clk)                                        ——状态寄存器进程
    begin
        if clk'event and clk ='1' then zt_now <= zt_next;
        end if;
    end process;
n2: process(x,zt_now)                                   ——次态逻辑与输出进程
    begin
        case zt_now is                                 ——下面描述中的输出信号
                                                           与输入有关
            when z0 =>if x ='1' then  reset <= '1';jishu <= '1';two_ds <= '0';
zt_next <= z1;
                else reset <= '0';jishu <= '0';two_ds <= '0'; zt_next <= z0;
                end if;
            when z1 =>if x ='0' then  reset <= '1';jishu <= '1';two_ds <= '0';
zt_next <= z2;
                else reset <= '1';jishu <= '1';two_ds <= '0'; zt_next <= z1;
                end if;
            when z2 =>if x ='1' then  reset <= '1';jishu <= '0';two_ds <= '0';
zt_next <= z3;
                else reset <= '1';jishu <= '1';two_ds <= '0'; zt_next <= z2;
                end if;
            when z3 =>if x ='0' then  reset <= '1';jishu <= '0';two_ds <= '0';
zt_next <= z4;
                else reset <= '1';jishu <= '0';two_ds <= '0'; zt_next <= z3;
                end if;
            when z4 =>if x ='1' then  reset <= '1';jishu <= '1';two_ds <= '1';
```

```
zt_next < = z5;
                  else reset < = '1';jishu < = '0';two_ds < = '0'; zt_next < = z4;
                  end if;
            when z5 = >if x = '0' then   reset < = '1';jishu < = '1';two_ds < = '0';
zt_next < = z2;
                  elsif two_dsd = '1' then reset < = '0';jishu < = '0';; two_ds < = '1';
                  zt_next < = z6;
                  else reset < = '1';jishu < = '1';two_ds < = '1'; zt_next < = z5;
                  end if;
            when z6 = >if x = '0' then   reset < = '0';jishu < = '0';two_ds < = '1';
zt_next < = z0;
                  else reset < = '0';jishu < = '0';two_ds < = '1'; zt_next < = z6;
                  end if;
            when others = >reset < = '0';jishu < = '0';two_ds < = '0';zt_next < = z0;
      end case;
   end process;
end state_arch;
```

状态机接收时钟信号 clk、按钮信号 x、2 s 定时到信号、输出 2 s 定时器启动信号 two_ds、计数控制信号 jishu 和复位信号 reset。当按钮按下时,x = 1;当按钮抬起时,x = 0。该例的仿真结果如图 4 – 37 所示。

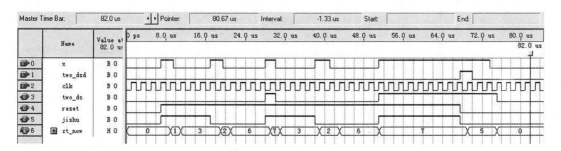

图 4 – 37　例 4 – 12 的仿真结果

第二版块　EDA 与数字信号处理

　　本版块主要介绍基于 VHDL 的数字信号处理算法,首先介绍了加法器、乘法器、除法器、FIR 数字滤波器这些基础的数字信号处理应用;在此基础上介绍了离散傅里叶变换,以及快速傅里叶变换的 VHDL 实现方法,最后介绍了 CORDIC 算法在数字信号处理中的应用。通过本版块的学习,读者可以掌握 VHDL 实现数字信号处理算法的一般流程和诸多技巧,为 EDA 高级应用打好基础。

专题 5　数字信号处理算法基础

5.1　二进制加法器

一个基本 N 位二进制加法器/减法器由 N 个全加器(full adder,FA)组成。每个全加器都实现如下的布尔方程:

$$s_k = x_k \mathrm{XOR} y_k \mathrm{XOR} c_k \tag{5-1}$$

$$= x_k \oplus y_k \oplus c_k \tag{5-2}$$

这就定义了累加和的位。进位按如下方法计算:

$$s_k = (x_k \mathrm{AND} y_k) \mathrm{OR} (x_k \mathrm{AND} c_k) \mathrm{OR} (y_k \mathrm{AND} c_k) \tag{5-3}$$

$$= (x_k y_k) + (x_k c_k) + (y_k c_k) \tag{5-4}$$

对于二进制加法器,最低有效位可以减少到一个半加器,因为进位输入是 0。

最简单的加法器结构称为"逐位进位加法器",如图 5-1(a)所示,它是位串行形式。如果利用 FPGA 中的查间表实现,几个位就可以组合到一个 LUT 之中,如图 5-1(b)所示。对于这种"一次两进一的加法器",最长的延迟来自通过所有阶段进位的脉冲,目前已经采取了许多技术来缩短这一进位延迟,比如跳跃进位、先行进位、条件和或进位选择加法器。以上这些技术都能够提高加法的速度,可以用在传统 FPGA 系列之中(如 Xilinx 的 XC 3000),因为这些器件本身没有提供内部快速进位逻辑。现代系列如 Xilinx 的 Spartan-3 或 Altera 的 Cyclone Ⅱ)都具有特别快的"逐位进位逻辑",比通过常规逻辑 LUT 的延迟要快得多。Altera 采用的是快速表,Xilinx 采用的是硬连线译码器。快速进位逻辑在现代 FPGA 系列中的出现,消除了在开发硬件过程中频繁先行进位模式的必要。

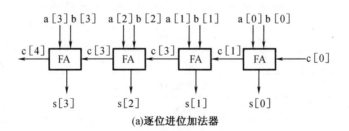

(a)逐位进位加法器

图 5-1　二进制补码加法器

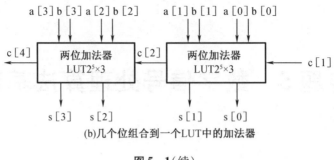

(b)几个位组合到一个LUT中的加法器

图 5-1（续）

　　DSP 算法的内部数据流规则决定了在 DSP 解决方案中流水线技术会得到广泛应用。典型的可编程数字信号处理器 MAC 至少带有 4 条流水线。处理器同时进行以下 4 条流水线：

　　（1）对指令译码；

　　（2）将操作数下载到寄存器中；

　　（3）执行乘法并存储乘积；

　　（4）累加乘积。

　　流水线规则也可以应用在 FPGA 的设计之中。这只需要极少或者根本不需要额外的成本，因为每一个逻辑元件都包括一个触发器，这个触发器或者没有被用到，或者用于存储布线资源。采用流水线有可能将一个算术操作分解成一些小规模的基本操作，将进位和中间值存储在寄存器中，并在下一个时钟周期内继续运算。在文献中，这样的加法器通常称为"进位保存加法器"（carry save adder，CSA）。这样问题就出现了，我们应该将加法器分成多少个部分？我们应不应该使用位级？对于 Altera 的 Cyclone Ⅱ器件，一个合理的选择就是采用一个带有 16 个 LE 的 LAB，每个流水线元件有 16 个 FF。FLEX10K 系列对于每个 LAB 使用 8 个 LE，而 APEX20KE 对于每个 LAB 使用 10 个 LE。所以在确定流水线组的规模之前需要查询数据表。事实上，如果要在 Cyclone Ⅱ器件中实现 14 位流水线加法器，性能不会得到提高，因为 14 位流水线加法器不能配置在一个 LAB 内，如表 5-1 所述。

表 5-1　14 位流水线加法器的性能

流水线级	MHz	LE
0	395.57	42
1	388.50	56
2	392.31	70
3	395.57	84
4	394.63	98
5	395.57	113

　　由于在一个 LAB 中触发器的数量是 16，并且还需要一个额外的触发器作为进位输出，

因此为了获得最大的 Registered Performance,应该采用最大的 15 位模块规模。因为不再需要为进位提供额外触发器,只有具有最高有效位的模块才是 16 位宽,所以可以得出以下结论:

(1)采用一个额外流水线,就能够构建一个 15 + 16 = 31 位长的加法器;

(2)采用两个额外流水线,就能够构建一个 15 + 15 + 16 = 46 位长的加法器;

(3)采用三个额外流水线,就能够构建一个 15 + 15 + 15 + 16 = 61 位长的加法器。

表 5 - 2 给出了有/无流水线的以上三种流水线加法器的基本信息情况。从表 5 - 1 中可以看出,如果增加流水线的级数,尽管位宽增加,但是 Registered Performance 还是很高。

表 5 - 2 有/无流水线的以上三种流水线加法器的基本信息

位宽	无流水线		有流水线		流水线数	设计文件名称
	MHz	LE	MHz	LE		
17 ~ 31	253.36	93	316.46	125	1	add1p. vhd
32 ~ 46	192.90	138	229.04	234	2	add2p. vhd
47 ~ 61	153.78	183	215.84	372	3	add3p. vhd

【例 5 - 1】 设计 31 位流水线加法器的 VHDL 代码,设计运行速度为 316.46 MHz,使用了 125 个 LE。

```
library ieee;
use ieee.std_logic_1164.all;
use ieee.std_logic_arith.all;
use ieee.std_logic_unsigned.all;

entity add1p is
    generic (width: integer: = 31;          - - 位宽设定
        width1: integer: = 15;              - - 低位位宽
        width2: integer: = 16);             - - 高位位宽
    port (x,y: in  std_logic_vector(width - 1 downto 0);
                                            - - 输入
        sum: out std_logic_vector(width - 1 downto 0) ;
                                            - - 结果
    lsbs_carry: out std_logic;
    clk : in std_logic);
end add1p;

architecture fpga oF add1p is
    signal l1, l2, s1                       - - 低位输入
        : std_logic_vector(width1 - 1 downto 0);
```

```
    signal r1                              - - 低位输入
        : std_logic_vector(width1 downto 0);
    signal l3, l4, r2, s2                  - - 高位输入
        : std_logic_vector(width2 -1 downto 0);
begin
    process                                - - 将低位和高位分别存入寄存器
    begin
    wait until clk = '1';
                                           - - 从 x,y 中获得低位
    l1 < = x(width1 -1 downto 0);
    l2 < = y(width1 -1 downto 0);
                                           - - 从 x,y 中获得高位
    l3 < = x(width -1 downto width1);
    l4 < = y(width -1 downto width1);
- - - - - - - - - - 地址的第一阶段 - - - - - - - - - -
    r1 < = ('0' & l1) + ('0' & l2);
    r2 < = l3 + l4;
- - - - - - - - - - 地址的第二阶段 - - - - - - - - - -
    s1 < = r1(width1 -1 downto 0);
                                           - - 高位相加并且加上低位进位
    s2 < = r1(width1) + r2;
end process;
    lsbs_carry < = r1(width1);             - - 添加测试信号
                                           - - 建立输出信号字
    sum < = s2 & s1;                       - - 将信号 s 连接输出
end fpga;
```

该例的仿真结果如图 5 -2 所示。值得注意的是,虽然 32 780 和 32 770 的加法生成一个来自低 15 位加法器的进位,但 $32\ 760 + 5 = 32\ 765 < 2^{15}$,没有产生进位。

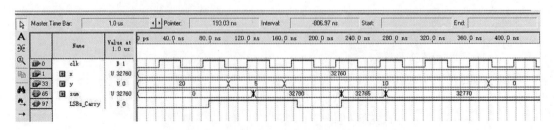

图 5 - 2   例 5 - 1 的仿真结果

5.2　二进制乘法器

两个 N 位二进制数的乘积用 X 和 $A = \sum_{k=0}^{N-1} a_k 2^k$ 表示,"手动计算"方法如下:

$$P = AX = \sum_{k=0}^{N-1} a_k 2^k X \qquad (5-5)$$

从式(5-5)中可以看出,只要 $a_k \neq 0$,输入量 A 就随着 k 的位置连续变化,然后累加至 $2^k X$。如果 $a_k = 0$,可以忽略相应的移位相加(也就是空操作 nop)。下面的 VHDL 示例是采用"手动计算"方法进行两个 8 位整数相乘。

【例 5-2】　8 位乘法器的 VHDL 描述如下。乘法的执行分三个阶段完成。在第一个阶段(S0)中,复位后加载 8 位操作数并将乘积寄存器置 0;在第二个阶段(S1)中,进行实际的串行-并行乘法运算;在第三个阶段(S2)中,乘积被传输到输出寄存器 y。

```
package eight_bit_int is                  - -user-defined types
    subtype byte isinteger range -128 to 127;
subtype twobytes is integer range -32768 to 32767;
end eight_bit_int;
library work;
use work.eight_bit_int.all;


library ieee;                             - -using predefined packages
use ieee.std_logic_1164.all;
use ieee.std_logic_arith.all;


entity mul_ser is                         - -> interface
    port (clk, reset  : in std_logic;
        x: in byte;
        a: in std_logic_vector(7 downto 0);
        y: out twobytes);
end mul_ser;
architecture fpga of mul_ser is
    type state_type is (s0, s1, s2);
    signal state: state_type;
begin
    - - - - - - multiplier in behavioral style - - - - - - -
states: process(reset, clk)
    variable p, t: twobytes: =0;          - -double bit width
    variable count: integer range 0 to 7;
```

```
begin
    if reset = '1' then
        state <= s0;
    elsif rising_edge(clk) then
    case state is
        when s0 =>                          --initialization step
            state <= s1;
            count := 0;
            p := 0;                         --product register reset
            t := x;                         --set temporary shift register to x
        when s1 =>                          --processing step
            if count = 7 then               --multiplication ready
                state <= s2;
            else
            if a(count) = '1' then
                p := p + t;                 --add 2^k
            end if;
            t := t * 2;
            count := count + 1;
            state <= s1;
            end if;
        when s2 =>                          --output of result to y and
            y <= p;                         --start next multiplication
            state <= s0;
        end case;
        end if;
    end process states;
end fpga;
```

图 5-3 给出了 13 和 5 相乘的移位加法乘法器的仿真结果。寄存器给出了 5,10,20,……序列的部分乘积。因为 $13_{10} = 00001101_{2C}$,所以在计算乘积的最终结果(65)时,乘积寄存器只更新了 3 次。在状态 S2 中,将结果 65 传输到乘法器的输出 y 中。这个设计使用了 121 个 LE,没有使用嵌入式乘法器。合成形式是 Speed,运行时的 Registered Performance 是 256.15 MHz。

由于第一个操作数 X 是并行形式的,而第二个操作数 A 是逐位形式的,因此把刚刚描述的乘法器称为串行 / 并行乘法器。如果两个操作数都是串行的,那么这一乘法器称为串行 / 串行乘法器。这样的乘法器只需要一个全加器,但是串行 / 串行乘法器的等待时间为高阶无穷大,因为状态机大约需要 N^2 个周期。

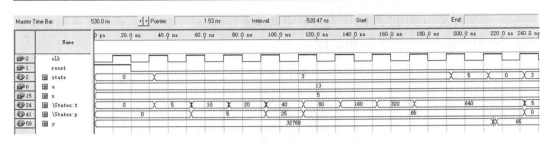

图 5 - 3 例 5 - 2 的仿真结果

5.3 二进制除法器

在所有基本算术运算中,除法是最复杂的,因此也是最耗时间的运算,而且还要实现最大数量不同算法的运算。对于给定的被除数(分子)N 和除数(分母)D,除法得到两个(与其他基本算术运算不同的)结果:商 Q 和余数 R,也就是

$$\frac{N}{D} = Q \text{ 和 } R, \text{其中} |R| < D \tag{5-6}$$

当然,也可以将除法看成是乘法的逆运算,如式(5-7)所示:

$$X = D \times Q + R \tag{5-7}$$

除法在很多方面都与乘法不同。最重要的区别是,在乘法中所有部分乘积都可以并行生成,而在除法中商的每一位都是以一种顺序的"尝试错误"过程确定的。

因为大多数微处理器都是参照式(5-7),将除法作为乘法的逆运算处理,假定分子是一个乘法所得的结果,所以要将分母和商的位宽扩大两倍。结果是不得不用一种笨拙的过程来检验商是否在有效范围内,也就是说在商中没有溢出。我们想用一种更通用的方法,其中假设 $Q \leq N$ 并且 $|R| \leq D$,也就是假定商和分子,以及分母和余数的位宽相同。通过这样的位宽假定,就不再需要检验商的范围是否有效($N = 0$ 除外)了。

另外需要考虑的是,有符号数除法的实现。很明显,处理有符号数的最简单方法就是首先将分子和分母都转换成无符号数,然后用两个操作数符号位的"异或"或者以 2 为模的加运算来计算结果的符号位。但某些算法(下面要讨论的非还原除法)可以直接处理有符号数。接下来问题就出现了,商和余数的符号是如何关联的? 在大多数硬件系统或软件系统(但不全是,如 PASCAL 编程语言)中,都假定余数和商具有相同的符号,这就是说,尽管

$$\frac{234}{50} = 5, \text{而 } R = -16 \tag{5-8}$$

满足式(5-7)的要求,但通常更倾向于以下结果:

$$\frac{234}{50} = 4, \text{而 } R = 34 \tag{5-9}$$

现在简短地总结一下最常用的除法运算。图 5-4 给出了最常用的线性收敛和二次收敛方案,可以根据生成商的每个数字的可能值对线性除法算法进行一个简单分类。在二进

制还原、非执行或 CORDIC 算法中,这些数字是从集合{0,1}中选择的,而在二进制非还原算法中使用了有符号数字集合,也就是

$$\{-1,1\} = \{\overline{1},1\}$$

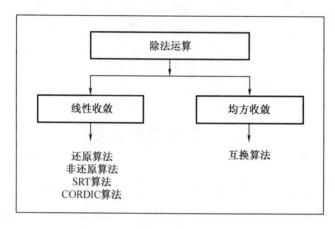

图 5-4　线性收敛和二次收敛方案

在二进制 SRT 算法中,使用了来自三重集合的数字:

$$\{-1,0,1\} = \{\overline{1},0,1\}$$

这一算法以 Sweeney、Robertson 和 Tocher 命名,因为他们几乎同时发现这一算法。以上所有算法都可以扩展为更高基数的算法。例如,基数 r 的广义 SRT 除法算法使用了如下数字集合:

$$\{-2^r-1,\cdots,-1,0,1,\cdots,2^r-1\}$$

有两种二次收敛的算法比较流行。第一种二次收敛的算法是分母互换的除法,用寻找零的牛顿算法计算倒数;第二种二次收敛的算法是在 20 世纪 60 年代由 Anderson 等人为 IBM360/91 开发的。这一算法用同一因子分别乘以分子和分母,将 N 收敛为 $N\rightarrow1$,从而得到 $D\rightarrow Q$。需要注意的是,二次收敛的除法算法不生成余数。

尽管在二次收敛算法中迭代的次数是 b 位操作数的 $\log_2 b$ 对数值,但是我们必须考虑到每次迭代步骤都比线性收敛更为复杂(也就是说要使用两次乘法),而且要仔细比较速度和规模性能。

1. 线性收敛的除法算法

最明显的顺序算法是把经常使用的"手动计算"方法变换到二进制算法。我们首先调整分母并把分子加载到余数寄存器中。然后从余数中减去调整的分母并将结果存储在余数寄存器中。如果新的余数为正,我们就将商的 LSB 设置为 1,否则商的 LSB 就设置为 0,而且还需要通过加上分母来还原从前的余数值。最后,还要为下一步重新调整商和分母,重新计算从前的余数,这就是算法称之为"还原除法"的原因。下面的例子说明了有限状态(finite state machine,FSM)算法的实现。

【例 5-3】 8 位除法器的 VHDL 描述如下。除法的执行分四个步骤。在复位后,第一

个步骤将 8 位的分子"加载"到余数寄存器中,加载并对齐 6 位分母(N 位的分子采用 2^{N-1}),将商寄存器置 0。在第二个步骤和第三个步骤(S1 和 S2)中进行实际的串行除法。在第四步骤(S3)中将商和余数传输到输出寄存器,假定分子和商都是 8 位宽,而分母和余数是 6 位的值。

```
                                        - -restoring division
    library ieee;                       - -using predefined packages
    use ieee.std_logic_1164.all;
    use ieee.std_logic_arith.all;
    use ieee.std_logic_unsigned.all;

    entity div_res is                   - - - - - - - - > interface
    generic(wn : integer : = 8;
        wd : integer : = 6;
        po2wnd : integer : = 8192;      - -2 * * (wn +wd)
        po2wn1 : integer : = 128;       - -2 * * (wn -1)
        po2wn : integer : = 255);       - -2 * * wn -1
    port ( clk, reset    : in  std_logic;
        n_in     : in  std_logic_vector(wn -1 downto 0);
        d_in     : in  std_logic_vector(wd -1 downto 0);
        r_out    : out std_logic_vector(wd -1 downto 0);
        q_out    : out std_logic_vector(wn -1 downto 0));
    end div_res;

    architecture flex of div_res is

        subtype twowords isinteger range -1 to po2wnd -1;
        subtype word isinteger range 0 to po2wn;

        type state_type is ( s0, s1, s2, s3);
        signal s : state_type;

    begin
    bit width:  wn        wd          wn          wd
            numerator /denominator = quotient and remainder
    or:       numerator = quotient * denominator + remainder

    states: process(reset, clk)         - -divider in behavioral style
        variable  r, d : twowords : =0;  - -n +d bit width
        variable  q : word;
        variable count  :integer range 0 to wn;
    begin
        if reset = '1' then              - -asynchronous reset
```

```
        s < = s0;
    elsif rising_edge(clk) then
    case s is
        when s0  = >                        - -initialization step
            s < = s1;
            count : = 0;
            q : = 0;                        - -reset quotient register
            d : = po2wn1   * conv_integer(d_in);    - -load denom.
            r : = conv_integer(n_in);       - -remainder = numerator
        when s1  = >                        - -processing step
            r : = r - d;                    - -subtract denominator
            s < = s2;
        when s2  = >                        - -restoring step
            if r < 0 then
                r : = r + d;                - -restore previous remainder
                q : = q * 2;                - -lsb = 0 and sll
            else
                q : = 2 * q + 1;            - -lsb = 1 and sll
            end if;
            count : = count  + 1;
            d : = d /2;
            if count  = wn then             - -division ready ?
                s < = s3;
            else
                s < = s1;
            end if;
        when s3  = >                        - -output of result
            q_out < = conv_std_logic_vector(q, wn);
            r_out < = conv_std_logic_vector(r, wd);
            s < = s0;                       - -start next division
        end case;
        end if;
    end process states;

end flex;
```

图 5 - 5 给出了 234 除以 50 的仿真结果。寄存器 d 显示了对齐的分母值 $50 \times 2^7 = 6\,400, 50 \times 2^6 = 3\,200$，依此类推。每次在步骤 s1 中计算的余数 r 为负，前面的余数就在步骤 s2 中还原。在步骤 s3 中，将商 4 和余数 34 传输到除法器的输出寄存器。这一设计采用了 127 个 LE，没有使用嵌入式乘法器，运行过程的 registered performance 为 265. 32 MHz。

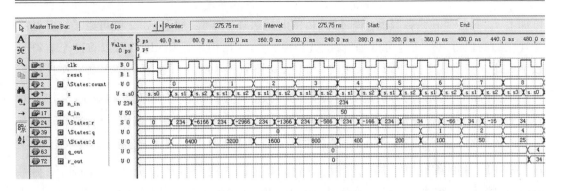

图 5 – 5　还原除法器的仿真结果

还原除法的主要缺点是需要两个步骤来确定商的一位。我们可以将两个步骤合并,采用非执行除法器算法,也就是每次当分母大于余数时,就不执行减法。在 VHDL 中将新步骤写成如下形式。

```
t := r - d;                      - -temporary remainder value
if t > =0 then                   - -nonperforming test
    r := t;                      - -use new denominator
    q := q * 2 + 1;              - -lsb = 1 and sll
else
    q := q * 2;                  - -lsb = 0 and sll
end if;
```

非执行除法器的仿真结果,如图 5 – 6 所示。从图 5 – 6 所示的仿真结果中可以看出,步骤数量减少一半(初始化和结果的传输不计),还可以看出,余数 r 在非执行除法算法中永远都是非负数。当与还原除法相比较时,最糟延迟路径增加了,而且最大 registered performance 可能会降低。非执行除法器在最长的路径下有 if 条件和两个算数运算,而还原除法器在最糟路径下只有 if 条件和一个算数运算。

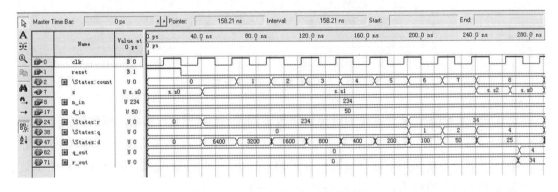

图 5 – 6　非执行除法器的仿真结果

还有一种所谓的非还原除法,与非执行除法器算法类似但不增加关键路径。非还原除法背后的思想是如果在还原除法中已经算得负余数,也就是 $r_{k+1} = r_k - d_k$,那么下一步通过加 d_k 还原 r_k,然后执行下一次对齐的分母 $d_{k+1} = d_k / 2$ 的减法。所以,不用再减去 $d_k / 2$ 后

再加上 d_k,只需要在余数具有(暂时的)负值时跳过还原步骤,加上 $d_k / 2$ 就可以了。其结果是现在的商位可以是正也可以是负,也就是说,$q_k = \pm 1$,但不是0。以后可以将这个有符号数字表达式变换成2的补码表示形式。总之,非还原算法的操作如下。每次余数在迭代后为正,就存储1并减去对齐后的分母;对于负余数,就在商寄存器中存储 $-1 = \overline{1}$,并加上对齐后的分母。为了在商寄存器中只使用一位,可以在商寄存器中用0编码 -1。要将这个有符号商转换回2的补码字,一方面,最直接的方法是将所有1都放入一个字,而将所有0(实际上是 $-1 = \overline{1}$ 的编码)放入第二个字,然后只需要减去两个字就可以计算2的补码;另一方面,这些 -1 的减法不过是商的补码再加1。总之,如果 q 保存有符号数字的表示形式,我们就可以通过

$$q_{2C} = 2q_{SD} + 1 \qquad (5-10)$$

计算2的补码。现在商和余数都是2的补码形式,根据式(5-6)就会得到一个有效结果。如果想要以某种方式约束结果,使商和余数都具有相同符号,就需要校正一下负的余数,也就是对于 $r < 0$ 的情形,通过

$$r: = r + D \text{ 和 } q: = q - 1$$

进行校正。现在这种非还原除法要比非执行除法器的运行速度快,registered performance 与还原除法的性能差不多。图5-7显示了非还原除法的仿真结果。从仿真结果中可以看出,余数的寄存器值又允许为负,还可以看到上面提到的对于负余数的校正,对这个值是必要的。没有校正的值是 $q = 5, r = -16$。等号校正的结果是 $q = 5 - 1 = 4, r = -16 + 50 = 34$。

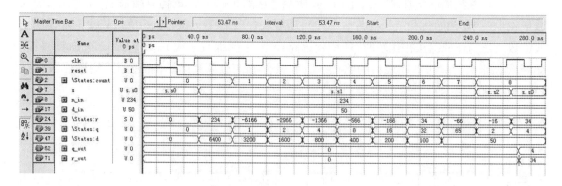

图5-7 非还原除法的仿真结果

为了进一步缩短除法所需要的时钟周期数量,可以利用 SRT 和基数4编码构造更高基数(阵列)除法器。其与进位保存加法器结合起来在 ASIC 设计中非常流行,奔腾微处理器的浮点运算加速器就采用了这一原则。对于 FPGA,由于 LUT 规模有限,因此这一高阶基数方案似乎并不具有吸引力。

提高延迟时间,第一种完全不同的方法是二次收敛的除法算法,其使用了快速阵列乘法器。接下来的部分将讨论两种最流行的二次收敛方案。

2. 快速除法器的设计

接下来将要讨论的第一种快速除法器是通过与分母 D 的倒数相乘的除法。例如,对于小

的位宽可以通过查表方式计算倒数。然而,构造迭代算法的通用方法是利用牛顿法找到 0。根据这一方法定义一个函数

$$f(x) = \frac{1}{x} - D \to 0 \tag{5-11}$$

定义一个算法,令 $f(x_\infty) = 0$,就可以得到

$$\frac{1}{x_\infty} - D = 0 \text{ 或 } x_\infty = \frac{1}{D} \tag{5-12}$$

使用正切函数,利用迭代方程

$$x_{k+1} = x_k - \frac{f(x_k)}{f'(x_k)} \tag{5-13}$$

计算下一个 x_{k+1} 的估计值。由 $f(x) = 1/x - D$ 就得到 $f'(x) = 1/x^2$,迭代方程就变成

$$x_{k+1} = x_k - \frac{\dfrac{1}{x_k} - D}{\dfrac{-1}{x_k^2}} = x_k(2 - Dx_k) \tag{5-14}$$

尽管这一算法对于任意初始 D 都会收敛,不过如果从接近 1 的初始值值开始迭代,收敛得会更快,也就是以某种方式将 D 标准化。然后可以用一个初始值 $x_0 = 1$ 获得快速收敛。下面用一个小示例阐述牛顿算法。

【例 5 - 4】　计算 $1/D = 1/0.8 = 1.25$ 的牛顿算法。表 5 - 3 中的第一列是迭代的次数,第二列是对 $1/D$ 的近似,第三列是误差 $x_k - x_\infty$,最后一列是近似值的等价位精度。

表 5 - 3　牛顿算法的示例

K	x_k	$x_k - x_\infty$	有效位
0	1.0	-0.25	2
1	1.2	-0.05	4.3
2	1.248	-0.002	8.9
3	1.25	-3.2×10^{-6}	18.2
4	1.25	-8.2×10^{-12}	36.8

图 5 - 8 给出了牛顿算法寻找零定位算法的图形解释,可见 $f(x_k)$ 迅速收敛到 0。

由于牛顿算法中的第一次迭代只生成几位精度,因此使用一个小规模查询表跳过最开始的迭代应该有用。

从上面的示例可以看到算法的整体迅速收敛,只用了 5 步就达到了所需要的 32 位以上的精度。而要达到同样的精度,用线性收敛算法则可能需要更多的步骤。我们不只局限于这个特殊示例,二次收敛对于所有值都适用,从下面的公式可以看到

$$e_{k+1} = x_{k+1} - x_\infty = x_k(2 - Dx_k) - \frac{1}{D} = -D\left(x_k - \frac{1}{D}\right)^2 = -De_k^2 \tag{5-15}$$

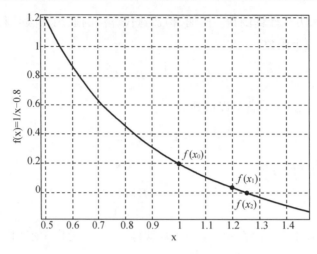

图 5 - 8 零定位算法的图形解释

也就是说,误差以从一次迭代到下一次的平方形式得到改善。每经过一次迭代,有效数字的位精度就增加一位。

尽管牛顿算法已经成功地应用在微处理器设计(如 IBM RISC 6000)中,但是它存在两个缺点:第一,每次迭代中的两次乘法是顺序进行的;第二,乘法的顺序本质决定了乘法的量化误差的积累。为了避免这种量化误差,通常需要使用额外的保护位。

尽管下一种收敛算法与牛顿算法类似,但是其改善了量化行为,并在每次迭代中使用可以并行计算的两次乘法。在收敛除法模式中,分子 N 和分母 D 都乘以近似因子 f_k,对于足够的迭代次数 k,能够看到

$$D \prod f_k \to 1 \text{ 和 } N \prod f_k \to Q \qquad (5-16)$$

这一算法最初是为 IBM 360/ 91 开发的,它要归功于 Anderson 等人。算法的工作原理如下。

算法 5 - 1　收敛除法

(1)标准化 N 和 D,令 D 接近 1,利用标准化区间,如用于浮点数尾数的 $0.5 \leqslant D < 1$ 或 $1 \leqslant D < 2$。

(2)初始化 $x_0 = N$ 和 $t_0 = D$。

(3)重复如下循环,直到 x_k 满足所需要的精度。

$f_k = 2 - t_k$

$x_{k+1} = x_k \times f_k$

$t_{k+1} = t_k \times f_k$

重要的是,由于这一算法是自校正的,因此这其中的任何量化误差都不重要,因为分子和分母同乘以同一因子 f_k。这一事实已经在 IBM 360/ 91 的设计中用于降低所需的资源。第一次迭代所使用的乘法器只有几个有效位,而在后面的迭代中,随着 f_k 越来越接近 1,就分配了越来越多的乘法器位。

我们用下面这个示例来阐述收敛算法的乘法。

【例 5 - 5】　下面用收敛除法算法计算 $N = 1.5, D = 1.2$，也就是 $Q = N/D = 1.25$。表 5 - 4 是收敛除法算法对应的参数表。第一列是迭代的次数，第二列是比例因子 f_k，第三列是对 N/D 的近似，第四列是误差 $x_k - x_\infty$，最后一列是近似值的等价位精度。

表 5 - 4　收敛除法算法对应的参数

K	f_k	x_k	$x_k - x_\infty$	有效位
0	$0.8 \approx 205/256$	$1.5 \approx 384/256$	0.25	2
1	$1.04 \approx 267/256$	$1.2 \approx 307/256$	-0.05	4.3
2	$1.0016 \approx 257/256$	$1.248 \approx 320/256$	0.002	8.9
3	$1.0 + 2.56 \times 10^{-6}$	1.25	-3.2×10^{-6}	18.2
4	$1.0 + 6.55 \times 10^{-12}$	1.25	-8.2×10^{-12}	36.8

可以看到与例 5 - 4 中牛顿算法一致的二次收敛。

8 位快速除法器的 VHDL 描述如下。假定分子和分母均标准化为 $1 \leqslant D, D < 2$，就像典型的浮点数尾数值一样。当分子和分母非标准时，这一标准化步骤可能需要必要的加法资源（前导零检测和两个桶式移位器）。假定分子、分母和商都是 9 位宽。十进制值 1.5，1.2 和 1.25 表示成 1.8 位格式（一位整数位和 8 位分数位）分别是 $1.5 \times 256 = 384, 1.2 \times 256 = 307$ 和 $1.25 \times 256 = 320$。除法分三个阶段执行。首先将 1.8 位格式的分子、分母加载到寄存器中，然后在第 2 个步骤（s1）中进行实际的收敛除法，最后在第 3 步骤（s2）中将商传输到输出寄存器。

```
- -convergence division after anderson, earle, goldschmidt,
library ieee;                          - -and powers
use ieee.std_logic_1164.all;
use ieee.std_logic_arith.all;
use ieee.std_logic_unsigned.all;

entity div_aegp is                     - - - - - - -> interface
generic(wn : integer : = 9;            - -8 bit plus one integer bit
    wd : integer : = 9;
    steps : integer : = 2;
    two : integer : = 512;             - -2 * * (wn +1)
    po2wn  : integer : = 256;          - -2 * * (wn -1)
    po2wn2 : integer : = 1023);        - -2 * * (wn +1) -1
port ( clk, reset : in  std_logic;
    n_in: in  std_logic_vector(wn -1 downto 0);
    d_in: in  std_logic_vector(wd -1 downto 0);
    q_out: out std_logic_vector(wd -1 downto 0));
end div_aegp;
```

```
architecture fpga of div_aegp is
    subtype word isinteger range 0 to po2wn2;
    type state_type is (s0, s1, s2);
    signal state    : state_type;
begin
--bit width: wn        wd        wn            wd
--          numerator / denominator = Quotient and remainder
--or:       numerator = Quotient * denominator + remainder
states: process(reset, clk)                --divider in behavioral style
    variable  x, t, f : word: =0;          --wn+1 bits
    variable count   :integer range 0 to steps;
begin
    if reset = '1' then                    --asynchronous reset
        state < = s0;
    elsif rising_edge(clk) then
    case state is
        when s0  = >                       --initialization step
            state < = s1;
            count : = 0;
            t : = conv_integer(d_in);      --load denominator
            x : = conv_integer(n_in);      --load numerator
        when s1  = >                       --processing step
            f : = two - t;
            x : = x * f /po2wn;
            t : = t * f /po2wn;
            count : = count + 1;
            if count = steps then          --division ready ?
                state < = s2;
            else
                state < = s1;
            end if;
        when s2  = >                       --output of results
            q_out < = conv_std_logic_vector(x, wn);
            state < = s0;                  --start next division
        end case;
        end if;
    end process states;

end fpga;
```

图5-9给出了收敛除法器的仿真结果。变量 f (变成一个内部网络,没有在仿真结果

中显示)保存了 3 个比例因子 205,267 和 257,对于 8 位精度的结果已经足够。x 和 t 的值分别乘以比例因子 f,缩放成 1.8 位格式。正如所期望的一样,x 收敛到商 $1.25 = 320 / 256$,而 t 收敛到 $1.0 = 255 / 256$。在步骤 s3 中将商 $1.25 = 320 / 256$ 传输到除法器的输出寄存器。要注意的是,除法器不生成余数。这一设计使用了 64 个 LE 和 4 个嵌入式乘法器,registered performance 为 134.63 MHz。

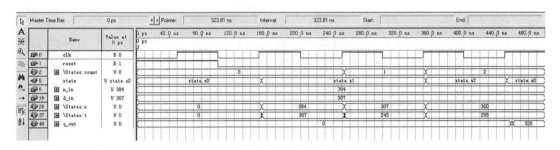

图 5 − 9　收敛除法器的仿真结果

尽管非还原除法器的 registered performance(请参阅图 5 − 7)大约比这个快两倍,但在收敛除法中总体执行时间缩短了。收敛除法器使用的 LE 和非还原除法器的一样少,但仍需要 4 个嵌入式乘法器。

5.4　FIR 滤 波 器

1. 数字滤波器概述

数字滤波器通常用于修正或改变时域或频域中信号的特性。最为普通的数字滤波器就是线性时间不变(linear time − invariant,LTI)滤波器。LTI 通过一个称为线性卷积的过程,与其输入信号相互作用,表示为 $y = f * x$。其中,f 是滤波器的脉冲响应,x 是输入信号,y 是卷积输出。线性卷积过程的正式定义如下:

$$y[n] = x[n] * f[n] = \sum_k x[k]f[n-k] = \sum_k f[k]x[n-k] \qquad (5-17)$$

LTI 数字滤波器通常分为有限脉冲响应(finite impulse response,FIR)和无限脉冲响应(infinite impulse response,IIR)两大类。顾名思义,FIR 滤波器由有限个采样值组成,将上述卷积的和简化为在每个采样时刻的一个有限累加和。而 IIR 滤波器需要实现一个无限累加和。这里将主要讨论 FIR 滤波器的设计和实现方法。

研究数字滤波器的动机就在于它正日益成为一种主要的 DSP 运算。数字滤波器正在迅速地代替传统的模拟滤波器,后者主要是利用 RLC 元件和运算放大器实现的。模拟滤波器采用拉普拉斯变换的普通微分方程进行数学模拟,它们在时域或 s(也称为拉普拉斯)域内进行分析。模拟原型只能够应用在 IIR 设计之中,而 FIR 通常采用直接的计算机规范和算法进行设计。

这里假定数字滤波器(尤其是 FIR)已经设计出来并被选择用于实现滤波。首先简要回顾一下 FIR 的设计过程,接下来讨论利用 FPGA 实现改进。

2. FIR 理论

带有常系数的 FIR 滤波器是一种 LTI 数字滤波器。L 阶或者长度为 L 的 FIR 输出对应于输入时间序列 $x[n]$ 的关系由一种有限卷积和的形式给出,具体形式如下:

$$y[n] = x[n] * f[n] = \sum_{k=0}^{L-1} x[k]f[n-k] \qquad (5-18)$$

其中,从 $f[0] \neq 0$ 一直到 $f[L-1] \neq 0$ 均是滤波器的 L 个系数,同时它们也对应于 FIR 的脉冲响应。对于 LTI 系统,可以更为方便地将式(5-18)表示成 z 域内的形式:

$$Y(z) = F(z)X(z) \qquad (5-19)$$

其中,$F(z)$ 是 FIR 的传递函数,其 z 域内的形式如下:

$$F(z) = \sum_{k=0}^{L-1} f[k]z^{-k} \qquad (5-20)$$

图 5-10 给出了 L 阶 LTI 型 FIR 滤波器的图解。可以看出,FIR 滤波器由一个"抽头延迟线"加法器和乘法器的集合构成。给每个乘法器提供的其中一个操作数就是一个 FIR 系数,显然通常也可以称作"抽头权重"。过去也有人将 FIR 滤波器称为"横向滤波器"来表示它的"抽头延迟线"结构。

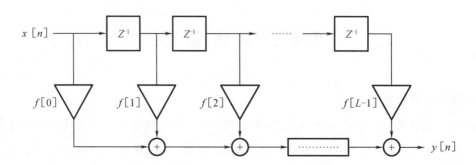

图 5-10 直接形式的 FIR 滤波器

式(5-20)中多项式 $F(z)$ 的根定义为滤波器的零点,仅有零点存在,也就是 FIR 有时被称作"全零点滤波器"的原因。FIR 滤波器中重要的一类滤波器(CIC 滤波器)是递归的,但也是 FIR。因为递归部分产生的极点已经被滤波器的非递归部分消除了,所以有效极点/零点图就变得只有极点了,也就是全零点滤波器或者是 FIR。值得注意的是,虽然非递归滤波器均是 FIR,但是递归滤波器却可以是 FIR 或者 IIR。图 5-11 所示说明了这一从属关系。

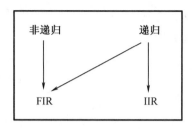

图 5 - 11　从属关系

3. 具有转置结构的 FIR 滤波器

直接将 FIR 模型的一个变形称为转置 FIR 滤波器,可以根据图 5 - 10 中的 FIR 滤波器来构造它:

(1)交流输入和输出;

(2)颠倒信号流的方向;

(3)用一个差分放大器代替一个加法器,反之亦然。

转置结构的 FIR 滤波器,如图 5 - 12 所示。转置滤波器通常是 FIR 滤波器首选的实现方式。该滤波的优点是不需要给 $x[n]$ 提供额外的移位寄存器,也没有必要为达到高吞吐量给乘积的加法器(树)添加额外的流水线级。

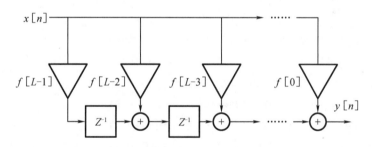

图 5 - 12　转置结构的 FIR 滤波器

下面的例题给出了转置式滤波器的一个直接实现。

【例 5 - 6】　对于 B_x 数据/系数位宽和滤波长度 L,还必须提供额外的无符号 SOP 的 $\log_2 L$ 个数位和有符号算法的 $\log_2 L - 1$ 个保护位。对于 9 位有符号数据/系数位宽和 $L = 4$,加法器带宽必须是 $9 + 9 + \log_2 4 - 1 = 19$。

下面的 VHDL 代码给出了实现长度为 4 的 FIR 滤波器的通用规范。

```
- - this is a generic fir filter generator
- - it uses w1 bit data/coefficients bits
library lpm;                              - - using predefined packages
use lpm.lpm_components.all;

library ieee;
use ieee.std_logic_1164.all;
```

```vhdl
use ieee.std_logic_arith.all;
use ieee.std_logic_unsigned.all;

entity fir_gen is                              -- interface
    generic (w1  :  integer  := 9;             -- input bit width
             w2 : integer := 18;               -- multiplier bit width 2 * w1
             w3 : integer := 19;               -- adder width = w2 + log2(1) - 1
             w4 : integer := 11;               -- output bit width
             l : integer := 4;                 -- filter length
             mpipe : integer := 3              -- pipeline steps of multiplier
             );
    port ( clk    : in std_logic;
           load_x : in std_logic;
           x_in : in std_logic_Vector(w1 - 1 downto 0);
           c_in : in std_logic_Vector(w1 - 1 downto 0);
           y_out : out std_logic_Vector(w4 - 1 downto 0));
end fir_gen;

arcHitecture fpga of fir_gen is

    subtype n1bit is std_logic_Vector(w1 - 1 downto 0);
    subtype n2bit is std_logic_Vector(w2 - 1 downto 0);
    subtype n3bit is std_logic_Vector(w3 - 1 downto 0);
    type array_n1bit is array (0 to l - 1) of n1bit;
    type array_n2bit is array (0 to l - 1) of n2bit;
    type array_n3bit is array (0 to l - 1) of n3bit;

    signal x : n1bit;
    signal y : n3bit;
    signal c : array_n1bit;                    -- coefficient array
    signal p : array_n2bit;                    -- product array
    signal a : array_n3bit;                    -- adder array

begin
    load:  process                             -- - - - - - > load data or coefficient
    begin
        wait until clk = '1';
        if (load_x = '0') tHen
            c(l - 1) < = c_in;                 -- store coefficient in register
            for i in l - 2 downto 0 loop       -- coefficients shift one
```

· 90 ·

```
            c(i) < = c(i +1);
        end loop;
    else
        x < = x_in;                    - -get one data sample at a time
    end if;
end process load;


sop: process (clk)                     - - - - - - >compute sum -of -products
    begin
        if clk'event and (clk = '1') tHen
        for i in 0 to l -2loop          - -compute the transposed
        a(i) < = (p(i)(w2 -1) & p(i)) + a(i +1);      - -filter adds
        endloop;
        a(l -1) < = p(l -1)(w2 -1) & p(l -1);        - -first tap has
        end if;                         - -only a register
        y < = a(0);
    end process sop;


                                        - -instantiate l pipelined multiplier
mulgen: for i in 0 to l -1 generate
muls: lpm_mult                          - -multiply p(i) = c(i) * x;
    generic map (lpm_widtHa = > w1,lpm_widtHb = > w1,
                lpm_pipeline = > mpipe,
                lpm_representation = > "signed",
                lpm_widtHp = > w2,
                lpm_widtHs = > w2)
    port map (clock = > clk,dataa = > x,
            datab = > c(i),result = > p(i));
    end generate;
    y_out < = y(w3 -1 downto w3 -w4);
end fpga;
```

如果 $Load\_x = 0$,第 1 个进程(Load)就将系数加载到抽头延迟线上,否则就将数据字加载到 x 寄存器中,第 2 个进程称为 SOP,实现积之和的计算,对乘积 $p(I)$ 进行一位有符号扩展,并把它加到前面 SOP 的部分上。还要注意所有的乘法器都由 generate 声明来例化,这一声明允许额外流水线级的赋值。最后,输出 y_out 被赋予 SOP 除以 256 的值,因为先前假定的系数都是小数形式的(也就是 $|f[k]| \leqslant 1.0$)。该设计使用了 184 个 LE 和 4 个嵌入式乘法器,registered performance 为 329.06 MHz。

要仿真这一长度为 4 的滤波器,先来考虑一下 Daubechies DB4 滤波器系数:

$$G(z) = \left[(1 + \sqrt{3}) + (3 + \sqrt{3})z^{-1} + (3 - \sqrt{3})z^{-2} + (1 - \sqrt{3})z^{-3} \right] \frac{1}{4\sqrt{2}}$$

$$G(z) = 0.483\ 01 + 0.836\ 5z^{-1} + 0.224\ 1z^{-2} - 0.129\ 4z^{-3}$$

将系数量化成 8 位(加上符号位)精度模式,得到如下模型:

$$G(z) = (124 + 214z^{-1} + 57z^{-2} - 33z^{-3}) / 256$$

$$= \frac{124}{256} + \frac{214}{256}z^{-1} + \frac{57}{256}z^{-2} - \frac{33}{256}z^{-3}$$

加载了 Daubechies 滤波器系数的 4 抽头可编程 FIR 滤波器的仿真结果,如图 5 - 13 所示。从图 5 - 13 可以看出,在前面 4 个阶段,将系数{124, 214, 57, - 33}下载到抽头延迟线中。值得注意的是,Quartus Ⅱ 也可以显示有符号数。作为无符号数, - 33 显示为 512 - 33 = 479。接下来通过将 100 加载到 x 寄存器中来检查滤波器的脉冲响应。第 1 个有效输出出现在 450 ns 之后。

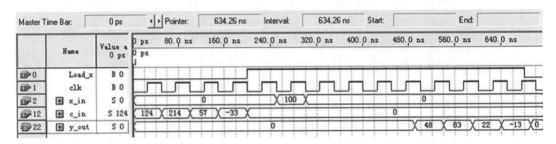

图 5 - 13　加载了 Daubechies 滤波器系数的 4 抽头可编程 FIR 滤波器的仿真结果

4. FIR 滤波器的对称性

FIR 滤波器脉冲响应的中心是一个重要的对称点。为了方便起见,经常将这一点定义成第 0 次采样时刻,这样的滤波器描述就是因果关系(中心符号)。对于奇数长度的 FIR,因果滤波器模型如下:

$$F(z) = \sum_{k=-(L-1)/2}^{(L-1)/2} f[k]z^{-k} \qquad (5-21)$$

FIR 的频率响应可以根据求滤波器对单位圆边缘的传递函数来计算。令 $z = e^{j\omega T}$,得到如下公式:

$$F(\omega) = F(e^{j\omega T}) = \sum_k f[k]e^{-j\omega kT} \qquad (5-22)$$

接下来用 $|F(\omega)|$ 表示滤波器的幅度频率响应,用 $|\phi(\omega)|$ 表示相位响应,且满足:

$$\phi(\omega) = \arctan\left(\frac{I(F(\omega))}{R(F(\omega))}\right) \qquad (5-23)$$

数字滤波器更多的是利用相位和幅度值来描述,而较少使用 z 域传递函数或复频率变换。

5. 线性相位 FIR 滤波器

在许多应用领域(如通信和图像处理)中,在一定频率范围内维持相位的完整性是一个期望的系统特性。因此,设计能够建立线性相位与频率的滤波器是必须的。系统相位线性度的标准尺度就是"组延迟",其定义为

$$\tau(\omega) = -\frac{\mathrm{d}\varphi(\omega)}{\mathrm{d}\omega} \tag{5-24}$$

完全理想的线性相位滤波器对于一定频率范围的组延迟是一个常数。可以看到,如果滤波器是对称或者反对称的,就可以实现线性相位,因此更倾向于采用式(5-21)的因果架构。从式(5-23)中可以看出,如果频率响应 $F(\omega)$ 是一个纯实或者纯虚函数,就可以实现固定的组延迟。这就意味着滤波器的脉冲响应必须保持偶对称或者奇对称,也就是

$$f[n] = f[-n] \text{ 或 } f[n] = -f[-n] \tag{5-25}$$

例如,一个奇数阶偶对称 FIR 滤波器的频率响应如下:

$$F(\omega) = f[0] + \sum_{k>0} f[k]\mathrm{e}^{-j\omega kT} + f[-k]\mathrm{e}^{jk\omega T} \tag{5-26}$$

$$= f[0] + 2\sum_{k>0} f[k]\cos(k\omega T) \tag{5-27}$$

可以看到频率响应是频率的纯实函数。表 5-5 总结了对称、反对称、偶数阶和奇数阶的 4 种可能选择。此外,表 5-5 还以图形的方式给出了每类线性相位 FIR 的对应示例。

表 5-5　4 种可能的线性相位 FIR 滤波器 $F(z) = \sum_k f[k]z^{-k}$

对称性 L	$f[n]=f[-n]$奇	$f[n]=f[-n]$偶	$f[n]=-f[-n]$奇	$f[n]=-f[-n]$偶
示例	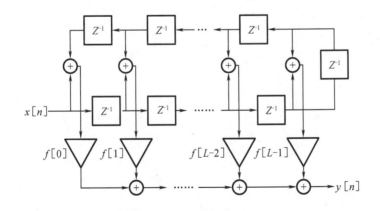			
零点位置	$\pm 120°$	$\pm 90°, 180°$	$0°, 180°$	$0°, 2\times 180°$

线性相位 FIR 的固有对称属性还可以降低所需的乘法器 L 的数量,如图 5-14 所示。

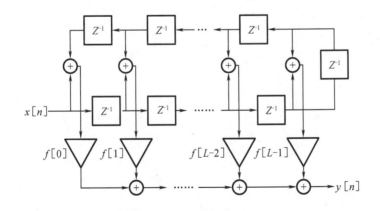

图 5-14　线性相位 FIR 滤波器

如图 5-14 所示的线性相位 FIR(假定是偶对称)是完全采用系数对称的滤波器。可以看到"对称"体系结构在每个滤波周期内都提供了一个乘法器预算,每个滤波器周期正好是图 5-9 中给出的直接体系结构的一半,而加法器的数量保持不变,还是 $L-1$ 个。

专题 6　基于 VHDL 的离散傅里叶变换算法

6.1　傅里叶变换概述

离散傅里叶变换(discrete fourier transform，DFT)及其快速变换，即快速傅里叶变换(fast fourier transform，FFT)，在数字信号处理中扮演着重要角色。

目前，学者已经用各种形式发明(和再发明)了多种 DFT 和 FFT 算法。正如 Heideman 等人所指出的，高斯就用过一种今天称之为 Cooley - Tukey FFT 的 FFT 类型算法。专题6 和专题 7 将简要地讨论图 6 - 1 中总结的最重要的 DFTt FFT 算法。

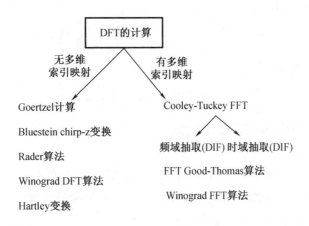

图 6 - 1　DFT 和 FFT 算法的分类

在此沿用 Burrus 提出的术语学，Burrus 根据 FFT 算法的输入序列和输出序列之间的多维索引映射关系对之进行了简单的分类。所以所有没有使用多维索引映射的算法都称为 DFT 算法，尽管其中一些算法具有必不可少的少数计算量，如 Winograd DFT 算法。DFT 和 FFT 算法不是"孤立"的，大多数算法的高效实现通常都是 DFT 和 FFT 算法组合的结果。例如，Rader 质数算法和 Good - Thomas FFT 的组合就产生了著名的 VLSI 实现。该文献提供了许多 FFT 设计的示例，已经发现可以用 FPGA 实现 FFT 的一维和二维变换。

本专题将讨论四种最重要的 DFT 算法，并且依照计算量比较不同的实现问题。若要进一步详细地研究，还应该了解 DFT 算法，在基础 DSP 书籍和多种 FFT 书籍中都可以找到对 DFT 算法的详细研究。

6.2 离散傅里叶变换算法

首先来复习一下 DFT 的一些最重要的性质,然后回顾 Bluestein、Goertzel、Rader 和 Winograd 提出的一些基本 DFT 算法。

1. 用 DFT 近似傅里叶变换

傅里叶变换对的定义如下:

$$X(f) = \int_{-\infty}^{\infty} x(t) e^{-j2\pi ft} dt \leftrightarrow x(t) = \int_{-\infty}^{\infty} X(f) e^{j2\pi ft} df \tag{6-1}$$

式(6-1)假定了一个无限持续时间和带宽的连续信号。对于实际的表示方式,还需要在时间和频率上采样,并且对幅值进行量化。从实现的角度来讲,更希望在时间和频率上使用有限数量的采样。这样就产生了离散傅里叶变换(discrete fourier transform, DFT),其中在时间和频率上采用了 N 次采样,根据:

$$X[k] = \sum_{n=0}^{N-1} x[n] e^{-j2\pi kn/N} = \sum_{n=0}^{N-1} x[n] W_N^{kn} \tag{6-2}$$

逆 DFT[IDFT]的定义如下:

$$x[n] = \frac{1}{N} \sum_{n=0}^{N-1} X[k] e^{j2\pi kn/N} = \frac{1}{N} \sum_{k=0}^{N-1} X[k] W_N^{-kn} \tag{6-3}$$

或者用向量/矩阵表示,就是

$$X = Wx \leftrightarrow x = \frac{1}{N} W * X \tag{6-4}$$

如果用 DFT 对傅里叶频谱进行近似,就必须记住在时间和频率上采样的影响,具体如下。

①通过时域中的采样,可以得到采样频率为 fs 的周期性频谱。如"香农(Shannon)采样定理"所述:只有在 $x(t)$ 的频率分量集中在一个低于奈奎斯特频率 $fs/2$ 的狭窄范围内的情况下,用 DFT 近似傅里叶变换才是合理的。

②通过在频域中的采样,时间函数就变成了周期性的。也就是说,DFT 假定时间序列是周期性的。如果对一个信号采用 N 次采样 DFT,该信号没有在一个 N 次采样窗口内完成整数次循环,就会产生一种称为泄漏的现象。

一种更为实用的降低泄漏的选择方案就是采用两边逐渐衰减为 0 的窗函数。图 6-2 给出了一些典型窗函数的时间和频率特性。

2. DFT 的性质

表 6-1 总结了 DFT 最重要的一些性质。许多性质与傅里叶变换性质一致,例如变换是唯一(双射)的、叠加的应用,以及实部与虚部通过希尔伯特变换联系在一起。

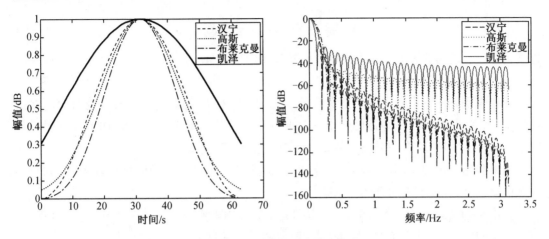

图 6 - 2　时域和频域内的窗函数

表 6 - 1　DFT 定理

定理	$x(n)$	$X(k)$
变换	$x(n)$	$\sum_{n=0}^{N-1} x[n] e^{-j2\pi nk/N}$
逆变换	$\dfrac{1}{N} \sum_{n=0}^{N-1} X[k] e^{j2\pi nk/N}$	$X[k]$
重叠	$s_1 x_1[n] + s_2 x_2[n]$	$s_1 X_1[k] + s_2 X_2[k]$
时间反向	$x[-n]$	$X[-k]$
共轭复数拆分	$x^*[n]$	$X^*[-k]$
实部	$\mathrm{Re}(x[n])$	$(X[k] + X^*[-k])/2$
虚部	$\mathrm{Im}(x[n])$	$(X[k] + X^*[-k])/(2j)$
实偶数部分	$x_e[n] = (x[n] + x[-n])/2$	$\mathrm{Re}(X[k])$
实奇数部分	$x_o[n] = (x[n] - x[-n])/2$	$j\mathrm{Im}(X[k])$
对称性	$X[n]$	$Nx[-k]$
循环卷积	$x[n] \otimes f[n]$	$X[k]F[k]$
乘法	$x[n]f[n]$	$\dfrac{1}{N} X[k] \otimes F[k]$
周期平移	$x[n - d \bmod N]$	$X[k] e^{-j2\pi dk/N}$
帕斯瓦尔定理	$\sum_{n=0}^{N-1} |x[n]|^2$	$\dfrac{1}{N} \sum_{n=0}^{N-1} |X[k]|^2$

正变换和逆变换的相似性产生了一种可选的反演算法。利用 DFT 的向量/ 矩阵表示：

$$X = Wx \leftrightarrow x = \frac{1}{N} W^* X \qquad (6-5)$$

可以得到

$$x^* = \frac{1}{N}(W^*X)^* = \frac{1}{N}WX^* \qquad\qquad (6-6)$$

也就是可以利用缩放 $1/N$ 的 X^* 的 DFT 计算逆 DFT。

(1)实序列的 DFT

现在来研究一下当输入序列是实数时,一些 DFT(和 FFT)计算的额外简化计算。在这种情况下,有两种选择:一种是可以用一个 N 点 DFT 计算两个 N 点序列的 DFT;另一种是可以用一个 N 点 DFT 计算一个长度为 $2N$ 的实序列的 DFT。

如果利用表 6-1 给出的希尔伯特性质,也就是实序列具有偶对称的实频谱和奇对称的虚频谱,就可以合成下面的算法。

算法 6-1 用一个 N 点 DFT 计算长度为 $2N$ 的 DFT 变换

由时间序列 $x[n]$ 计算 $2N$ 点 DFT $X[k] = X_r[k] + jX_i[k]$ 的算法如下。

(1)构造一个 N 点序列 $y[n] = x[2n] + jx[2n+1]$,其中 $n = 0,1,\cdots,N-1$。

(2)计算 $y[n] \rightarrow Y[k] = Y_r[k] + jY_i[k]$,其中 $\mathrm{Re}(Y[k]) = Y_r[k]$ 和 $\mathrm{Im}(Y[k]) = Y_i[k]$ 分别是 $Y[k]$ 的实部和虚部。

(3)计算

$$X_r[k] = \frac{Y_r[k] + Y_r[-k]}{2} + \cos(k\pi/N)\frac{Y_i[k] + Y_i[-k]}{2} - \sin(k\pi/N)\frac{Y_r[k] - Y_r[-k]}{2}$$

$$X_i[k] = \frac{Y_i[k] - Y_i[-k]}{2} - \sin(k\pi/N)\frac{Y_i[k] + Y_i[-k]}{2} - \cos(k\pi/N)\frac{Y_r[k] - Y_r[-k]}{2}$$

其中,$k = 0,1,\cdots,N-1$。

因此,除了一个 N 点 DFT(或 FFT)之外的计算量,就是来自旋转因子 $\pm\exp(j\pi k/N)$ 的 $4N$ 次实数加法和乘法。

为了用一个长度为 N 的 DFT 变换两个长度为 N 的序列,我们可以运用实序列具有一个偶频谱而纯虚数列的频谱为奇数这一事实(请参阅表 6-1)。这也是下面算法的基础。

算法 6-2 用一个 N 点 DFT 计算两个长度为 N 的 DFT

计算 N 点 DFT $g[n] \rightarrow G(k)$ 和 $h[n] \rightarrow H(k)$ 的算法如下。

(1)构造一个 N 点序列 $y[n] = h[n] + jg[n]$,其中 $n = 0,1,\cdots,N-1$。

(2)计算 $y[n] \rightarrow Y[k] = Y_r[k] + jY_i[k]$,其中 $\mathrm{Re}(Y[k]) = Y_r[k]$ 和 $\mathrm{Im}(Y[k]) = Y_i[k]$ 分别是 $Y[k]$ 的实部和虚部。

(3)计算

$$H[k] = \frac{Y_r[k] + Y_r[-k]}{2} + j\frac{Y_i[k] - Y_i[-k]}{2}$$

$$G[k] = \frac{Y_i[k] + Y_i[-k]}{2} - j\frac{Y_r[k] - Y_r[-k]}{2}$$

其中,$k = 0,1,\cdots,N-1$。

因此,除了一个 N 点 DFT(或 FFT)之外的计算量,就是为了构成正确的两个 N 点 DFT 而进行的 $2N$ 次实数加法。

（2）利用 DFT 计算快速卷积

最常用到 DFT（或 FFT）的一个领域就是计算卷积。如同傅里叶变换一样，时域内的卷积就是将两个变换的序列相乘：两个时间序列在频域内变换，计算一个（标量）点积，再使结果返回时域中。与傅里叶变换的主要区别是，DFT 计算了一个循环卷积，而不是一个线性卷积。这一点在用 FFT 实现快速卷积的时候必须加以考虑。这就产生了两种方法，分别是"重叠节约"方法和"重叠增加"方法。在"重叠节约"方法中，只需要简单地放弃在边界被循环卷积破坏的采样即可。在重叠增加的方法中，通过在公共乘积流上直接加上部分序列的方法在滤波器和信号中填充 0。

对于快速卷积，最常见的输入序列是实序列。因此，高效的卷积可以用实变换来实现，还可以为 Hartley 变换构造一个类似 FFT 的算法，与复变换相比较，可以将性能提高两倍。

如果要利用可用的 FFT 程序，就需要使用前面讨论过的实序列算法 6-2 或算法 6-3。图 6-3 给出了一个与算法 6-3 相似的可选方法，该方法用一个 N 点 DFT 来实现两个 N 点变换，不过在这种情况下，实部用作 DFT，虚部用作 IDFT，根据卷积理论，在逆变换的时候需要用到虚部。

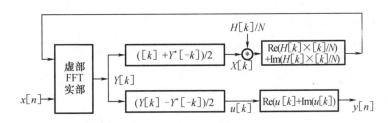

图 6-3　采用复数 FFT 的实部卷积

假设实数值滤波器（也就是 $F[k] = F[-k]^*$）的 DFT 已经被离线计算过，那么在频域内就只需要用 $N/2$ 次乘法来计算 $X[k]F[k]$。

3. Goertzel 算法

DFT 计算中的单个频谱分量 $X[k]$ 由：

$$X[k] = x[0] + x[1]W_N^k + x[2]W_N^{2k} + \cdots + x[N-1]W_N^{(N-1)k}$$

给出。将所有的 $x[n]$ 用同一个公因子 W_N^k 组合起来，就得到

$$X[k] = x[0] + W_N^k(x[1] + W_N^k(x[2] + \cdots + W_N^k x[N-1])\cdots)$$

可以看到这一结果是 $X[k]$ 的可行递归计算。这就是 Goertzel 算法，图 6-4 给出了相应的图形解释。$y[n]$ 的计算由输入序列的最后一个值 $x[N-1]$ 开始。在第 3 个步骤之后，就在输出端显示 $X[k]$ 的一个频谱值。

如果已经计算了几个频谱分量，将 $e^{\pm j2\pi n/N}$ 类型的因子组合就会降低复杂程度。这样就会根据：

$$z^2 - 2z\cos\left(\frac{2\pi n}{N}\right) + 1$$

得到一个有分母的二级系统。这样，所有的复数乘法就都简化成实数乘法。

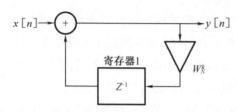

步骤	$x[n]$	寄存器1	$y[n]$
0	$x[3]$	0	$x[3]$
1	$x[2]$	$W_4^k x[3]$	$x[2] + W_4^k x[3]$
2	$x[1]$	$W_4^k x[2] + W_4^{2k} x[3]$	$x[1] + W_4^k x[2] + W_4^{2k} x[3]$
3	$x[0]$	$W_4^k x[1] + W_4^{2k} x[2] + W_4^{3k} x[3]$	$x[0] + W_4^k x[1] + W_4^{2k} x[2] + W_4^{3k} x[3]$

图 6 – 4 Goertzel 算法

一般情况下,如果只有少量频谱分量需要计算,Goertzel 算法就是很有吸引力的。对于整个 DFT,计算量是 N^2 个数量级,与直接 DFT 计算相比较就没有优势了。

4. Bluestein Chirp – z 变换

在 Bluestein Chirp – z 变换(CZT)算法中,DFT 指数 nk 可以二次展开为

$$nk = -(k-n)^2/2 + n^2/2 + k^2/2 \qquad (6-7)$$

因此 DFT 就变成

$$X[k] = W_N^{k^2/2} \sum_{n=0}^{N-1} (x[n] W_N^{n^2/2}) W_N^{-(k-n)^2/2} \qquad (6-8)$$

图 6 – 5 给出了 Bluestein Chirp – z 算法的图形解释。由此可以得到算法 6 – 3。

算法 6 – 3 Bluestein Chirp – z 算法
DFT 的计算分为以下 3 个步骤:
(1)$x[n]$ 与 $W_N^{n^2/2}$ 的 N 次乘法;
(2)$x[n] W_N^{n^2/2} * W_N^{n^2/2}$ 的线性卷积;
(3)$W_N^{k^2/2}$ 的 N 次乘法。

图 6 – 5 Bluestein Chirp – z 算法

一次完整的变换需要一个长度为 N 的卷积和 $2N$ 次复数乘法。与 Rader 算法相比较,

其优点是变换长度 N 不需要限制在质数范围内。CZT 可以定义成任意长度。

Narasinha 和其他人已经注意到,在 CZT 算法中,FIR 滤波器部分的许多系数都是无关紧要或是相同的。

相对于定点数 C_N 的系数,通常感兴趣的应该是 DFT 的最大长度。表 6-2 就给出了相应的数据。

表 6-2　DFT 的最大长度

DFT 的长度	8	12	16	24	40	48	72	80	120	144	168	180	240	360	504
C_N	4	6	7	8	12	14	16	21	24	28	32	36	42	48	64

如前所述,不同复系数的数量与实现的计算量之间没有直接的联系,因为其中一些系数可能是无关紧要的(如 ± 1 或 $\pm j$)或者是对称的。特别是 2 的幂对应长度的变换就具有许多对称性,如果要为具体数量的重要实系数计算 DFT 的最大长度,就会发现如表 6-3 所示的最大长度变换。

表 6-3　具体数量的重要实系数的 DFT 的最大长度

DFT 的长度	10	16	20	32	40	48	50	80	96	160	192
sin/ cos	2	3	5	6	8	9	10	11	14	20	25

因此,长度 16 和 32 是分别只需要 3 个和 6 个实数乘法器的最大长度。

在一般情况下,2 的幂是受欢迎的 FFT 构造模块。表 6-4 就给出了在转置形式中实现长度为 $N=2^n$ 的 CZT 滤波器时的工作量。

表 6-4　在转置形式中实现长度为 $N=2^n$ 的 CZT 滤波器时的工作量

N	C_N	sin/ cos	CSD 加法器	RAG 加法器	14 位系数的 NOF
8	4	2	23	7	3,5,33,49,59
16	7	3	91	8	3,25,59,63,387
32	12	6	183	13	2,25,49,73,121,375
64	23	11	431	18	5,25,27,93,181,251,7393
128	44	22	879	31	5,15,25,175,199,319,403,499,1 567
256	87	42	1911	49	5,25,765,1 443,1 737,2 837,4 637

第 1 列是 DFT 的长度 N。第 2 列是复指数 C_N 的总数。复系数 C_N 最坏的情况就是有 $2C_N$ 个重要实系数要实现。第 3 列给出了实际情况下不同重要实系数的数量。将第 2 列与第 3 列加以对比就会看到,2 的幂对应的长度,对称的系数和无关紧要的系数减少了重要系数的数量。最后 3 列给出了对于长度达到 256 时的 CZT DFT,分别采用 CSD 算法和 RAG 算

法的 15 位(14 个无符号位加上 1 个符号位)系数精度实现的工作量(也就是加法器的数量)。CSD 编码不具备系数对称性,因此加法器的数量比较多。可以看到与 CSD 算法相比,RAG 算法可以从根本上将 DFT 长度的工作量至少减少 16。

5. Rader 算法

用 Rader 算法计算 DFT:

$$X[k] = \sum_{n=0}^{N-1} x[n] W_N^{nk} \quad k,n \in Z_N; \mathrm{ord}(W_N) = N \tag{6-9}$$

只能够定义质数长度 N。首先利用

$$X[0] = \sum_{n=0}^{N-1} x[n] \tag{6-10}$$

计算 DC 分量。由于 $N=p$ 是质数,需要一个本原元素和一个生成器 g 就可以产生 Z_p 域内除 0 之外的所有元素 n 和 k,也就是 $g^k \in Z_p/\{0\}$。这里用 g^n 对 N 取模的结果代替 n,用 g^k 对 N 取模的结果代替 k,就得到下面的索引变换:

$$X[g^k \mathrm{mod} N] - x[0] = \sum_{n=0}^{N-2} x[g^n \mathrm{mod} N] W_N^{g^{n+k} \mathrm{mod} N} \tag{6-11}$$

其中,$k \in \{1,2,3,\cdots,N-1\}$。可以看到式(6-11)的右侧是一个循环卷积,也就是

$$[x[g^0 \mathrm{mod} N], x[g^1 \mathrm{mod} N], \cdots, x[g^{N-2} \mathrm{mod} N]] \otimes [W_N, W_N^g, \cdots, W_N^{g^{N-2} \mathrm{mod} N}] \tag{6-12}$$

接下来是 $N=7$ 的 Rader 算法的一个例题。

【例 6-1】 $N=7$ 的 Rader 算法。对于 $N=7, g=3$ 是一个本原元素,其索引变换如下:

$$[3^0, 3^1, 3^2, 3^3, 3^4, 3^5] \mathrm{mod} 7 = [1,3,2,6,4,5] \tag{6-13}$$

首先计算 DC 分量:

$$X[0] = \sum_{n=0}^{6} x[n] = x[0] + x[1] + x[2] + x[3] + x[4] + x[5] + x[6]$$

第二步是 $X[k] - x[0]$ 的循环卷积:

$$[x[1], x[3], x[2], x[6], x[4], x[5]] \otimes [W_7, W_7^3, W_7^2, W_7^6, W_7^4, W_7^5]$$

或者以矩阵表示:

$$
\begin{bmatrix} X[1] \\ X[3] \\ X[2] \\ X[6] \\ X[4] \\ X[5] \end{bmatrix}
=
\begin{bmatrix}
W_7^1 & W_7^3 & W_7^2 & W_7^6 & W_7^4 & W_7^5 \\
W_7^3 & W_7^2 & W_7^6 & W_7^4 & W_7^5 & W_7^1 \\
W_7^2 & W_7^6 & W_7^4 & W_7^5 & W_7^1 & W_7^3 \\
W_7^6 & W_7^4 & W_7^5 & W_7^1 & W_7^3 & W_7^2 \\
W_7^4 & W_7^5 & W_7^1 & W_7^3 & W_7^2 & W_7^6 \\
W_7^5 & W_7^1 & W_7^3 & W_7^2 & W_7^6 & W_7^4
\end{bmatrix}
\begin{bmatrix} x[1] \\ x[3] \\ x[2] \\ x[6] \\ x[4] \\ x[5] \end{bmatrix}
+
\begin{bmatrix} x[0] \\ x[0] \\ x[0] \\ x[0] \\ x[0] \\ x[0] \end{bmatrix}
\tag{6-14}
$$

如图 6-6 所示为长度 $p=7$ 的 Rader 质数因子 DFT 实现。

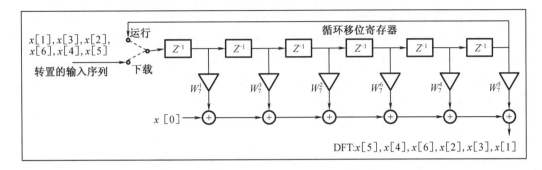

图 6 - 6　长度 $p = 7$ 的 Rader 质数因子 DFT 实现

现在可以用一个三角形信号 $x[n] = 10\lambda[n]$（也就是步长为 10 的三角形）来检验 $p = 7$ 的 Rader DFT 公式。直接解释式(6 - 14)，就得到

$$
\begin{bmatrix} X[1] \\ X[3] \\ X[2] \\ X[6] \\ X[4] \\ X[5] \end{bmatrix} = \begin{bmatrix} W_7^1 & W_7^3 & W_7^2 & W_7^6 & W_7^4 & W_7^5 \\ W_7^3 & W_7^2 & W_7^6 & W_7^4 & W_7^5 & W_7^1 \\ W_7^2 & W_7^6 & W_7^4 & W_7^5 & W_7^1 & W_7^3 \\ W_7^6 & W_7^4 & W_7^5 & W_7^1 & W_7^3 & W_7^2 \\ W_7^4 & W_7^5 & W_7^1 & W_7^3 & W_7^2 & W_7^6 \\ W_7^5 & W_7^1 & W_7^3 & W_7^2 & W_7^6 & W_7^4 \end{bmatrix} \begin{bmatrix} x[1] \\ x[3] \\ x[2] \\ x[6] \\ x[4] \\ x[5] \end{bmatrix} + \begin{bmatrix} x[0] \\ x[0] \\ x[0] \\ x[0] \\ x[0] \\ x[0] \end{bmatrix}
$$

$X[0]$ 的值就是时间级数的和，即 $10 + 20 + \cdots + 70 = 280$。

此外，在 Rader 算法中，我们还可以使用复数对 $e^{\pm j2k\pi/N}, k \in [0, N/2]$ 的对称性来构造更为高级的 FIR 实现。实现 Rader 质数因子 DFT 与实现 FIR 滤波器等价，为了实现快速 FIR 滤波器，有必要使用 RAG 算法的完全流水线 DA 或转置滤波器结构。下面就给出了一个 RAG FPGA 实现的示例。

【例 6 - 2】　长度为 7 的 Rader 算法的 FPGA 实现过程如下。首先是对系数进行量化，假定输入值和系数都可以表示成一个有符号位的 8 位字，量化后的系数如表 6 - 5 所示。

表 6 - 5　量化后的系数

k	0	1	2	3	4	5	6
实部 $\{256W_7^k\}$	256	160	- 57	- 231	- 231	- 57	160
虚部 $\{256W_7^k\}$	0	- 200	- 250	- 111	111	250	200

对于常系数乘法器所有系数直接形式的实现都需要使用 24 个加法器。运用转置结构，利用几个系数仅仅是符号不同这一事实，就可以实现每个系数的工作量降低到 11 个加法器。进一步优化加法器的数量，就可以达到最小值 7。这对直接 FIR 体系结构有 3 倍以上的提高。接下来的 VHDL 代码给出了运用转置 FIR 滤波器、长度为 7 的 Rader DFT 的一个可行实现。

```
package b_bit_int is                    - - - - - - > user - defined types
```

```
        subtype word8 isinteger range -2 * *7 to 2 * *7 -1;
        subtype word11 isinteger range -2 * *10 to 2 * *10 -1;
        subtype word19 isinteger range -2 * *18 to 2 * *18 -1;
type array_word is array (0 to 5) of word19;
end b_bit_int;


library work;
use work.b_bit_int.all;


library ieee;
use ieee.std_logic_1164.all;
use ieee.std_logic_arith.all;
use ieee.std_logic_unsigned.all;


entity rader7 is                         - - - - - - > interface
    port ( clk, reset    : in  std_logic;
           x_in          : in  word8;
           y_real, y_imag : out word11);
end rader7;


architecture fpga of rader7 is

    signal   count    :integer range 0 to 15;
    type     state_type is (start, load, run);
    signal   state    : state_type ;
    signal   accu    : word11 : = 0;        - -signal for x[0]
    signal   real, imag : array_word : = (0,0,0,0,0,0);
                                        - -tapped delay line array
    signal   x57, x111, x160, x200, x231, x250 : word19 : = 0;
                                        - -the (unsigned) filter coefficients
    signal   x5, x25, x110, x125, x256  : word19 ;
                                        - -auxiliary filter coefficients
    signal   x, x_0 : word8;            - -signals for x[0]

begin

    states: process (reset, clk)        - - - - - > fsm for rader filter
    begin
        if reset = '1' then             - -asynchronous reset
            state < = start;
```

```
        elsif rising_edge(clk) then
            case state is
                when start = >                 - - initialization step
                    state < = load;
                    count < = 1;
                    x_0  < = x_in;            - - save x[0]
                    accu < = 0 ;              - - reset accumulator for x[0]
                    y_real  < = 0;
                    y_imag  < = 0;
                when load = >                  - - apply x[5],x[4],x[6],x[2],x[3],x[1]
                    if count  = 8 then        - - load phase done ?
                        state < = run;
                    else
                        state < = load;
                        accu  < = accu + x ;
                    end if;
                    count  < = count + 1;
                when run = >                   - - apply again x[5],x[4],x[6],x[2],x[3]
                    if count  = 15 then       - - run phase done ?
                        y_real < = accu;      - - x[0]
                        y_imag < = 0;         - - only re inputs i.e. im(x[0]) = 0
                        state  < = start;     - - output of result
                    else                      - - and start again
                        y_real < = real(0) /256 + x_0;
                        y_imag < = imag(0) /256;
                        state < = run;
                    end if;
                    count  < = count + 1;
            end case;
        end if;
end process states;


structure: process                          - - structure of the two fir
begin                                        - - filters in transposed form
    wait until clk = '1';
    x < = x_in;
     - - real part of fir filter in transposed form
    real(0) < = real(1) + x160  ;            - - w^1
    real(1) < = real(2) - x231  ;            - - w^3
    real(2) < = real(3) - x57   ;            - - w^2
```

```
    real(3)  < = real(4) + x160  ;              - -w^6
    real(4)  < = real(5) - x231  ;              - -w^4
    real(5)  < = -x57  ;                         - -w^5


    - -imaginary part of fir filter in transposed form
    imag(0)  < = imag(1) - x200  ;              - -w^1
    imag(1)  < = imag(2) - x111  ;              - -w^3
    imag(2)  < = imag(3) - x250  ;              - -w^2
    imag(3)  < = imag(4) + x200  ;              - -w^6
    imag(4)  < = imag(5) + x111  ;              - -w^4
    imag(5)  < = x250;                           - -w^5
end process structure;


coeffs: process                        - -note that all signals
begin                                  - -are globally defined
    wait until clk = '1';
  - -compute the filter coefficients and use ffs
    x160   < = x5 * 32;
    x200   < = x25 * 8;
    x250   < = x125 * 2;
    x57    < = x25 + x * 32;
    x111   < = x110 + x;
    x231   < = x256 - x25;
end process coeffs;


factors: process (x, x5, x25)          - -note that all signals
begin                                  - -are globally defined
  - -compute the auxiliary factor for rag without an ff
    x5     < = x * 4 + x;
    x25    < = x5 * 4 + x5;
    x110   < = x25 * 4 + x5 * 2;
    x125   < = x25 * 4 + x25;
    x256   < = x * 256;
    end process factors;


end fpga;
```

本设计包括 4 个 processs 声明中的 4 个声明模块。第一个是"stages：processs"，它是一个区分 3 个处理阶段：Start、Load 和 Run 的状态机；第二个是"structure：processs"，它定义了两个 FIR 滤波器通路，分别是实部和虚部；第三个用 RAG 实现乘法器模块；第 4 个是"factor：processs"，它实现 RAG 算法的未注册因子。可以看到，所有的系数都由 6 个加法器和 1 个减法器实现。本设计使用了 443 个 LE,没有用到嵌入式乘法器。registered performance 为 137.06 MHz。图 6-7 给出了 Quartus Ⅱ对三角形输入信号序列 $x[n] = \{10,20,30,40,$ $50,60,70\}$的仿真结果。注意,输入和输出序列的起始点是 1 μs,按置换的顺序出现,如果在仿真器中使用有符号数据类型,负的结果就会有负号。最后,在 1.7 μs 处 $X[0] = 280$ 被发送到输出端,Rader 7 准备处理下一帧。

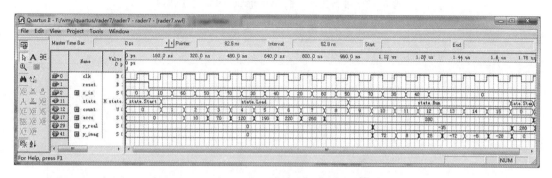

图 6-7　7 点 Rader 算法的 VDHL 仿真结果

由于 Rader 算法受限于质数长度,因此与 CZT 相比,在系数中就比较缺乏对称性。表 6-6 给出了质数长度为 $2^n \pm 1$ 时,实现转置形式的循环滤波器所需要的工作量。

表 6-6　实现转置形式的循环滤波器所需要的工作量

DFT 的长度	sin/cos	CSD 加法器	RAG 加法器	14 位系数的 NOF
7	6	52	13	7,11,31,59,101,177,319
17	16	138	23	3,35,103,415,1 153,1 249,8 051
31	30	244	38	3,9,133,797,877,975,1 179,3 235
61	60	496	66	5,39,51,205,265,3 211
127	124	1 060	126	5

第 1 列给出了循环卷积长度 N,也就是复系数的数量。将第 2 列与 $2N$ 个实系数的最差情况相比较,就会看到,对称性和无关紧要的系数已经将重要系数降低了一半。接下来两列分别给出了使用 CSD 和 RAG 算法的 14 位(加上符号位)系数精度的实现工作量。最后一列给出了 RAG 所用的辅助系数,也就是 NOF。可以看到 RAG 对较长滤波器的优势。从表 6-6 中可以看到,CSD 类型的滤波器可以减少 $BN/2$ 的工作量,其中 B 是系数位宽(在表 6-6 中是 14 位),N 是滤波器长度。对于 RAG 来说,工作量(也就是加法器的数量)仅是 N,也就是对于长滤波器,比 CSD 提高了 $B/2$($B = 14$,提高了 $14/2 = 7$)。对于长滤波器来说,RAG 只需要为每个额外的系数提供一个额外的加法器即可,因为已经合成的系数生成了一个"密集的"小系数网络。

6. Winograd DFT 算法

第一种要讨论的精简必要乘法数量的算法就是 Winograd DFT 算法。Winograd DFT 算法是 Rader 算法(它将 DFT 转换成循环卷积)与前面实现快速运行 FIR 滤波器时使用过的 Winograd 短卷积算法的结合。

因而长度被限制在质数或质数的幂范围内。表 6 – 7 简要地给出了算法操作的必要数量。

表 6 – 7   带有实输入的 **Winograd DFT** 的工作量

块长度	实数乘法的总数量	重要乘法的总数量	实数加法的总数量
2	2	0	2
3	3	2	6
4	4	0	8
5	6	5	17
7	9	8	36
8	8	2	26
9	11	10	44
11	21	20	84
13	21	20	94
16	18	10	74
17	36	35	157
19	39	38	186

下面 $N = 5$ 的示例详细地说明了构造 Winograd DFT 算法的步骤。

【例 6 – 3】　$N = 5$ 的 Winograd DFT 算法

在 Rader 算法的另一个表示方式中,用 $X[0]$ 代替 $x[0]$ 的形式如下:

$$X[0] = \sum_{n=0}^{4} x[n] = x[0] + x[1] + x[2] + x[3] + x[4]$$

$$X[k] - X[0] = [x[1], [2], [4], [3]] \otimes [W_5 - 1, W_5^2 - 1, W_5^4 - 1, W_5^3 - 1] \quad k = 1, 2, 3, 4$$

如果用 Winograd 算法实现长度为 4 的循环卷积,只需要 5 次重要的乘法就会得到下面的算法:

$$X[k] = \sum_{n=0}^{4} x[n] e^{-j2\pi kn/5} \quad k = 0, 1, \cdots, 4$$

$$\begin{bmatrix} X[0] \\ X[4] \\ X[3] \\ X[2] \\ X[1] \end{bmatrix} = \begin{bmatrix} 1 & 0 & 0 & 0 & 0 & 0 \\ 1 & 1 & 1 & 1 & 0 & -1 \\ 1 & 1 & -1 & 1 & 1 & 0 \\ 1 & 1 & -1 & -1 & -1 & 0 \\ 1 & 1 & 1 & -1 & 0 & 1 \end{bmatrix} \times \mathrm{diag}\left(1, \frac{1}{2}\cos\frac{2\pi}{5} + \cos\frac{4\pi}{5}\right) - 1,$$

$$\frac{1}{2}\left(\cos\frac{2\pi}{5} - \cos\frac{4\pi}{5}\right), \mathrm{jsin}\frac{2\pi}{5}, \mathrm{j}\left(-\sin\frac{2\pi}{5} + \sin\frac{4\pi}{5}\right),$$

$$
\mathrm{j}\left(\sin\left(\frac{2\pi}{5}\right)+\sin\left(\frac{4\pi}{5}\right)\right)\times
\begin{bmatrix}
1 & 1 & 1 & 1 & 1 \\
0 & 1 & 1 & 1 & 1 \\
0 & 1 & -1 & -1 & 1 \\
0 & 1 & -1 & 1 & -1 \\
0 & 1 & 0 & 0 & -1 \\
0 & 0 & -1 & 1 & 0
\end{bmatrix}
\begin{bmatrix}
x[0] \\
x[1] \\
x[2] \\
x[3] \\
x[4]
\end{bmatrix}
$$

对于实数或虚数输入序列 $x[n]$，总计算量分别只有 5 次或 10 次重要的实数乘法。图 6－8 中的 Winograd 5 点 DFT 信号流程图还给出了如何以一种有效的形式实现加法。

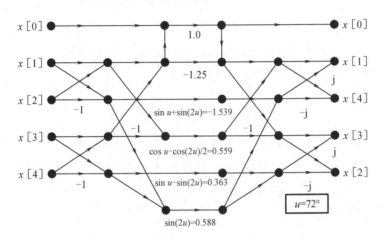

图 6－8　Winograd 5 点 DFT 信号流程图

其中，A_l 合并了输入加法，B_l 是傅里叶系数的对角矩阵，而 C_l 包括输出加法。唯一的缺点就是不易确定短卷积算法的精确步骤，这是因为在其中计算输入加法、输出加法的序列已经在这种矩阵表达式中消失了。

这一 Rader 算法和短 Winograd 卷积的组合，即为 Winograd DFT 算法。本算法将在后面与索引映射一起引入 Winograd FFT 算法。这种算法是目前所有已知的 FFT 算法中实数乘法次数最少的。

专题 7　基于 VHDL 的快速傅里叶变换算法

7.1　快速傅里叶变换算法

如前所述,所有的快速傅里叶变换算法简单地根据不同的(多维)输入序列和输出序列的索引映射进行分类。这建立在长度为 N 的 DFT:

$$X[k] = \sum_{n=0}^{N-1} x[n] W_N^{nk} \tag{7-1}$$

到多维 $N = \prod_l N_l$ 的表示方法的变换基础上。一般情况下,只需要讨论两个因子的情形就足够了,因为更高的维数可以通过简单地反复迭代替换其中的一个因子而实现。为了简化表示方式,在此只在二维索引变换内讨论 3 种 FFT 算法。

将(时域)索引 n 用:

$$n = A_n + Bn_2 \bmod N \quad \begin{cases} 0 \leqslant n_1 \leqslant N_1 - 1 \\ 0 \leqslant n_2 \leqslant N_2 - 1 \end{cases} \tag{7-2}$$

进行变换。其中,$N = N_1 N_2$,且 $A, B \in \mathbf{Z}$ 是以后必须定义的常数。利用这种索引变换,就可以根据下面的公式:

$$[x[0]x[1]x[2]\cdots x[N-1]] = \begin{bmatrix} x[0,0] & x[0,1] & \cdots & x[0,N_2-1] \\ x[1,0] & x[1,1] & \cdots & x[1,N_2-1] \\ \vdots & \vdots & & \vdots \\ x[N_1-1,0] & x[N_1-1,0] & \cdots & x[N_1-1,N_2-1] \end{bmatrix}$$

$$\tag{7-3}$$

来构造数据的二维映射 $f: C^N \to C^{N_1 N_2}$。将另一个索引映射 k 应用到输出(频)域,就得到

$$k = Ck_1 + Dk_2 \bmod N \quad \begin{cases} 0 \leqslant k_1 \leqslant N_1 - 1 \\ 0 \leqslant k_2 \leqslant N_2 - 1 \end{cases} \tag{7-4}$$

其中,$C, D \in Z$ 是以后必须定义的常数。由于 DFT 是双映射,因此必须选择 A、B、C 和 D,这样变换表示方式才能仍然保持唯一,也就是唯一的双射投影。Burrus 已经确定了如何为具体的 N_1 和 N_2 选择 A、B、C 和 D 的一般情形,这样映射就是双射了。本章给出的变换都是唯一的。

区别不同 FFT 算法的重要一点就是是否允许 N_1 和 N_2 具有公因数的问题,也就是 $\gcd(N_1, N_2) > 1$(gcd, greatest common divisor, 最大公约数),或者说 N_1 和 N_2 必须是互质的。

通常，$\gcd(N_1, N_2) > 1$ 的算法指的是公因数算法（common factor algorithms，CFA），而 $\gcd$ $(N_1, N_2) = 1$ 就称为质因数算法（prime factor algorithm，PFA）。接下来要讨论的 CFA 算法是 Cooley – Tukey FFT，而 Good – Thomas 和 Winograd FFT 则是 PFA 类型的。应该强调的是 Cooley – Tukey 算法可以真正地用因数实现，它们彼此之间是互质的，并且对于 PFA，因子 N_1 和 N_2 必须是互质的，也就是说它们自身不一定是质数。例如，长度 $N = 12$ 的变换因数分解成 $N_1 = 4$ 和 $N_2 = 3$，因此它既可以用于 CFA FFT，也可以用于 PFA FFT。

1. Cooley – Tukey FFT 算法

Cooley – Tukey FFT 算法是所有 FFT 算法中最为通用的，因为 N 可以任意地进行因数分解。最流行的 Cooley – Tukey FFT 算法就是变换长度 N 是 r 基的幂的形式，也就是 $N = r^v$。这些算法通常称作基 r 算法。

Cooley 和 Tukey（更早是 Gauss）提出的索引变换也是最简单的索引映射。在式（7 – 1）中，令 $A = N_2$ 和 $B = 1$ 就得到下面的映射结果：

$$n = N_2 n_1 + n_2 \quad \begin{cases} 0 \leqslant n_1 \leqslant N_1 - 1 \\ 0 \leqslant n_2 \leqslant N_2 - 1 \end{cases} \tag{7 – 5}$$

从 n_1 和 n_2 的有效范围内可以得出结论，式（7 – 4）给出的模化简不需要显式地运算。

对于式（7 – 4）式的逆映射，Cooley 和 Tukey 选择 $C = 1$ 和 $D = N_1$，就得到下面的映射结果：

$$k = k_2 + N_1 k_2 \quad \begin{cases} 0 \leqslant k_1 \leqslant N_1 - 1 \\ 0 \leqslant k_2 \leqslant N_2 - 1 \end{cases} \tag{7 – 6}$$

在这种情况下，也可以省略取模计算。如果这时候根据式（7 – 5）和式（7 – 6）分别将 n 和 k 代入 W_N^{nk}，就会得到

$$W_N^{nk} = W_N^{N_2 n_1 k_1 + N_1 N_2 n_1 k_2 + n_2 k_1 + N_1 n_2 k_2} \tag{7 – 7}$$

由于 W 是 $N = N_1 N_2$ 阶，因此可以得到 $W_N^{N_1} = W_{N_2}$ 和 $W_N^{N_2} = W_{N_1}$，将式（7 – 7）化简成

$$W_N^{nk} = W_{N_1}^{n_1 k_1} W_N^{n_2 k_1} W_{N_2}^{n_2 k_2} \tag{7 – 8}$$

如果这时将式（7 – 8）代入式（7 – 1）中的 DFT，就得到

$$X[k_1, k_2] = \sum_{n_2 = 0}^{N_2 - 1} W_{N_2}^{n_2 k_2} \left(W_N^{n_2 k_1} \underbrace{\sum_{n_1 = 0}^{N_1 - 1} x[n_1, n_2] W_{N_1}^{n_1 k_1}}_{N_1 \text{点变换}} \right) \tag{7 – 9}$$

$$\underbrace{}_{\bar{x}[n_2, k_1]}$$

$$= \underbrace{\sum_{n_2 = 0}^{N_2 - 1} W_{N_2}^{n_2 k_2} \bar{x}[n_2, k_1]}_{N_2 \text{点变换}} \tag{7 – 10}$$

现在定义完整的 Cooley – Tukey 算法：

算法 7 - 1 Cooley - Tukey 算法

$N = N_1 N_2$ 点 DFT 可以通过下列步骤进行。

(1)根据式(7 - 5)计算输入序列的索引变换;

(2)计算长度为 N_1 和 N_2 个 DFT;

(3)在第一个变换级的输出上应用旋转因子 $W_N^{n_2 k_1}$;

(4)计算长度为 N_2 和 N_1 个 DFT;

(5)根据式(7 - 6)计算输出序列的索引变换。

接下来用长度为 12 的变换来说明这些步骤。

【例 7 - 1】 $N = 12$ 的 Cooley - Tukey FFT。假设 $N_1 = 4$ 和 $N_2 = 3$。则有 $n = 3n_1 + n_2$ 和 $k = k_1 + 4k_2$,为索引映射计算下面的表 7 - 1 和表 7 - 2。

表 7 - 1 $N_1 = 4, N_2 = 3, n = 3n_1 + n_2$ 时的索引映射表

n_2	n_1			
	0	1	2	3
0	$x[0]$	$x[3]$	$x[6]$	$x[9]$
1	$x[1]$	$x[4]$	$x[7]$	$x[10]$
2	$x[2]$	$x[5]$	$x[8]$	$x[11]$

表 7 - 2 $N_1 = 4, N_2 = 3, k = k_1 + 4k_2$ 时的索引映射表

k_2	k_1			
	0	1	2	3
0	$x[0]$	$x[1]$	$x[2]$	$x[3]$
1	$x[4]$	$x[5]$	$x[6]$	$x[7]$
2	$x[8]$	$x[9]$	$x[10]$	$x[11]$

在这个变换的帮助之下,可以构造如图 7 - 1 所示的 $N = 12$ 的 Cooley - Tukey FFT 信号流程图。可以看到,首先必须用 4 个点计算 3 个 DFT 中的每一个 DFT,然后乘以旋转因子,最后计算 4 个 DFT,其中每个 DFT 的长度都是 3。

要直接计算 12 点 DFT,总共需要 $12^2 = 144$ 次复数乘法和 $11^2 = 121$ 次复数加法。要计算同样长度的 Cooley - Tukey FFT,旋转因子总共需要 12 次复数乘法,其中 8 次是无关紧要的乘法(也就是 ±1 或 ±j)。根据表 6 - 7 用 8 次实数加法就可以计算长度为 4 的 DFT,而且不需要乘法。要计算长度为 3 的 DFT,则需要 4 次乘法和 6 次加法。如果要用 3 次加法和 3 次乘法实现(固定系数的)复数乘法,12 点 Cooley - Tukey FFT 的总工作量就是 $3 \times 16 + 4 \times 3 + 4 \times 12 = 108$ 次实数加法和 $4 \times 3 + 4 \times 4 = 28$ 次实数乘法。而直接实现则需要 $2 \times 11^2 + 12^2 \times 3 = 674$ 次实数加法和 $12^2 \times 3 = 432$ 次实数乘法。现在就应该非常清楚为什么将 Cooley - Tukey 算法称为"快速傅里叶变换"的原因。

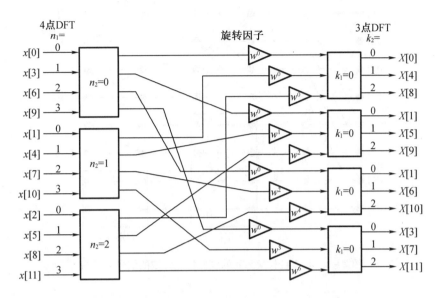

图 7 – 1 N = 12 的 Cooley – Tukey FFT 信号流程图

(1)基 r Cooley – Tukey 算法

Cooley – Tukey 算法区别于其他 FFT 算法的一个重要事实就是 N 的因子可以任意选取。这样也就可以使用 $N = r^S$ 的基 r 算法了。最流行的算法是那些以 $r = 2$ 或 $r = 4$ 为基的算法,因为根据表 6 – 7,最简单的 DFT 不需要任何乘法就可以实现。例如,在 S 级且 $r = 2$ 的情形下,下列索引映射的结果是

$$n = 2^{S-1}n_1 + \cdots + 2n_{S-1} + n_S \tag{7 – 11}$$

$$k = k_1 + 2k_2 + \cdots + 2^{S-1}k_S \tag{7 – 12}$$

当 $S > 2$ 时的一个一般惯例是,在信号流程图中 2 点 DFT 以蝶形图的形式表示,图 7 – 2 给出了 8 点 DFT 变换的图示。信号流程图表示方法的简化基于如下事实:添加了所有指向一个节点的箭头,而常系数乘法则通过在箭头上加一个因子表示。基 r 算法具有 $\log_r N$ 级,并且每组都有相同类型的旋转因子。

基 2 且长度为 8 的频域抽选算法的信号流程图如图 7 – 2 所示。从图中可以看出,计算可以"就地"完成,也就是蝶形所使用的存储位置可以被重写,因为在下一步的计算中已不再需要数据了。基 2 变换的旋转因子乘法的总数是

$$\log_r(N)N/ 2 \tag{7 – 13}$$

因为每两个箭头仅有一个旋转因子。

由于图 7 – 2 中的算法在频域中开始将原始 DFT 分成更短的 DFT,因此这种算法就称为频域抽取(decimation – in – frequency,DIF)算法。典型的输入值是按自然顺序出现的,而频率值的索引是按位逆序的。表 7 – 3 给出了 DIF 基 2 算法的特征值。

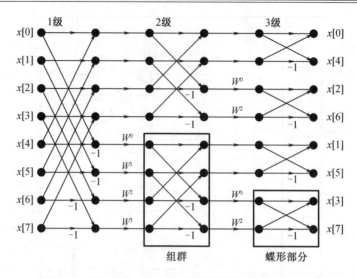

图 7-2　基 2 且长度为 8 的频域抽选算法的信号流程图

表 7-3　DIF 基 2 算法的特征值

不同的指标	第 1 级	第 2 级	第 3 级	…	第 $\log_2 N$ 级
组数	1	2	4	…	$N/2$
每组的蝶形数量	$N/2$	$N/4$	$N/8$	…	1
增量指数旋转因子	1	2	4	…	$N/2$

同时,还可以利用时域抽取(decimation in time, DIT)构造一种算法。在该情况下,首先将输入(时间)序列分开,就会发现所有频率值都是按自然顺序出现的。

图 7-3 给出了第 41 个索引的基 2 和基 4 算法的位逆序和数字逆序。对于基 2 算法,需要逆转的位顺序也就是位逆序。而对于基 4 算法需要首先构造一个两位的"数字",然后再逆转这些数字的顺序,这种操作称为数字逆序。

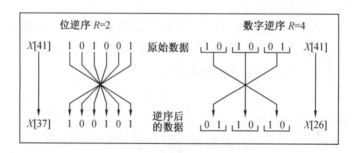

图 7-3　位逆序和数字逆序

(2)基 2 Cooley-Tukey 算法的实现

基 2 FFT 可以用蝶形处理器高效地实现,这种处理器除了蝶形本身外,还包括旋转因子的其他复数乘法器。

基 2 蝶形处理器由一个复数加法器、一个复数减法器和两个旋转因子的一个复数乘法器组成。旋转因子的复数乘法通常由 4 次实数乘法和两次加/减法运算实现。但是只用 3 次实数乘法和 3 次加/减法运算构造复数乘法器也是有可能的,因为一个操作数是可以预先计算的。该算法如下。

算法 7 - 2 高效的复数乘法器

复数旋转因子乘法 $R + jI = (X + jY)(C + jS)$ 可以简化,因为 C 和 S 可以预先计算,并存储在一个表中。而且还可以存储下面 3 个系数:

$$C、C + S \text{ 和 } C - S \tag{7-14}$$

有了这 3 个预先计算的因子,首先可以计算:

$$E = X - Y \text{ 和 } Z = CE + C(X - Y) \tag{7-15}$$

然后用

$$R = (C - S)Y + Z \tag{7-16}$$

$$I = (C + S)X - Z \tag{7-17}$$

计算最后的乘积。

检验:

$$R = (C - S)Y + C(X - Y) = CY - SY + CX - CY = CX - SY$$

$$I = (C + S)X - C(X - Y) = CX + SX - CX + CY = CY + SX$$

这种算法使用了 3 次乘法、1 次加法和 2 次减法,其代价是额外的第三个表。

下面的示例说明了这种旋转因子复数乘法器的实现过程。

【例 7 - 2】 首先给旋转因子乘法器选择一些具体的设计参数。假设有 8 位二进制输入数据,系数就应该有 8 位(也就是 7 个数字位和一个符号位),并且乘以 $e^{j\pi/9} = e^{j20}$。量化成 8 位,两个旋转因子就变成了 $C + jS = 128e^{j\pi/9} = 121 + j39$。如果输入值是 $70 + j50$,则所期望的结果是:

$$(70 + j50)e^{j\pi/9} = (70 + j50)(121 + j39)/128 = (6520 + j8780)/128 = 50 + j68$$

如果用算法 7 - 2 计算复数乘法,3 个因子就变成

$$C = 121, C + S = 160 \text{ 和 } C - S = 82$$

从上面可以看到,一般情况下 $C + S$ 和 $C - S$ 的表必须比 C 和 S 的表多一位精度。

下面的 VHDL 代码实现了旋转因子乘法器。

```
library lpm;
use lpm.lpm_components.all;


library ieee;
use ieee.std_logic_1164.all;
use ieee.std_logic_arith.all;


entity ccmul is
    generic (w2  : integer := 17;        --multiplier bit width
             w1  : integer := 9;         --bit width c+s sum
```

```
        w  : integer : = 8);              - - input bit width
    port (clk  : std_logic;               - - clock for the output register
        x_in, y_in, c_in                  - - inputs
            : in  std_logic_vector(w - 1 downto 0);
        cps_in, cms_in                    - - inputs
            : in  std_logic_vector(w1 - 1 downto 0);
        r_out, i_out                      - - results
            : out std_logic_vector(w - 1 downto 0));
end ccmul;

architecture fpga of ccmul is

    signal x, y, c : std_logic_vector(w - 1 downto 0);
                                          - - inputs and outputs
    signal r, i, cmsy, cpsx, xmyc         - - products
        : std_logic_vector(w2 - 1 downto 0);
    signal xmy, cps, cms, sxtx, sxty      - - x - y etc.
        : std_logic_vector(w1 - 1 downto 0);

begin
    x   < = x_in;                         - - x
    y   < = y_in;                         - - j * y
    c   < = c_in;                         - - cos
    cps < = cps_in;                       - - cos + sin
    cms < = cms_in;                       - - cos - sin

process
begin
    wait until clk = '1';
    r_out < = r(w2 - 3 downto w - 1);     - - scaling and ff
    i_out < = i(w2 - 3 downto w - 1);     - - for output
end process;
- - - - - - - - - - ccmul with 3 mul. and 3 add / sub - - - - - - - - - -
sxtx  < = x(x'high) & x;                  - - possible growth for
sxty  < = y(y'high) & y;                  - - sub_1 - > sign extension

sub_1: lpm_add_sub                        - - sub: x - y;
    generic map (lpm_width = > w1, lpm_direction = > "sub",
            lpm_representation = > "signed")
    port map (dataa = > sxtx, datab = > sxty, result = > xmy);
```

```
mul_1: lpm_mult                               --multiply (x-y)*c = xmyc
    generic map ( lpm_widtha = > w1, lpm_widthb = > w,
                  lpm_widthp = > w2, lpm_widths = > w2,
                  lpm_representation = > "signed")
    port map ( dataa = > xmy, datab = > c, result = > xmyc);


mul_2: lpm_mult                               --multiply (c-s)*y = cmsy
    generic map ( lpm_widtha = > w1, lpm_widthb = > w,
                  lpm_widthp = > w2, lpm_widths = > w2,
                  lpm_representation = > "signed")
    port map ( dataa = > cms, datab = > y, result = > cmsy);


mul_3: lpm_mult                               --multiply (c+s)*x = cpsx
    generic map ( lpm_widtha = > w1, lpm_widthb = > w,
                  lpm_widthp = > w2, lpm_widths = > w2,
                  lpm_representation = > "signed")
    port map ( dataa = > cps, datab = > x, result = > cpsx);


sub_2: lpm_add_sub                            --sub: i < = (c-s)*x-(x-y)*c;
    generic map ( lpm_width = > w2, lpm_direction = > "sub",
                  lpm_representation = > "signed")
    port map ( dataa = > cpsx, datab = > xmyc, result = > i);


add_1: lpm_add_sub                            --add: r < = (x-y)*c + (c+s)*y;
    generic map ( lpm_width = > w2, lpm_direction = > "add",
                  lpm_representation = > "signed")
    port map ( dataa = > cmsy, datab = > xmyc, result = > r);
end fpga;
```

旋转因子乘法器可以用 3 个 lpm_mult 的元件例化和 3 个 lpm_add_sub 模块来实现。输出经过缩放，从而使它具有与输入相同的数据格式。这是合理的，因为带有复指数 $e^{j\varphi}$ 的乘法不应该改变复数输入的幅值。（对于就地 FFT）为了保证较短的延迟，复数乘法器只有输出寄存器，没有内部流水线寄存器。这是唯一的输出寄存器不能决定该设计的 registered performance，但从图 7 – 4 旋转因子乘法器的 VHDL 仿真结果来看，它是可以估算的。这一设计使用了 39 个 LE 和 3 个嵌入式乘法器，如果 lpm_mult 元件可以流水线化，那么运行速度还可以更快。

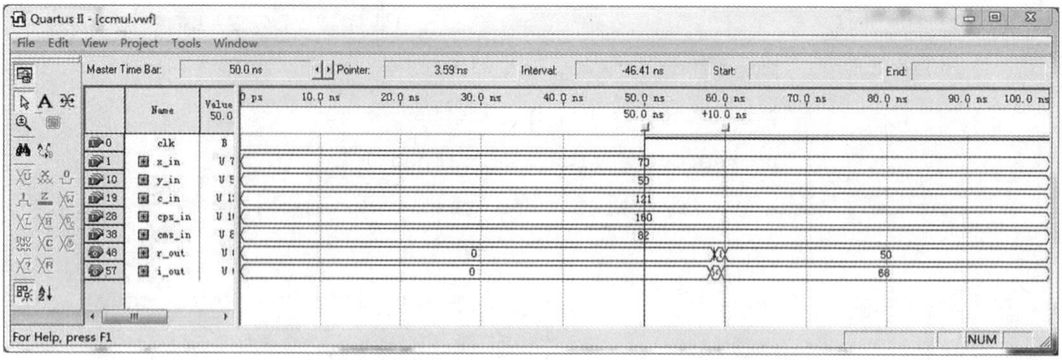

图 7-4　旋转因子乘法器的 VHDL 仿真结果

就地实现（也就是只有一个数据存储器）现在也是可行的,因为蝶形处理器可以被设计成无流水线级的。如果引入额外的流水线级（一个给蝶形,3 个给乘法器）,设计规模就会明显增大,不过可以明显地提高速度。这种流水线设计的成本就是整个 FFT 的额外数据存储器的成本,这是因为数据读和写存储器现在必须分开,也就是说非就地计算可以实现。

用上面介绍的旋转因子乘法器,就可以为基 2 Cooley - Tukey FFT 设计蝶形处理器了。

【例 7-3】　为防止运算中的溢出,蝶形处理器需要计算两个（缩放的）蝶形方程:

$$D_{re} + jD_{im} = ((A_{re} + jA_{im}) + (B_{re} + jB_{im}))/2$$
$$E_{re} + jE_{im} = ((A_{re} + jA_{im}) - (B_{re} + jB_{im}))/2$$

临时结果 $E_{re} + jE_{im}$ 必须乘以旋转因子。

整个蝶形处理器的 VHDL 代码如下。

```
library lpm;
use lpm.lpm_components.all;

library ieee;
use ieee.std_logic_1164.all;
use ieee.std_logic_arith.all;

package mul_package is                    - - user - defined components
    component ccmul
        generic (w2: integer : = 17;      - - multiplier bit width
                 w1: integer : = 9;       - - bit width c + s sum
                 w: integer : = 8);       - - input bit width
        port
        (clk: in std_logic;               - - clock for the output register
        x_in, y_in, c_in: in  std_logic_vector(w - 1 downto 0);
                                          - - inputs
        cps_in, cms_in  : in  std_logic_vector(w1 - 1 downto 0);
                                          - - inputs
```

```vhdl
                    r_out, i_out    : out std_logic_vector(w - 1 downto 0));
                                            - - results
        end component;
end mul_package;

library work;
use work.mul_package.all;


library ieee;
use ieee.std_logic_1164.all;
use ieee.std_logic_arith.all;

library lpm;
use lpm.lpm_components.all;

library ieee;
use ieee.std_logic_1164.all;
use ieee.std_logic_arith.all;
use ieee.std_logic_unsigned.all;

entity bfproc is
    generic (w2: integer : = 17;            - - multiplier bit width
             w1: integer : = 9;             - - bit width c + s sum
             w: integer : = 8);            - - input bit width
    port
    (clk: std_logic;
    are_in, aim_in, c_in,                   - - 8 bit inputs
    bre_in, bim_in: in   std_logic_vector(w - 1 downto 0);
    cps_in, cms_in: in   std_logic_vector(w1 - 1 downto 0);
                                            - - 9 bit coefficients
    dre_out, dim_out,                       - - 8 bit results
    ere_out, eim_out : out std_logic_vector(w - 1 downto 0)
                : = (others = > '0'));
end bfproc;


architecture fpga of bfproc is

    signal dif_re, dif_im                   - - bf out
                : std_logic_vector(w - 1 downto 0);
```

```
        signal are, aim, bre, bim : integer range -128 to 127 : = 0;
                                        - - inputs as integers
    signal c           : std_logic_vector(w -1 downto 0)
                        : = (others = > '0');- - input
    signal cps, cms    : std_logic_vector(w1 -1 downto 0)
                        : = (others = > '0');- - coeff in
begin

    process                                 - - compute the additions of the
                                                    butterfly using
    begin                                   - - integers and store inputs in
                                                    flip - flops
        wait until clk = '1';
        are < = conv_integer(are_in);
        aim < = conv_integer(aim_in);
        bre < = conv_integer(bre_in);
        bim < = conv_integer(bim_in);
        c < = c_in;                     - - load from memory cos
        cps < = cps_in;                 - - load from memory cos + sin
        cms < = cms_in;                 - - load from memory cos - sin
        dre_out < = conv_std_logic_vector( (are + bre )/2, w);
        dim_out < = conv_std_logic_vector( (aim + bim )/2, w);
end process;


                                        - - no ff because butterfly differ-
                                                ence "diff" is not an
process (are, bre, aim, bim)            - - output port
begin
    dif_re < = conv_std_logic_vector(are/2 - bre/2, 8);
    dif_im < = conv_std_logic_vector(aim/2 - bim/2, 8);
end process;


- - - - instantiate the complex twiddle factor multiplier - - - -
    ccmul_1 : ccmul                         - - multiply (x + jy)(c + js)
        generic map ( w2 = > w2, w1 = > w1, w = > w)
        port map  ( clk = > clk, x_in = > dif_re, y_in = > dif_im,
                    c_in = > c, cps_in = > cps, cms_in = > cms,
                    r_out = > ere_out, i_out = > eim_out);


    end fpga;
```

蝶形处理器由一个加法器、一个减法器和一个实例化为元件的旋转因子乘法器实现。为了实现单输入/输出的已注册设计,还为输入 A、B、3 个表中的值和输出端 D 提供了触发器。这一设计采用了 131 个 LE 和 3 个嵌入式乘法器,Registered Performance 为 95.73 MHz。图 7 – 5 给出了基 2 蝶形处理器的 VHDL 仿真结果,输入 $A = 100 + j110$,$B = -40 + j10$ 和 $W = e^{j\pi/9}$。

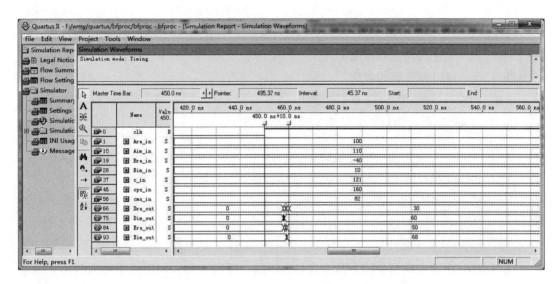

图 7 – 5　基 2 蝶形处理器的 VHDL 仿真结果

2. Good – Thomas FFT 算法

Good 和 Thomas 提出的索引变换将一个长度 $N = N_1 N_2$ 的 DFT 变换成"实际的"二维 DFT,也就是说,Cooley – Tukey FFT 中没有旋转因子。无旋转因子流程的代价就是因子之间必须是互质的(也就是 $\gcd(N_k, N_l) = 1, k \neq l$),只要索引映射计算是在线进行的,而且没有预先计算好的表可供使用,索引映射就会变得更加复杂。

如果试图分别依据式(7 – 2)和式(7 – 4),消除通过 n 和 k 的索引映射引入的旋转因子,就会有

$$
\begin{aligned}
W_N^{nk} &= W_N^{(An_1 + Bn_2)(Ck_1 + Dk_2)} \\
&= W_N^{ACn_1k_1 + ADn_1k_2 + BCk_1n_2 + BDn_2k_2} \\
&= W_N^{N_2 n_1 k_1} W_N^{N_1 k_2 n_2} \\
&= W_{N_1}^{n_1 k_1} W_{N_2}^{k_2 n_2}
\end{aligned} \tag{7 – 18}
$$

前提是必须同时满足下列所有必要条件:

$$
\langle AD \rangle_N = \langle BC \rangle_N = 0 \tag{7 – 19}
$$

$$
\langle AC \rangle_N = N_2 \tag{7 – 20}
$$

$$
\langle BD \rangle_N = N_1 \tag{7 – 21}
$$

Good 和 Thomas 提出的映射要满足下面这一条件:

$$
A = N_2 \quad B = N_1 \quad C = N_2 \langle N_2^{-1} \rangle_{N_1} \quad D = N_1 \langle N_1^{-1} \rangle_{N_2} \tag{7 – 22}
$$

检验:因为因子 AD 和 BC 均包括因子 $N_1N_2 = N$,所以也就验证了式(7 - 19)。根据 $\gcd(N_1,N_2) = 1$ 及欧拉定理,就可以写出逆运算 $N_2^{-1} \bmod N_1 = N_2^{\varphi(N_1)-1} \bmod N_1$,其中 φ 是欧拉函数。条件式(7 - 20)现在就可以改写成

$$\langle AC \rangle_N = \langle N_2 N_2 \langle N_2^{\varphi(N_1)-1} \rangle_{N_1} \rangle_N \qquad (7 - 23)$$

这样就解决了内部模的简化,$v \in Z$ 且 $vN_1N_2 \bmod N = 0$ 的最终形式是

$$\langle AC \rangle_N = \langle N_2 N_2 (N_2^{\varphi(N_1)-1} + vN_1) \rangle_N = N_2 \qquad (7 - 24)$$

同样的证明过程也适用于条件式(7 - 21),且如果采用 Good – Thomas 映射,式(7 - 19) ~ (7 - 21)的 3 个条件均可以满足。

最后,就可以得到下面的定理。

定理 7 – 1 Good – Thomas 索引映射

Good – Thomas 提出的对于 n 的索引映射是

$$n = N_2 n_1 + N_1 n_2 \bmod N \qquad \begin{cases} 0 \leqslant n_1 \leqslant N_1 - 1 \\ 0 \leqslant n_2 \leqslant N_2 - 1 \end{cases} \qquad (7 - 25)$$

而对于 k 的索引映射是

$$k = N_2 \langle N_2^{-1} \rangle_{N_1} k_1 + N_1 \langle N_1^{-1} \rangle_{N_2} k_2 \bmod N \qquad \begin{cases} 0 \leqslant k_1 \leqslant N_1 - 1 \\ 0 \leqslant k_2 \leqslant N_2 - 1 \end{cases} \qquad (7 - 26)$$

式(7 - 26)中的变换与中国余数定理是一致的。所以 k_1 和 k_2 可以简单地通过模化简来计算,也就是 $k_l = k \bmod N_l$。

如果用 DFT 矩阵方程(7 - 1)替换 Good – Thomas 索引映射,就有

$$X[k_1,k_2] = \sum_{n_2=0}^{N_2-1} W_{N_2}^{n_2 k_2} \underbrace{\left(\underbrace{\sum_{n_1=0}^{N_1-1} x[n_1,n_2] W_{N_1}^{n_1 k_1}}_{N_1 点变换} \right)}_{\bar{x}[n_2,k_1]} \qquad (7 - 27)$$

$$= \underbrace{\sum_{n_2=0}^{N_2-1} W_{N_2}^{n_2 k_2} \bar{x}[n_2,k_1]}_{N_2 点变换} \qquad (7 - 28)$$

也就是像前面提到的,这是一种"实际的"二维 DFT 变换,没有 Colley 和 Tukey 提出的映射所引入的旋转因子。下面就是 Good – Thomas 算法,虽然与 Colley – Tukey 算法 7 - 1 相似,但是索引映射不同,而且没有旋转因子。

算法 7 – 3 Good – Thomas FFT 算法

$N = N_1N_2$ 点的 DFT 可以遵循下面的步骤进行计算:

(1)根据式(7 - 25)进行输入序列的索引变换;

(2)计算长度为 N_1 的 N_2 次 DFT;

(3)计算长度为 N_2 的 N_1 次 DFT;

(4)根据式(7 - 26)进行输出序列的索引变换。

下面的示例用 $N = 12$ 的变换来说明这些步骤。

【例 7 – 4】 $N = 12$ 的 Good – Thomas FFT 算法。假设 $N_1 = 4, N_2 = 3$,接下来根据 $n =$

$3n_1 + 4n_2 \bmod 12$ 计算输入索引的映射,根据 $k = 9k_1 + 4k_2 \bmod 12$ 计算输出索引结果的映射,见表 7 - 4 和表 7 - 5。

表 7 - 4　输入索引的映射

n_2	n_1			
	0	1	2	3
0	$x[0]$	$x[3]$	$x[6]$	$x[9]$
1	$x[4]$	$x[7]$	$x[10]$	$x[1]$
2	$x[8]$	$x[11]$	$x[2]$	$x[5]$

表 7 - 5　输出索引结果的映射

k_2	k_1			
	0	1	2	3
0	$X[0]$	$X[9]$	$X[6]$	$X[3]$
1	$X[4]$	$X[1]$	$X[10]$	$X[7]$
2	$X[8]$	$X[5]$	$X[2]$	$X[11]$

利用这些索引变换,就可以构造出 $N = 12$ 的 Good - Thomas FFT 的信号流程图。其中第一级有 3 个 DFT,每个 DFT 又有 4 个点,第二级有 4 个 DFT,每个 DFT 的长度为 3。各级之间不需要乘以旋转因子。

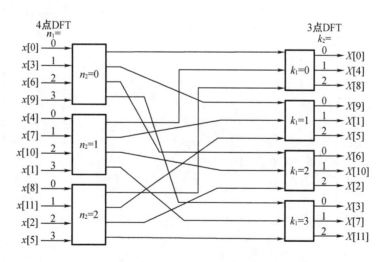

图 7 - 6　$N = 12$ 的 Good - Thomas FFT 的信号流程图

3. Winograd FFT 算法

Winograd FFT 算法建立在对 $N_1 N_2$ 维逆 DFT 矩阵(没有前因子 N^{-1})观察的基础上,

$\gcd(N_1, N_2) = 1$,也就是

$$x[n] = \sum_{k=0}^{N-1} X[k] W_N^{-nk} \qquad (7-29)$$

$$\boldsymbol{x} = \boldsymbol{W}_N^* \boldsymbol{X} \qquad (7-30)$$

这两个公式可以分别用 N_1 维和 N_2 维的二次 IDFT 矩阵的 Kronecker 乘积重写。如同 Good – Thomas 算法的映射一样,$X[k]$ 和 $x[n]$ 的索引必须写成二维模式,然后逐行读出索引。下面给出 $N = 12$ 的一个示例来说明这些步骤。

【**例 7 – 5**】 使用 Kronecker 乘积且 $N = 12$ 的 IDFT。令 $N_1 = 4$ 和 $N_2 = 3$,然后根据 Good – Thomas 索引映射进行输出索引变换 $k = 9k_1 + 4k_2 \bmod 12$:

$$
\begin{bmatrix} X[0] \\ X[1] \\ X[2] \\ X[3] \\ X[4] \\ X[5] \\ X[6] \\ X[7] \\ X[8] \\ X[9] \\ X[10] \\ X[11] \end{bmatrix} \rightarrow
$$

kk_2		k_1			
		0	1	2	3
0		$X[0]$	$X[9]$	$X[6]$	$X[3]$
1		$X[4]$	$X[1]$	$X[10]$	$X[7]$
2		$X[8]$	$X[5]$	$X[2]$	$X[11]$
1					
1					

$$
\rightarrow \begin{bmatrix} X[0] \\ X[9] \\ X[6] \\ X[3] \\ X[4] \\ X[1] \\ X[10] \\ X[7] \\ X[8] \\ X[5] \\ X[2] \\ X[11] \end{bmatrix}
$$

接下来构造长度为 12 的 IDFT:

$$
\begin{bmatrix} X[0] \\ X[9] \\ X[6] \\ X[3] \\ X[4] \\ X[1] \\ X[10] \\ X[7] \\ X[8] \\ X[5] \\ X[2] \\ X[11] \end{bmatrix} =
\begin{bmatrix} W_{12}^0 & W_{12}^0 & W_{12}^0 \\ W_{12}^0 & W_{12}^{-4} & W_{12}^{-8} \\ W_{12}^0 & W_{12}^{-8} & W_{12}^{-4} \end{bmatrix} \otimes
\begin{bmatrix} W_{12}^0 & W_{12}^0 & W_{12}^0 & W_{12}^0 \\ W_{12}^0 & W_{12}^{-3} & W_{12}^0 & W_{12}^{-9} \\ W_{12}^0 & W_{12}^{-6} & W_{12}^0 & W_{12}^{-6} \\ W_{12}^0 & W_{12}^{-9} & W_{12}^{-6} & W_{12}^{-3} \end{bmatrix}
\begin{bmatrix} X[0] \\ X[9] \\ X[6] \\ X[3] \\ X[4] \\ X[1] \\ X[10] \\ X[7] \\ X[8] \\ X[5] \\ X[2] \\ X[11] \end{bmatrix}
$$

到目前为止,已经用 Kronecker 乘积(重新)定义了 IDFT。利用速记符号 $\tilde{\boldsymbol{x}}$ 代替转置序列 $\boldsymbol{x}$,就可以用下面的矩阵/向量表示:

$$\tilde{\boldsymbol{x}} = \boldsymbol{W}_{N_1} \otimes \boldsymbol{W}_{N_2} \tilde{\boldsymbol{X}} \qquad (7-31)$$

对于短 DFT,使用 Winograd DFT 算法,也就是

$$W_{N_l} = C_l B_l A_l \tag{7-32}$$

其中,A_l 合并了输入加法,B_l 是一个傅里叶系数的对角矩阵,而 C_l 包括了输出加法。现在将式(7-32)代入式(7-31),运用这一结论就可以改变矩阵乘法和 Kronecker 乘积的计算顺序,得到

$$W_{N_1} \otimes W_{N_2} = (C_1 B_1 A_1) \otimes (C_2 B_2 A_2) = (C_1 \otimes C_2)(B_1 \otimes B_2)(A_1 \otimes A_2) \tag{7-33}$$

由于矩阵 A_l 和 C_l 是简单的加法矩阵,因此也同样适用于其 Kronecker 乘积 $A_1 \otimes A_2$ 和 $C_1 \otimes C_2$。很明显,两个分别为 N_1 维和 N_2 维的二次对角矩阵的 Kronecker 乘积也可以给出一个 $N_1 N_2$ 维的对角矩阵。如果 M_1 和 M_2 分别是根据表 6-7 计算较小 Winograd DFT 的乘法的次数,则总计需要计算的乘法次数与 $B = B_1 \otimes B_2$ 对角元素的数量(也就是 $M_1 M_2$)相同。

现在将上述不同的步骤组合起来构造 Winograd FFT。

> **定理 7-2**　Winograd FFT 的设计
>
> $N = N_1 N_2$ 点且 N_1 和 N_2 为互质数的变换可以按照下列步骤构造:
>
> (1)根据式(7-25)中的 Good-Thomas 映射,按索引的行读取对输入序列进行索引变换;
>
> (2)利用 Kronecker 乘积对 DFT 矩阵进行因数分解;
>
> (3)通过 Winograd DFT 算法代替长度为 N_1 和 N_2 的 DFT 矩阵;
>
> (4)集中乘法。

在 Winograd FFT 算法成功构造后,就可以按照下面 3 个步骤来计算 Winograd FFT。

> **定理 7-3**　Winograd FFT 算法
>
> (1)计算前置加法 A_1 和 A_2;
>
> (2)根据矩阵 $B_1 \otimes B_2$ 计算 $M_1 M_2$ 次乘法;
>
> (3)根据 C_1 和 C_2 计算后置加法。

接下来看一个示例,详细地了解一下长度为 12 的 Winograd FFT 的构造。

【**例 7-6**】　长度为 12 的 Winograd FFT。要构造 Winograd FFT,我们要根据定理 7-2 计算变换中需要使用的矩阵。对于 $N_1 = 3$ 和 $N_2 = 4$,就可以得到下面的矩阵:

$$A_1 \otimes A_2 = \begin{bmatrix} 1 & 1 & 1 \\ 0 & 1 & 1 \\ 0 & 1 & -1 \end{bmatrix} \otimes \begin{bmatrix} 1 & 1 & 1 & 1 \\ 1 & -1 & 1 & -1 \\ 1 & 0 & -1 & 0 \\ 0 & 1 & 0 & -1 \end{bmatrix} \tag{7-34}$$

$$B_1 \otimes B_2 = \mathrm{diag}(1, -3/2, \sqrt{3}/2) \otimes \mathrm{diag}(1,1,1,-i) \tag{7-35}$$

$$C_1 \otimes C_2 = \begin{bmatrix} 1 & 0 & 0 \\ 1 & 1 & i \\ 1 & 1 & -i \end{bmatrix} \otimes \begin{bmatrix} 1 & 0 & 0 & 0 \\ 0 & 1 & 0 & 0 \\ 1 & 0 & -1 & 0 \\ 0 & 0 & 0 & -1 \end{bmatrix} \tag{7-36}$$

根据式(7-34)合并这些矩阵,得到 Winograd FFT 算法。输入加法和输出加法不需要乘法器就可以实现,实数乘法的总数是 $2 \times 3 \times 4 = 24$。

到目前为止,已经用 Winograd FFT 计算了 IDFT。如果要借助 IDFT 计算 DFT,就可以采用式(6-6)中用到的技术,并借助 DFT 计算 IDFT。利用矩阵/向量表示就是

$$\boldsymbol{x}^* = (\boldsymbol{W}_N^* \boldsymbol{X})^* \tag{7-37}$$

$$\boldsymbol{x}^* = \boldsymbol{W}_N \boldsymbol{X}^* \tag{7-38}$$

如果 $\boldsymbol{W}_N = [e^{2\pi jnk/N}]$(其中 $n、k \in Z_N$)是 DFT,DFT 就可以用 IDFT 按如下步骤计算:计算输入序列的共轭复数,用 IDFT 算法转换该序列,计算输出序列的共轭复数。也可以采用 Kronecker 乘积算法,也就是 Winograd FFT,直接计算 DFT。生成一个平滑修正的输出索引映射,如例 7-7 所示。

【例 7-7】 用 Kronecker 乘积公式计算 12 点 DFT。

$$
\begin{bmatrix} X[0] \\ X[3] \\ X[6] \\ X[9] \\ X[4] \\ X[7] \\ X[10] \\ X[1] \\ X[8] \\ X[11] \\ X[2] \\ X[5] \end{bmatrix}
=
\begin{bmatrix} W_{12}^0 & W_{12}^0 & W_{12}^0 \\ W_{12}^0 & W_{12}^4 & W_{12}^8 \\ W_{12}^0 & W_{12}^8 & W_{12}^4 \end{bmatrix}
\otimes
\begin{bmatrix} W_{12}^0 & W_{12}^0 & W_{12}^0 & W_{12}^0 \\ W_{12}^0 & W_{12}^3 & W_{12}^6 & W_{12}^9 \\ W_{12}^0 & W_{12}^6 & W_{12}^0 & W_{12}^6 \\ W_{12}^0 & W_{12}^9 & W_{12}^6 & W_{12}^3 \end{bmatrix}
\begin{bmatrix} X[0] \\ X[9] \\ X[6] \\ X[3] \\ X[4] \\ X[1] \\ X[10] \\ X[7] \\ X[8] \\ X[5] \\ X[2] \\ X[11] \end{bmatrix}
\tag{7-39}
$$

输入序列 $x[n]$ 可以看成是 Good-Thomas 映射所使用的顺序,在 $X(k)$ 的(频率)输出索引映射中,与 Good-Thomas 映射相比,其中的第一个和第三个元素交换了位置。

4. DFT 和 FFT 算法的比较

很明显,目前已经有许多途径可以实现 DFT。现在就从图 6-1 给出的算法中选定一种短 DFT 算法开始介绍。而且短 DFT 可以用 Cooley-Tukey FFT、Good-Thomas FFT 或 Winograd FFT 提供的索引模式来开发长 DFT。选择实现方式的共同目标就是将乘法的复杂性降到最低。这是一种可行的准则,因为乘法的实现成本与其他运算(如加法、数据访问或索引计算)相比较要高得多。

本章给出了几种形式的 $N = 4 \times 3 = 12$ 点 FFT 的设计。表 7-6 给出了直接算法、Rader 质因子算法,以及用于基本 DFT 模块和 3 种分别称为 Good-Thomas、Cooley-Tukey 和 Winograd FFT 的不同索引映射的 Winograd FFT 算法。

表 7 – 6   不同索引映射的 **Winograd FFT** 算法

DFT 方法	索引映射		
	Good – Thomas	Cooley – Tukey	Winograd
直接算法	$4 \times 12^2 = 4 \times 144 = 576$	$4 \times 12^2 = 4 \times 144 = 576$	$4 \times 12^2 = 4 \times 144 = 576$
Rader 质因子算法	$4(3(4-1)^2 + 4(3-1)^2) = 172$	$4(43+6) = 196$	—
DFT 模块	$3 \times 0 \times 2 + 4 \times 2 \times 2 = 16$	$16 + 4 \times 6 = 40$	$2 \times 3 \times 4 = 24$

除了乘法的次数以外,还需要考虑其他的约束条件,如可能的变换长度、加法的次数、计算索引的系统开销、系数或数据存储器大小和运行时代码的长度。在许多情况下,Cooley – Tukey 方法提供了最佳总体解决方案,长度 $N = \prod N_k$ 的 FFT 算法的重要性质见表 7 – 7。

表 7 – 7   长度 $N = \prod N_k$ 的 **FFT 算法的重要性质**

性质	Cooley – Tukey	Good – Thomas	Winograd
任意变换长度	是	否,$\gcd(N_R, N_l) = 1$	否,$\gcd(N_k, N_l) = 1$
W 的最大阶数	N	$\max(N_k)$	$\max(N_k)$
是否需要旋转因子	是	否	否
乘法	差	中	最佳
加法	中	中	中
索引计算量	最佳	中	差
原地数据	是	是	否
实现的优点	小规模蝶形处理器	可以使用 RPFA、快速、简单的 FIR 阵列	小规模的完全并行、中等规模 FFT(<50)

表 7 – 8 总结了已经公布的一些 FPGA FFT 实现。Goslin 的设计基于基 2 FFT,其中蝶形部分采用第 2 章讨论的分布式算法实现。

目前 FPGA 所达到的复杂性已经超过 1M 个门,FFT 完全可以集成在单片 FPGA 中。由于这样的 FFT 模块设计是劳动密集型的,因此通常使用大批商用的"知识产权"(intellectual property, IP)模块(有时候也称作虚拟元件(virtual component, VC))更有意义。

表 7 – 8   一些 **FPGA FFT 实现的比较**

名称	数据类型	FFT 类型	N 点 FFT 的时间	时钟速率 P	内部 RAM/ROM	设计目标/源
Xilinx FPGA	8 位	基 = 2 FFT	$N = 256$ 102.4 μs	70 MHz 4.8 W@3.3 V	否	573 个 CLB

表 7 - 8(续)

名称	数据类型	FFT 类型	N 点 FFT 的时间	时钟速率 P	内部 RAM/ROM	设计目标/源
Xilinx FPGA	16 位	AFT	$N = 256$ 82.48 μs 42.08 μs	50 MHz 15.6 W@3.3 V 29.5 W	否	2 602 个 CLB 4 922 个 CLB
Xilinx FPGA ERNS – NTT	12.7 位	使用 FFT NTT	N = 97 9.24 μs	26 MHz 3.5 W@3.3 V	否	1 178 个 CLB

7.2　与傅里叶相关的其他变换

离散余弦变换(discrete cosine transform，DCT)和离散正弦变换(discrete sine transform，DST)虽然不是 DFT，但可以用 DFT 计算它们。不过 DCT 和 DST 不能直接通过乘以变换的频谱和逆变换来计算快速卷积，也就是卷积定理不成立，因此 DCT 和 DST 不像 FFT 一样得到广泛的应用，但是在图像压缩等一些应用领域中，DCT 非常流行(因为它们与 Kahunen - Loevé 变换非常接近)。然而，由于 DCT 和 DST 是根据正弦和余弦"核函数"定义的，且与 DFT 有着密切的关系，因此将在本章加以介绍。首先讨论 DCT 和 DST 的定义和性质，然后给出实现 DCT 类似 FFT 的快速算法。所有的 DCT 都遵循如下变换模式：

$$X[k] = \sum_n x[n] C_N^{n,k} \leftrightarrow x[n] = \sum_k X[k] C_N^{n,k} \qquad (7-40)$$

该模式是由 Wang 观察到的。四种不同 DCT 实例的核函数 $C_N^{n,k}$ 分别由如下形式进行定义。

(1) DCT - Ⅰ : $C_N^{n,k} = \sqrt{2/N} c[n] c[k] \cos\left(nk \dfrac{\pi}{N}\right)$　$n,k = 0,1,\cdots,N$

(2) DCT - Ⅱ : $C_N^{n,k} = \sqrt{2/N} c[k] \cos\left(k\left(n+\dfrac{1}{2}\right)\dfrac{\pi}{N}\right)$　$n,k = 0,1,\cdots,N-1$

(3) DCT - Ⅲ : $C_N^{n,k} = \sqrt{2/N} c[n] \cos\left(n\left(k+\dfrac{1}{2}\right)\dfrac{\pi}{N}\right)$　$n,k = 0,1,\cdots,N-1$

(4) DCT - Ⅳ : $C_N^{n,k} = \sqrt{2/N} \cos\left(\left(k+\dfrac{1}{2}\right)\left(n+\dfrac{1}{2}\right)\dfrac{\pi}{N}\right)$　$n,k = 0,1,\cdots,N-1$

其中除了 $c[0] = 1/\sqrt{2}$ 外，$c[m] = 1$。虽然 DST 具有相同的结构，但是余弦项均由正弦项代替。DCT 的性质如下：

(1) 采用余弦基的 DCT 实现函数；

(2) 所有的变换均是正交的，也就是 $CC^t = k[n]I$；

(3) 与 DFT 不同的是，DCT 是一个实变换；

(4) DCT - Ⅰ 是其本身的逆矩阵；

（5）DCT - Ⅱ是 DCT - Ⅲ的逆矩阵，反之也成立；

（6）DCT - Ⅳ是其本身的逆矩阵，类型Ⅳ是对称的，也就是 $C = C^t$；

（7）DCT 的卷积性质与 DFT 中的卷积乘法关系不一样；

（8）DCT 是 Kahunen - Loevé 变换（KLT）的一种近似。

DCT - Ⅱ的二维 8 × 8 变换在图像压缩（也就是，视频 H. 261、H. 263 及 MPEG 标准和静态图像的 JPG 标准）中经常用到。由二维变换转化为一维变换，因此要计算二维 DCT 可以先计算行变换再计算列变换，反之也可以。这样就可以只集中考虑一维变换的实现。

1. 利用 DFT 计算 DCT

Narasimha 和 Peterson 引入了一种描述如何在 DFT 的帮助下计算 DCT 的模式。因为可以利用各种 FFT 类型的算法，所以 DCT 到 DFT 的映射非常具有吸引力。由于 DCT - Ⅱ最为常用，因此将进一步探讨 DFT 与 DCT - Ⅱ之间的关系。为了简化表示方法，这里就省略了缩放操作，因为这一步骤可以包括在 DFT 或 FFT 计算的末尾。假定变换长度是偶数，用下面的置换：

$$y[n] = x[2n] \text{ 和 } y[N - n - 1] = x[2n + 1]，\text{其中 } n = 0, 1, \cdots, \frac{N}{2} - 1$$

重写 DCT - Ⅱ变换：

$$X[k] = \sum_{n=0}^{N-1} x[n] \cos\left(k\left(n + \frac{1}{2}\right)\frac{\pi}{N}\right) \tag{7-41}$$

然后得到

$$X[k] = \sum_{n=0}^{\frac{N}{2}-1} y[n] \cos\left(k\left(2n + \frac{1}{2}\right)\frac{\pi}{N}\right) + \sum_{n=0}^{N/2-1} y[N - n - 1] \cos\left(k\left(2n + \frac{3}{2}\right)\frac{\pi}{N}\right)$$

$$X[k] = \sum_n y[n] \cos\left(k\left(2n + \frac{1}{2}\right)\frac{\pi}{N}\right) \tag{7-42}$$

如果现在计算用 $Y[k]$ 表示的 $y[n]$ 的 DFT，就可以看到

$$X[k] = R(W_{4N}Y[k]) = \cos\left(\frac{k\pi}{2N}\right)R(Y[k]) - \sin\left(\frac{k\pi}{2N}\right)I(Y[k]) \tag{7-43}$$

这就很容易转换成 C 或 MATLAB 程序，借助 DFT 或 FFT 就可以计算 DCT。

2. 快速直接 DCT 实现

DCT 的对称属性已经被 Byeong Lee 用来构造类似 FFT 的 DCT 算法。由于其与基 2 Cooley - Tukey FFT 的相似性，因此最终的算法称为快速 DCT 或简称 FCT。换句话说，就是快速 DCT 算法可以用矩阵结构开发。因为 DCT 是正交变换，所以可以通过转置逆 DCT（IDCT）得到 DCT。在式（7 - 40）中引入的 IDCT - Ⅱ型为

$$x[n] = \sum_{k=0}^{N-1} \tilde{X}[k] C_N^{n,k}, \quad n = 0, 1, \cdots, N - 1 \tag{7-44}$$

注意，$\tilde{X}[k] = c[k]X[k]$。将 $x[n]$ 分解成偶数部分和奇数部分，可以看到，$x[n]$ 可以由两个 $N/2$ DCT 重构，也就是

$$G[k] = \tilde{X}[2k] \tag{7-45}$$

$$H[k] = \tilde{X}[2k + 1] + \tilde{X}[2k - 1] \quad K = 0, 1, \cdots, \frac{N}{2} - 1 \tag{7-46}$$

在时域中,有

$$g[n] = \sum_{k=0}^{\frac{N}{2}-1} G[k] C_{\frac{N}{2}}^{n,k} \qquad (7-47)$$

$$h[n] = \sum_{k=0}^{\frac{N}{2}-1} H[k] C_{\frac{N}{2}}^{n,k} \quad k = 0,1,\cdots,\frac{N}{2}-1 \qquad (7-48)$$

重构的形式变成

$$x[n] = g[n] + \frac{1}{(2C_N^{n,k}) h[n]} \qquad (7-49)$$

$$x[N-1-n] = g[n] - \frac{1}{(2C_N^{n,k}) h[n]} \quad n = 0,1,\cdots,\frac{N}{2}-1 \qquad (7-50)$$

重复这一过程就可以进一步分解 DCT。图 7-2 的基 2 FFT 旋转因子与式(7-47)比较表明,除法对 FCT 似乎是必要的。因此,旋转因子 $1/(2C_N^{n,k})$ 就应该预先被计算出来并存储在表中。这样的制表方法对于 Coolry-Tukey FFT 也适合,因为在线计算三角函数一般非常耗时间。接下来用一个示例来说明。

【例 7-8】 对于 8 点 FCT,式(7-45)至式(7-50)就变成

$$g[k] = \tilde{X}[2k] \qquad (7-51)$$

$$H[k] = \tilde{X}[2k+1] + \tilde{X}[2k-1] \quad k = 0,1,2,3 \qquad (7-52)$$

在时域中就有

$$g[n] = \sum_{k=0}^{3} G[k] C_4^{n,k} \qquad (7-53)$$

$$h[n] = \sum_{k=0}^{3} H[k] C_4^{n,k} \quad k = 0,1,2,3 \qquad (7-54)$$

这样,重构就变成

$$x[n] = g[n] + \frac{1}{(2C_8^{n,k}) h[n]} \qquad (7-55)$$

$$x[N-1-n] = g[n] - \frac{1}{(2C_8^{n,k}) h[n]} \quad n = 0,1,2,3 \qquad (7-56)$$

式(7-51)和式(7-52)构成了图 7-7 中流程图的第一级,而式(7-55)和式(7-56)构成了流程图的最后一级。

在图 7-7 中,应用的输入序列 $\hat{X}[k]$ 是位逆序的。输出序列 $x[n]$ 的顺序按下面的方式生成:由集合(0,1)开始通过增加一个前缀 0 和 1 形成新的集合。当前缀是 1 时,前面模式中所有的位都是颠倒的。例如,从序列 10 得到两个子序列 010 和 1$\overline{10}$。图 7-8 给出了这种模式的图解。

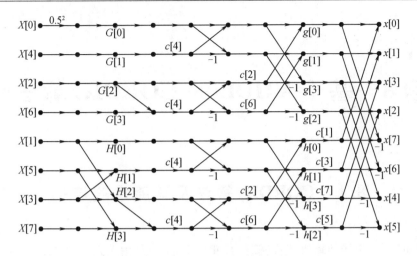

图 7 - 7　8 点 FCT 流程图

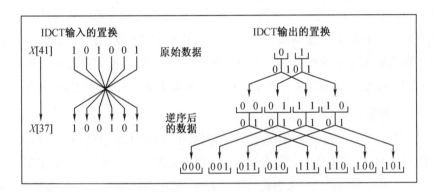

图 7 - 8　8 点 FCT 模式的图解

专题 8　基于 VHDL 的 CORDIC 算法应用

8.1　CORDIC 算法及其流水线结构

CORDIC 坐标旋转计算机算法(简称 CORDIC 算法)是由 Volder 在 1959 年设计美国航空控制系统时提出来的,是一种运用循环迭代计算来实现正弦、余弦等数学函数值的方法。从广义上讲,CORDIC 算法是一种数值计算逼近的方法。它的计算原理是将一组固定的与循环迭代次数有关的角度通过不断地进行正反偏转来实现偏转角度之和来不断逼近目标角度。这一系列固定角度的数值取决于计算的基数,而固定角度的符号则是通过与目标角度比较得到的。这些固定角度通过简单的移位和加减来完成对目标角度的逼近。

1. CORDIC 算法基本原理

CORDIC 算法是一种将硬件资源的消耗减到最小,通过加减、移位和比较等运算来控制旋转的角度与方向,从而实现初等函数的计算方法。如图 8 – 1 所示,假设存在一个原始矢量 $(x_1, y_1) = (r\cos \alpha, r\sin \alpha)$,不考虑旋转正负方向,将它进行角度为 θ_1 的旋转,可以得到一个新的矢量 $(x_2, y_2) = (r\cos(\alpha + \theta_1), r\sin(\alpha + \theta_1))$,则有

$$\begin{cases} x_2 = r\cos(\alpha + \theta_1) = r(\cos \alpha\cos \theta_1 - \sin \alpha\sin \theta_1) = x_1\cos \theta_1 - y_1\sin \theta_1 \\ y_2 = r\sin(\alpha + \theta_1) = r(\sin \alpha\cos \theta_1 + \cos \alpha\sin \theta_1) = y_1\cos \theta_1 + x_1\sin \theta_1 \end{cases} \tag{8-1}$$

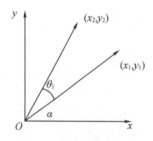

图 8 – 1　CORDIC 算法原理图

将式(8 – 1)化简成矩阵形式如下:

$$\begin{bmatrix} x_2 \\ y_2 \end{bmatrix} = \begin{bmatrix} \cos \theta_1 & -\sin \theta_1 \\ \sin \theta_1 & \cos \theta_1 \end{bmatrix} \cdot \begin{bmatrix} x_1 \\ y_1 \end{bmatrix} = \cos \theta_1 \begin{bmatrix} 1 & -\tan \theta_1 \\ \tan \theta_1 & 1 \end{bmatrix} \cdot \begin{bmatrix} x_1 \\ y_1 \end{bmatrix} \tag{8-2}$$

这就是矢量旋转坐标变换的通用迭代公式。

由此可知,用一个迭代过程实现了一个角度为 θ_1 的旋转。现要通过 CORDIC 算法实现旋转角度 θ。先将旋转角度 θ 分解成若干个微旋转角（$\theta = \theta_1 + \theta_2 + \theta_3 + \cdots + \theta_i$）,可知第 i 次旋转的角度为 θ_i,由式(8-2)有

$$\begin{bmatrix} x_{i+1} \\ y_{i+1} \end{bmatrix} = \begin{bmatrix} \cos\theta_i & -\sin\theta_i \\ \sin\theta_i & \cos\theta_i \end{bmatrix} \cdot \begin{bmatrix} x_i \\ y_i \end{bmatrix} = \cos\theta_i \begin{bmatrix} 1 & -\tan\theta_i \\ \tan\theta_i & 1 \end{bmatrix} \cdot \begin{bmatrix} x_i \\ y_i \end{bmatrix} \tag{8-3}$$

将 $\cos\theta_i$ 从矩阵内提出来以后,总的乘法次数由 4 次减为 3 次。

进一步,如果限制 $\tan\theta_i = \pm 2^{-i}$（$i$ 足够大时）,则可以将 $\tan\theta_i$ 乘积项的乘法操作变为二进制码移位操作,式(8-3)将只有一个乘积项 $\cos\theta_i$。同时,通过 $\tan\theta_i = \pm 2^{-i}$ 可以推出 θ_i 为

$$\theta_i = S_i \cdot \arctan 2^{-i}, S_i = \{-1, +1\} \tag{8-4}$$

算法中需要旋转的总角度 θ 就等于整个算法经过旋转迭代的固定角度之和:

$$\theta = \sum_{i=0}^{\infty} \theta_i = \sum_{i=0}^{\infty} S_i \cdot \arctan 2^{-i} \tag{8-5}$$

将 $\tan\theta_i = \pm 2^{-i}$ 代入式(8-3)得到

$$\begin{bmatrix} x_{i+1} \\ y_{i+1} \end{bmatrix} = \cos\theta_i \begin{bmatrix} 1 & -S_i 2^{-i} \\ S_i 2^{-i} & 1 \end{bmatrix} \cdot \begin{bmatrix} x_i \\ y_i \end{bmatrix} \tag{8-6}$$

从式(8-6)中可以看出,除了 $\cos\theta_i$ 系数以外,CORDIC 算法只需要对 x_i、y_i 进行简单的移位和相加减操作即可完成式(8-6)。事实上,$\cos\theta_i$ 可以提前进行计算得到结果。联系式(8-4),考虑到

$$\begin{cases} \cos\theta_i = \cos(S_i \cdot \arctan 2^{-i}) = \cos(\arctan 2^{-i}) \\ \cos\theta_i = \dfrac{1}{\sqrt{1 + \tan^2\theta_i}} \end{cases} \tag{8-7}$$

得到 $\cos\theta_i = \dfrac{1}{\sqrt{1 + 2^{-2i}}}$,当 $i \to \infty$,即经过无穷次迭代旋转后,系数 $\cos\theta_i$ 项趋向于一个常数:

$$k = \frac{1}{P} = \prod_{i=0}^{\infty} \cos\theta_i = \prod_{i=0}^{\infty} \frac{1}{\sqrt{1 + 2^{-2i}}} \approx 0.607\,252\,935 \tag{8-8}$$

P 称为 CORDIC 算法的旋转增益。P 会随着次数 i 的不断增大而不断地逼近 1.646 76,那么 k 就会相应地不断逼近 0.607 25。但是实际的 CORDIC 算法不可能迭代无穷次,i 也不可能取值无穷大,这时肯定会有误差产生。因此,实际算法中的增益与迭代次数 i 有如下关系:

$$p = \prod_i \sqrt{1 + 2^{-2i}}$$

由于随着 i 的不断增大,k 不断地趋向于一个常数,因此可以在迭代的过程中将乘积项 $\cos\theta_i$ 视为固定值而暂时忽略,迭代的最后再乘入 k 值。所以迭代式(8-6)提出乘积项 $\cos\theta_i$,就有

$$\begin{bmatrix} x_{i-1} \\ y_{i-1} \end{bmatrix} = \begin{bmatrix} 1 & -S_i 2^{-i} \\ S_i 2^{-i} & 1 \end{bmatrix} \cdot \begin{bmatrix} x_i \\ y_i \end{bmatrix} \tag{8-9}$$

得到了式(8-9)迭代关系,现引入代表尚未旋转的角度 z 这个新变量,z 与旋转角度具有如下关系:

$$z_{i+1} = \theta - \sum_{k=0}^{i} \theta_k = z_i - S_i \arctan 2^{-i} \tag{8-10}$$

式(8-10)即为总角度 θ 减去前 i 次旋转角度总和,或者经过第 i 次旋转后未旋转角度减去第 i 次旋转角度。

将式(8-9)和式(8-10)综合得到以下迭代方程组:

$$\begin{cases} x_{i+1} = x_i - S_i 2^{-i} y_i \\ y_{i+1} = y_i + S_i 2^{-i} x_i \\ z_{i+1} = z_i - S_i \arctan 2^{-i} \end{cases} \tag{8-11}$$

在旋转模式下:

$$S_i = \begin{cases} -1, & z_i < 0 \\ 1, & z_i \geqslant 0 \end{cases} \tag{8-12}$$

每次旋转的方向为 $S_i = \text{sign}(z_i)$,即由 z_i 的符号位来决定。当 $S_i = 1$ 时,逆时针旋转,当 $S_i = -1$ 时,顺时针旋转。得到结果:

$$\begin{cases} x_i = P(x_0 \cos z_0 - y_0 \sin z_0) \\ y_i = P(x_0 \sin z_0 + y_0 \cos z_0) \\ z_i \to 0 \end{cases} \tag{8-13}$$

当 $z_i \to 0$ 时,表明算法的迭代旋转已经旋转到了目标角度。当给定的初始输入数据为 $x_0 = k = \dfrac{1}{P}, y_0 = 0, z_0 = \theta$ 时,经过 i 次迭代结果为

$$\begin{cases} x_i = \cos \theta \\ y_i = \sin \theta \\ z_i \to 0 \end{cases} \tag{8-14}$$

在矢量模式下:

$$S_i = \begin{cases} -1, & x_i < 0 \\ +1, & x_i \geqslant 0 \end{cases} \tag{8-15}$$

得到结果:

$$\begin{cases} x_i = P \sqrt{x_0^2 + y_0^2} \\ y_i = 0 \\ z_i = z_0 + \arctan(y_0 / x_0) \end{cases} \tag{8-16}$$

矢量模式是将输入矢量通过循环迭代旋转至与 x 轴重合。

2. CORDIC 算法基本结构

CORDIC 算法根据基本结构的不同而使实现的方法各有差异。根据设计的需要,在速度与资源之间进行折中。对于本次课程设计所应用的旋转模式,有两种典型的适合于

FPGA 实现的结构。

(1)循环迭代结构

CORDIC 算法的循环迭代结构如图 8 - 2 所示,它是通过 CORDIC 方程直接转换而来的。

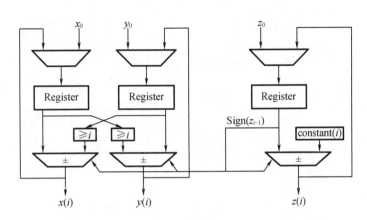

图 8 - 2 CORDIC 算法的循环迭代结构

CORDIC 循环迭代结构如图 8 - 2 所示,初始值 x_0、y_0 和 z_0 同时经过一个多路选择器送到寄存器中,然后在 x 和 y 寄存器的数据送至移位器的同时,也送至加减法寄存器中与对应的另一个移位器输出数据进行加减运算处理,选择加或减的运算由 z 寄存器输出数据的符号来决定。运算后的数据再重新被送回相应的多路选择器中,重新开始新一轮的运算过程。z 寄存器输出数据送至加减法寄存器,数据将与查找表内存储的以旋转次数为基数的固定角度相加减,运算后的数据重返多路选择器。随着迭代次数的增多,移位器中 i(移位的位数)也不断增大,查找表内的固定旋转角度集也要相应地增多。因此,对于迭代的次数、符号的判断等都需要状态机进行控制,但这将会导致系统运行速度的减慢。

(2)流水线迭代结构

CORDIC 算法的流水线迭代结构如图 8 - 3 所示,每一次的迭代过程分别执行,不再进行循环控制,从而实现了各级迭代可在同一周期内同时工作,提高了系统的工作效率。每一级迭代中有固定的移位器进行移位工作,以旋转次数为基数的固定角度作为常数输入至加减法寄存器进行加减运算处理,不再需要查找表结构的存储及读取数据的时间。在硬件上,CORDIC 算法的流水线结构只需要加减法运算与寄存器便可很容易实现。

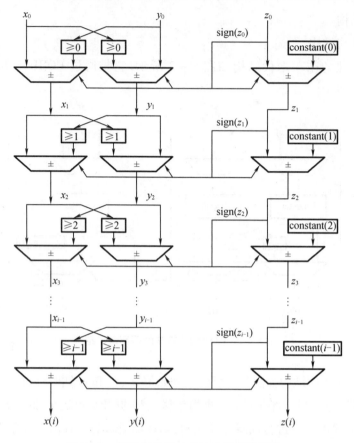

图 8-3　CORDIC 算法的流水线迭代结构

8.2　基于 CORDIC 算法的 DDS 信号发生器

　　传统的直接数字频率合成器(direct digital frequency synthesis，DDS)采用 ROM 查找表来实现相位到波形幅值的转换。查找表中存放的波形数据的分辨率决定了输出信号的频谱纯度，因此要提高分辨率就需要更大容量的 ROM，而 ROM 容量的增大必然导致整个系统的功耗增加、可靠性降低、速度降低及成本增加。而 CORDIC 算法仅需要通过一组简单的移位相加操作就可以完成正、余弦函数的计算，且易于硬件实现。采用这种算法实现相位到幅值的转换，较之 ROM 查找表的实现方式，有其自身的优势。

　　本专题介绍了基于 CORDIC 算法的流水线并行结构的 DDS，替代了传统的查找表结构，实现了高速与高精度，硬件实现简单的 DDS。

1. DDS 基本原理

　　DDS 直接数字频率合成技术是从相位的概念出发来研究信号的结构与合成规则。以正弦波为例，虽然它的幅度不是线性的，但是它的相位却是线性增加的。DDS 正是利用了这一特点来产生正弦信号。DDS 的基本原理是利用采样定理，通过查表法产生波形。在时钟作用下,周期增加相位,读出正弦表中的正弦幅度值,经数模(D/A)转换器转换成模拟波形。

典型的 DDS 系统结构如图 8 - 4 所示,这种结构可以分为四个部分:相位累加器、波形存储器和 D/A 转换器及低通滤波器,两个输入端为频率控制字 K 和参考时钟频率 f_c。

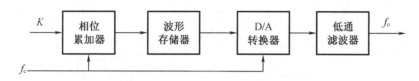

图 8 - 4　典型的 DDS 系统结构图

相位累加器等同于一个简单的加法器,每当出现一个时钟脉冲,加法器就将频率控制字与相位寄存器输出的累加相位数据相加,然后把相加后的结果送至相位累加器的数据输入端,以使累加器在下一个时钟的作用下继续将数据与频率控制字相加,从而在稳定的参考时钟下完成线性相位的累加。当相位累加器累加满量程时,就会产生一次溢出,完成一个周期性的动作,这个周期就是合成信号的一个周期,此溢出频率等同于 DDS 的合成信号频率。相位累加器是 DDS 最基本的组成部分,相位累加器的位数 N 与时钟频率 f_c 共同决定了 DDS 输出频率的精度。

波形存储器也叫作正弦查找表,DDS 查找表 ROM 中存储的数据都是以相位为地址,每一个相位地址所对应的数据是二进制表示的正弦波幅值,用相位累加器输出的数据作为波形存储器的相位取样地址,这样就可把存储在波形存储器内的波形抽样值(二进制编码)经查找表查出,完成相位到幅值转换。

D/A 转换器用于将从 ROM 查找表中得到的数字量形式的正弦波幅度信号转换为所要求的合成频率模拟量形式的正弦阶梯信号。这里 D/A 转换器的分辨率应与 DDS 输出的数字量位数量一致。D/A 转换器的位数越高,分辨率也就越高,那么合成模拟信号的精度就越高,并且 D/A 转换器的工作时钟应该与 DDS 的相位累加器的工作时钟一致或者更快,这样才能保证一个量化值输出能够及时地转换为相应的模拟信号。

低通滤波器的作用是对输出的正弦阶梯波进行平滑处理,滤除 D/A 转换输出的不需要的频谱,从而使得到的输出模拟正弦波更加纯净。通过对 D/A 转换器的输出信号进行频谱分析,可以知道频谱分量不仅包含主频 f_o,还包含在 $nf_c \pm f_o, n = 1, 2, 3 \cdots$ 处的频率分量。

2. 仿真实验结果分析

利用 Matlab 软件对传统 DDS 查找表结构及流水线 CORDIC 算法 DDS 输出频谱进行的仿真,绘出两者的输出频谱,将二者做出比较。

图 8 - 5 是使用流水线 CORDIC 算法时的输出频谱。对输出序列 $S(n)$ 进行 2 的 20 次方的 DFT,使用 $S(n)$ 的离散傅里叶变换的单边功率谱。图上绘出的是各个频率点相对于输出频率的功率幅度,图中设定输出频率的功率为 1,使用分贝作为单位。图中的横坐标是相对频率,设定参考时钟频率 200 MHz 为单位 1。

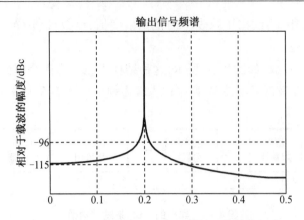

图 8-5 使用流水线 CORDIC 算法时的输出频谱

图 8-6 是使用传统 DDS 查找表结构的输出频谱。该频谱,同样是对输出序列进行 2 的 20 次方的 DFT,取其单边谱,横、纵坐标的取法同上。

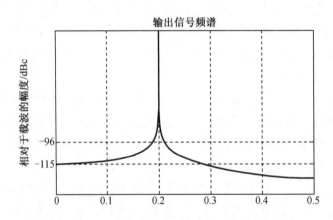

图 8-6 使用传统 DDS 查找表结构的输出频谱

从上述仿真图可以看出,最大杂散出现在 0.2 MHz 位置,使用流水线 CORDIC 算法时所得到的杂散性不弱于使用传统 DDS 查找表,并且底部噪声差别不大。

针对本书的 DDS 系统结构,编写 VHDL 代码,在 Quartus Ⅱ 9.0 软件环境下编译生成硬件算法模块。并利用 Modelsim-altera 6.4 软件进行了功能仿真,通过改变频率控制字来控制输出信号的频率,仿真波形如图 8-7 所示。从仿真结果可见,这种基于 CORDIC 算法的流水型 DDS 是可行的,可以产生特性较好的波形。

对频率控制字为 25 时产生的波形进行误差分析,流水线 CORDIC 仿真对照见表 8-1。误差不超过 5×10^{-4},精度相当高。由 DDS 原理可知,信号的输出频率为 $f_o = f_c / 2^N \times K$,这里信号频率 $f_c = 100$ MHz,N 为相位累加器位数。频率控制字 K,可以得到所需要频率的信号。

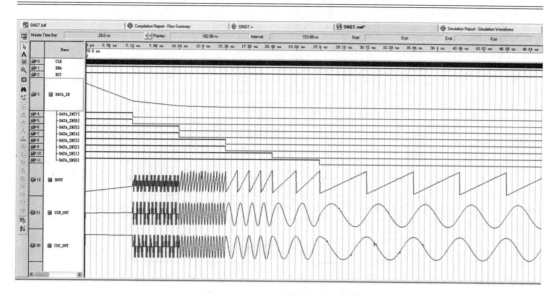

图 8-7　仿真波形图

表 8-1　流水线 CORDIC 仿真对照表

输入角度/(°)	10	20	30	40	50	60	70	80
理论正弦值	0.173 6	0.342 0	0.500 0	0.642 8	0.766 0	0.866 0	0.939 7	0.984 8
仿真正弦值	0.173 2	0.342 4	0.499 9	0.642 3	0.766 3	0.865 9	0.939 9	0.984 8
正弦误差值	0.000 4	0.000 4	0.000 1	0.000 5	0.000 3	0.000 1	0.000 2	0.000 0

　　为了提高运算速度,可以采用流水线结构。流水线处理是高速设计中的一个常用设计手段。如果某个设计的处理流程分为若干步骤,而且整个数据处理是"单流向"的,即没有反馈或者迭代运算,前一个步骤的输出是下一个步骤的输入,则可以考虑采用流水线设计方法提高系统的工作频率。流水线设计的结构示意图如图 8-8 所示:

图 8-8　流水线设计的结构示意图

　　流水线基本结构是将适当划分的 n 个操作步骤单流向串联起来。流水线操作的最大特点和要求是,数据流在各个步骤的处理,从时间上看是连续的。如果将每个操作步骤简化,假设为通过一个 D 触发器(就是用寄存器打一个节拍),那么流水线操作就类似一个移位寄存器组,数据流依次流经 D 触发器,完成每个步骤的操作。流水线设计时序示意图如

图 8 - 9 所示。

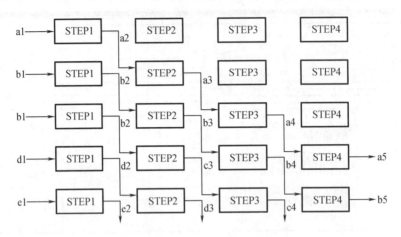

图 8 - 9　流水线设计时序示意图

流水线结构充分利用了硬件内部的并行性,增加了数据处理能力。这种流水线作业是在几个步骤中执行运算的功能单元的序列。每个功能单元接受输入,生成的输出则是缓冲器存储的输出。在流水线作业中,一级的输出变成下一级的输入,从而使所有各级的输入输出都是并行运行的,这种配置可以很大程度上提高运算速度。

实现流水线结构的方法很简单,只要在每个运算部件(包括乘法器和加减法器)的输出,以及系统的输入输出之间加上寄存器缓存即可,利用流水线技术的 CORDIC 迭代实现框图如图 8 - 10 所示,该图所描述的是 CORDIC 的第 i 次迭代。

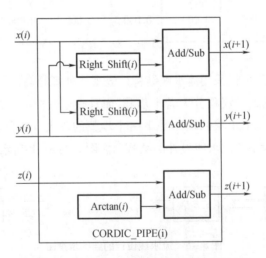

图 8 - 10　CORDIC 第 i 次迭代实现框图

在 Quartus Ⅱ 开发环境中,使用基于查找表和基于 CORDIC 算法实现 DDS 的方法设计实现一个相同指标要求的 DDS 系统,并进行性能指标分析。本设计的 DDS 的相位累加器位数为 32 位,正弦值量化位数为 8 位。使用两种方法实现的 DDS,其正弦值输出精度对比如图 8 - 11 所示。

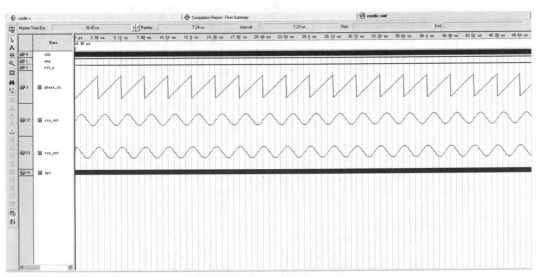

(a)基于CORDIC算法的DDS

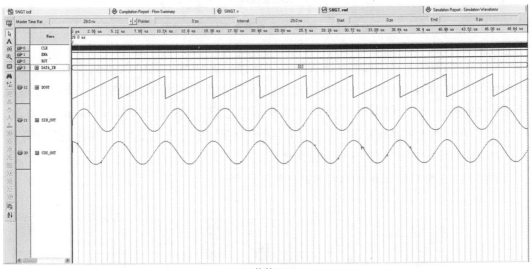

(b)传统DDS

图 8 - 11　正弦值输出精度对比图

在图 8 - 11 中,图 8 - 11(a)为基于 CORDIC 算法的 DDS 生成的正弦波,图 8 - 11(b)为传统 DDS 生成的正弦波,仔细观察可以发现传统 DDS 生成的正弦波有若干的毛刺状杂波出现,而基于 CORDIC 算法的 DDS 生成的正弦波这种干扰很轻微,几乎不可见。

利用 Altera 公司 Cyclone Ⅱ 系列 EP2C8Q208C8 的 FPGA 芯片,实现基于 CORDIC 算法的 DDS,本书提出的流水线优化算法和传统 DDS 的资源消耗情况对比如图 8 - 12 所示。

```
Total logic elements                 109 / 8,256 ( 1 % )
    Total combinational functions     73 / 8,256 ( < 1 % )
    Dedicated logic registers         86 / 8,256 ( 1 % )
Total registers                       86
Total pins                            35 / 138 ( 25 % )
Total virtual pins                    0
Total memory bits                     0 / 165,888 ( 0 % )
Embedded Multiplier 9-bit elements    0 / 36 ( 0 % )
Total PLLs                            0 / 2 ( 0 % )
```

(a)基于 CORDIC 算法的 DDS

```
Total logic elements                 222 / 8,256 ( 3 % )
    Total combinational functions    202 / 8,256 ( 2 % )
    Dedicated logic registers        147 / 8,256 ( 2 % )
Total registers                      147
Total pins                            19 / 138 ( 14 % )
Total virtual pins                    0
Total memory bits                     2,048 / 165,888 ( 1 % )
Embedded Multiplier 9-bit elements    0 / 36 ( 0 % )
Total PLLs                            0 / 2 ( 0 % )
```

(b)传统 DDS

图 8 – 12 两种 DDS 资源消耗情况比较图

可以看出,使用本书提出的算法实现的 DDS 比传统 DDS 不仅在 Register 方面减少了大约 41% 的资源,而且在 Logic Elements 方面也减少了约 51% 的资源,这是因为在减少角度和幅度量化的同时,也就相应地减少了加/减法器的位宽,也就会减少 Logic Elements 资源。值得注意的是,基于流水线 CORDIC 算法的 DDS 的存储单元占用量为零,相比于基于正弦查找表结构的传统 DDS,这是其显著的优势。

下图 8 – 13 为两种 DDS 的运行延时比较图。

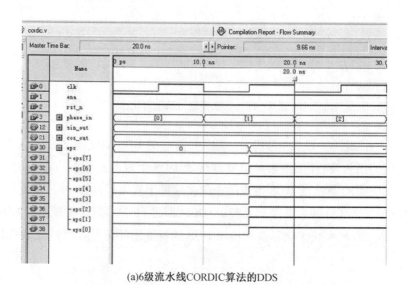

(a)6 级流水线 CORDIC 算法的 DDS

图 8 – 13 两种 DDS 的运行时延对比图

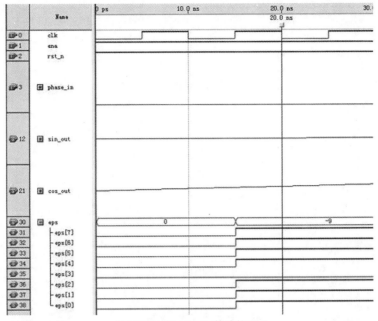

(b)3级流水线CORDIC算法的DDS

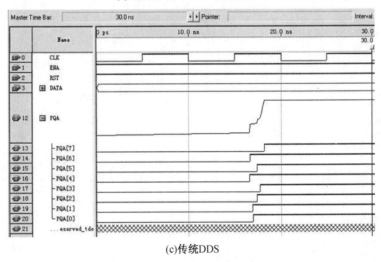

(c)传统DDS

图 8 – 13(续)

　　从图 8 – 13 中可以看出,传统 DDS 方法当输出平稳时第一个时钟上升沿处于 25 ns 位置,而基于流水线 CORDIC 算法的 DDS 的第一个时钟上升沿处于 15 ns 的位置,这说明改进方法的时延要小于传统方法。

　　从仿真结果可见,这种基于流水线 CORDIC 算法的 DDS 是可行的,可以产生特性较好的波形,同时可以较好地解决原来在使用的 ROM 查找表时的输出信号频谱纯度与功耗、可靠性、成本之间的矛盾。如果能进一步减小 CORDIC 的流水线结构的关键路径延,以及减小误差,这种方法将会被更广泛地应用到直接频率综合器的设计中。

第三版块 EDA 技术在科技创新中的应用

　　本版块主要介绍 EDA 技术在实际科技创新项目中的应用。在介绍具体应用之前,专题 9 特别介绍了近年来本书编者在期刊及国际会议上发表的两篇关于研究生科技创新能力培养的研究文章,以使读者掌握科技创新的一般方法和途径。在此基础上,分五个专题介绍了 EDA 技术在信息与通信工程学科实际科研创新课题中的应用,所有课题均来源于课程组实际科研项目及研究生实践课程科技创新项目,希望能为读者在 EDA 技术应用及科技创新工作方面提供一定的帮助。

专题 9　研究生科技创新能力培养

9.1　科研创新能力三要素及研究生创新人才培养的途径

科研创新能力关系着国家和民族的前途和命运,创新人才培养是世界各国都非常重视的基本国策。长期的科研与教学实践表明,影响科研创新能力的诸多因素中存在三个基本要素(三要素):系统性思维能力、创造性思维能力和实践能力。下面详细阐述了科研创新能力三要素的内涵和其对科研创新活动所产生的影响,并且评估其对科研创新活动的贡献。在此基础上分析了针对科研创新能力三要素展开研究生创新人才培养的方法和途径,从培养模式、课程体系和教学科研模式三方面进行了探索。

当前,国家之间的竞争更多地表现在人才培养质量的竞争上,人才培养质量的核心评价指标是创新能力,缺乏创新能力的人不能算作高质量人才。科研创新能力培养是高等学校创新人才培养的核心任务。影响人才取得科研创新成果的因素有很多,归根结底是两个因素:环境因素与个人能力。因此,高等学校在努力提高创新人才,特别是具有研究生学历的创新人才的培养质量时,必须从环境因素建设和个人创新能力培养两个方面进行。人才自身的科研创新能力受到其知识水平、人生观、价值观、团队合作精神和行动力等多方面因素的影响。而对于具有研究生学历的高水平人才,一般认为其具有充足的知识储备、积极进取的人生观价值观,具备合作精神并且有足够的行动力,然而这类人才并非都是创新人才,很多人并未取得与其学习经历相称的创新性成果。通过多年教学科研实践我们发现,具有研究生学历人才的科研创新能力主要决定于以下三个因素:系统性思维能力、创造性思维能力和实践能力。

1. 科研创新能力三要素的内涵

(1)系统性思维能力的内涵

系统性思维能力是一种运用系统理论及成果来创造新概念、新思路、新事物、发现问题和解决问题的能力。用系统性思维思考解决某一问题时,并不是把其当成一个孤立的问题来处理,而是将其放在一个关联的系统里进行观察与分析。从本质上说,系统性思维是思考者以系统的观点,从整体与部分、部分与部分、整体与环境的相互联系与相互作用的关系中,综合地进行分析、考察和认识事物的思维方法。

系统性思维能极大地简化人们对事物的认知,给我们带来整体观,并能揭示事物的本质属性。

（2）创造性思维能力的内涵

创造性思维是创造想象与现实目标的结合,能够将抽象思维(逻辑性强)和灵感思维(发散性、跳跃性强)和谐地统一起来。创造性思维是思维本体主动产生的具有创见性的思维,通过这种思维,不但能够揭示客观世界的本质属性和内在规律,而且可以在此基础上产生奇特的、新颖的、具有社会意义和价值的思维成果,拓展人类知识的新领域。从广义来说,创造性思维是指有创见、有新意的思维活动,人人都具有这种能力;而狭义的创造性思维则是指创造、发明、提出新的假说、创造新的理论、创建新的概念、创立新的技术等思维活动,其目的主要是探索未知和解决实际疑难问题,这种创造性思维并不是人人都有的,只有少数创新型人才具备。

（3）实践能力的内涵

实践能力是保证个体能够顺利运用已有知识、技能去解决实际问题所必须具备的那些生理和心理特征。人们通常意义上把实践能力等同于"动手"能力。这是对实践概念和词义的误解,没有理解实践的根本特征:解决现实中的问题。实践能力是个体在生活和工作中解决实际问题所必需的生理、心理素质条件,是个体生活、工作所必不可少的。特别是在科研活动中,实践能力是取得高水平科研成果的实力保证。

2. 科研创新能力三要素对科研创新的影响

（1）系统性思维能力对科研创新的影响

系统性思维的主要特点包括整体性、结构性、目的性、动态性。这些思维特质从多方面深刻地影响着科研创新活动的过程和结果。

整体性:客观事物的整体性决定了系统思维方式的整体性。整体性是系统性思维的基本属性,贯穿于系统思维活动的始终,并最终表现在这种思维的成果中。整体性建立在整体与局部的辩证性的逻辑关系基础上,整体与局部存在特定的密切联系而不可分割。完整全面的了解事物及其所在的系统,才能提出有价值的科学或者技术问题,这是科研创新活动的基础。思维的整体性对于科研创新极其重要,往往能够开创重要的学科研究方向。举例来说,在无线通信领域中,随着通信体制的不断出现和发展,学者们从无线通信整体系统的角度开始思考如何解决多通信体制的互联互通问题,提出了软件无线电技术;有的学者从无线通信系统日益紧张的频谱资源的分配角度思考,提出了认知无线电技术,二者成为近二十年来无线通信领域的热门研究方向。

结构性:系统性思维的结构性主要是指将结构理论(隶属于系统科学)用作思维方式的指导,强调从结构的角度认知系统的整体功能,根据整体系统的组成结构现状提出可行的优化系统结构方案,是提出和解决科技问题的重要途径。举例来说,苹果手机的硬件配置比同类产品略低,但其软件运行速度却明显高于同类竞争产品,原因在于其强大的结构性优化能力,将软件系统与硬件平台结构进行完美地对接,使得其运行效率获得了优化;当年米格 25 战斗机的零部件配置也低于同代的竞争对手,但俄国强大的结构性优化能力使其获得了超过所有同代战斗机的卓越作战性能。

目的性:每个系统都有其特征,能够完成某种特定的功能,并且其所包含的各要素、子系统及分系统之间能够既协同又制约地达到系统的目的。在了解了系统的功能行为和结构的基础上,提出对其某项功能的优化是科技创新的重要途径。举例来说,误码率指标是无线通信系统的重要技术指标,无线通信中信道编码的提出是为了在复杂信道环境下降低系统误码率,保证通信质量;多用户检测、干扰对齐的提出是为了抑制系统的多用户干扰,优化误码率指标。

动态性:我们的世界在不断地发展和变化,科技创新活动必须符合时代和学科发展的大趋势,这就体现了系统思维的动态性特点。按照易经的观点,我们必须与时消息,与时偕行,与时俱进,必须用发展的眼光去搞创新才能取得有价值的科技创新成果。举例来说,IPV 6 技术的提出就是学者预测网络全球化趋势不可阻挡,为解决原有 IPV 4 无法满足庞大的用户数量需求而推出的新技术。智能手机的推出也是高瞻远瞩地预测了市场需求而研发的新产品。

通过以上对系统性思维特点的分析,我们可以得出这样一个结论:系统性思维是科研创新的基础,通过系统思维我们可以提出有价值的科学技术问题,提出并选准研究方向,使科研创新活动跟上社会时代的发展。可以断言,一个没有系统性思维的人是不太可能取得有价值创新性科研成果的。

(2)创造性思维能力对科研创新中的影响

创造性思维的主要特点包括思维的求实性、批判性、连贯性、灵活性。这些特质是科技创新思维的灵魂。

求实性:发明和创造均源自于发展的需求,经济社会发展的需求、物质文明与精神文明的进步需求是一切发明创造的根源和动力。创造性思维的求实性集中体现在敏锐地察觉社会需求和发展的趋势,抓住人类的理想与现实之间的落差,并针对其开展发明创造。创造性思维的求实性往往能够与系统性思维的整体性、结构性、动态性、目的性有机结合,使人们发现并提出有价值的科学技术问题或者研究方向。这方面的例子不胜枚举,例如手提电脑、移动电话的发明都是为了满足人的实际应用需求。

批判性:大羹必有淡味,至宝必有瑕秽,大简必有不好,良工必有不巧。创造性思维的批判性体现在敢于怀疑,勇于否定,善于重新审视自己和公众原有的认知和判断,包括所谓的"权威论断",发现其中的谬误并创立新的观点、学说和理论。法国大作家巴尔扎克曾说过:"打开一切科学的钥匙都毫无异议的是问号。"批判性思维是人类追求科学真理的最主要途径,与系统性思维和求实性思维结合,有助于提出具有重要价值的科学问题,这类问题往往是开创性的,能够开启新的学科领域,是高水平科研创新成果的重要摇篮。万有引力定律与相对论的发现,宇宙大爆炸学说的提出,都是科学家勇敢批判前辈大师的谬误而提出的影响人类对客观世界的认知,并在人类科学史上具有里程碑意义的创新成果。

连贯性:业精于勤荒于嬉,行成于思毁于随。一个日常勤于思考的人,他的思考力就强,思维具有深度,也易于激发创造思维、激活潜意识,进而产生灵感。创造性思维的连贯性特点使得人们通过不断思考而不断发现新问题,创造新技术,获得解决问题的新思路,是人们不断取得科研创新成果的有力保证。托马斯·爱迪生一生获得了 1 039 项发明专利,这个纪录至今无人打破。

灵活性:灵活性是创造性思维的核心特质。在具体解决科学技术问题的过程中,人们往往遇到各种各样的困难,创造性思维具有广阔的思路,善于全方位、多侧面、多角度进行思考,如果思路遇阻,则不拘泥于原有模式,善于灵活改变思路,从新的角度去思考,随机应变地寻找适合时宜的解决问题的办法。同时,创造性思维的灵活性体现在其善于寻优,提出优化方案,能够富有成效地解决问题。由此可见,思维的灵活性对于解决科技创新问题时的技术方案来源起到重要支撑作用,往往一个重要科技问题的解决,其方案要数易其稿才能最终实现。

(3)实践能力对于科研创新的影响

科技创新活动的主体可以分为三个阶段:发现问题或者提出问题阶段、实施方案或者研究方案的设计与论证阶段和具体科学研究或者技术实现阶段。其中,后两个阶段往往存在循环和反馈,一种方案选定后,在具体研究实施过程中证明该方案不可行,则需要重新选择研究方案和技术路线,并重新展开科学研究和实验直至最终解决问题,取得创新成果。可以说,提出问题是科技创新成果的灵感源泉,研究方案的设计和论证是科技创新成果的技术途径,而实践能力则是科技创新成果的实现保障。实践能力的强弱直接关系着科学思想、研究方案和技术路线能否正确实施。可想而知,没有强大的实践能力保障,要取得科技创新成果是不可能的。掌握技术原理与具有技术实现能力完全是两回事。举例来说,我国的天体化学家早就设计出了详尽的自主探索月球和火星地质成分的方案,但在我国嫦娥探月工程实施之前,这项研究工作是无法进行的。我国的航天事业的长足发展使得我们获得了"探月"的实践能力,才使得天体化学家们的研究计划得以实现。只有等我们的航天事业发展到具有向火星投送探测器的能力的时候,我们才能实现自主地火星地质探测研究。

综上所述,一切科技创新成果的最终取得,都离不开三个基础环节:提出具有研究价值的科学技术问题、找到科学合理的研究方法或技术路线、正确地执行研究方法和技术路线并最终取得创新成果。系统性思维能力、创造性思维能力和实践能力这三个要素在上述环节中起着决定性的作用,是成功完成以上环节的思想基础和能力保障。

3. 科研创新能力三要素的研究生创新人才培养途径

面向创新人才培养的研究生教育体系建设是学者和高等学校管理者们不断探索的课题。通过以上分析可以得出这样的结论,除去环境因素的影响,科研创新能力三要素是影响人才创新能力的核心因素,因此研究生创新能力的培养应着重在系统性思维能力、创造性思维能力和实践能力的培养上下功夫。研究生教育体系可以概括为三个层次的内容:培养模式、课程体系和教学模式,现就如何在这三项内容中实践科研创新能力三要素的培养进行分析。

(1)培养模式

研究生培养模式是指在一定的研究生教育思想和培养理念指导下,根据研究生培养的规律和社会需求,由若干要素构成的具有某些典型特征,且相对稳定的理论模型和操作式样。其构成要素包括培养主体、培养对象、培养观念、培养目标、培养方式、培养条件和培养评价。要在培养模式中引入科研创新能力三要素概念,应该在培养观念中植入注重人才创新能力培养的观念,在培养目标中强调培养具有科研创新能力的高层次学术型或者应用型人才,在培养方式、培养条件元素中引入专门的科研创新能力培养环节,如科学研究创新学分,在原有课程教育和学位论文两大环节之外设立单独的创新能力培养环节,每个同学必须修满相应的学分后才能毕业。科学研究创新学分获得的途径:提出有研究价值的科技问题、针对有价值科技问题提出科学合理的研究方案和技术路线、通过努力完成某有价值科技问题的研究并取得创新性成果。通过科学研究创新教育环节,着重培养学生发现有价值科学技术问题、找到科学合理解决方案和通过实践取得科技创新成果的能力。研究生培养评价重视对研究生创新能力培养效果的评价,重新设定研究生教育教学评估的评价标准。

(2)课程体系

如前所述,在培养模式中引入专门的科学研究创新教育环节虽然有助于培养人才科技创新能力,但仍不能忽视从创新方法论的角度对学生进行培养,这部分内容体现在课程体系的构建上,需要将系统性思维、创造性思维和实践能力培养有机结合起来。一方面,在研究生课程体系中引入创新思维方法论类课程,结合人类的科学史,以及本学科重大科技发现的发展史来介绍系统性思维、创造性思维的特点和思考方式及其在本学科科技成果中的具体体现。还可以引入 TRIZ、头脑风暴等创新教育课程,教会学生获得创新思路的具体途径。另一方面,改革现行实践类课程教学内容,打破固定的实践项目教学传统,鼓励学生根据学科特点自行提出有价值的研究题目,在教师的指导下找到科学合理的研究方法和技术路线,并通过努力实践最终完成该问题的研究。

(3)教学模式

尽管近年来我国的研究生教育取得了很大的进步,招生规模和毕业生的素质也逐年提高,然而目前我国研究生教育教学模式还存在一些问题,这些问题严重地影响着研究生的培养质量和创新能力的养成。

在当前我国研究生教学中,大部分课程教学仍沿袭采用本科生的"以教师讲授为中心"的模式开展,这种教学模式最大的弊端是产生了教学与科研脱节的问题。

当下我国高校研究生在培养过程中存在着教学与科研严重脱节的问题。教学活动似乎仅仅被定义为传授知识的过程。教学活动注重的是所讲授的科学规律、科学原理和技术手段本身,而对于这些成果是如何被发现和发明的则毫不关心,对于这些知识在科学研究和生产生活中的应用更是极少涉猎。传统教学模式以教师讲授为主,研究生在绝大多数时间内只能听, 机械地记录老师在课堂上所讲授的内容, 这就在客观上形成了传统的本科教学甚至义务教育中以应试教育为主旨的"教师喂多少,学生吃多少, 不喂不吃"的局面。这种教育模式的负面影响已经显现,学生长期疏于主动思考,现在已经极少有学生能够主动提出具有研究价值、学术价值的科技问题了,这严重阻碍了创新人才的培养和高等学校科技创新成果的取得。另外,现行研究生实践课程的实践研究环节往往题目固定,多人一题,题目多年不变,毫无新意,成了本科生课程设计的翻版。由于题目与实际科研项目无关,学生毫无探索的兴趣,参考学长的相关材料即可轻松过关,没有达到实践能力培养的预期目标。上述原因最终造成了教学与科研活动的脱节,一方面,研究生对所学的诸多课程知识的用途不了解,也不会用,缺乏学习热情,学习效果不佳;另一方面,教学活动未能提升和培养学生的科研创新能力,学生展开学位论文研究工作时缺乏必要的科技创新能力,严重影响了学位论文研究的质量和科研创新成果的取得。

俄罗斯科学院副院长阿尔费罗夫院士指出,影响杰出创新人才成长的一个重要因素是教学和科研之间的互动,学生的成长尤其依赖于科学研究。授人以鱼,不如授人以渔,研究生课程教学的目的不仅仅在于传授既有的科学知识,还应教会学生应用所学来发现新的科学规律、科学原理,发明新的技术手段和科技产品,这才是教学的真正意义所在。这就要求必须将研究生教学活动和科研活动紧密结合起来,需要针对课程的特点重新设定教学内容和教学环节。

①针对自然科学基础理论课程,如泛函分析、数值分析、矩阵分析、小波变换理论等,可以通过开放式大作业的形式启发学生应用系统性思维、创造性思维探索这些基础理论在学生所在学科中的新的应用的可能性。作者所在的课题组就受到学生在小波变换课程大作业中应用小波函数设计超宽带波形的创造性思维启发,运用系统性思维重新设计和凝练而开辟了一个全新的科研方向,现已申请科研项目两项,发表高水平论文多篇。可见,自然科学基础理论在各学科中的应用具有广阔的科研创新前景,教师应该注重在教学环节设计中启发学生思考和发现新的科学问题。

②针对学科专业知识类课程,教学内容一定要引入学科最前沿的研究热点,理清课程基础知识与前沿热点之间的关系,引导学生通过系统性思维、创造性思维来思考前沿热点问题新的研究方案,并通过头脑风暴式的课堂讨论的形式发现学生提出的有价值的研究内容和方向,进而指导学生展开研究,取得科研创新成果。近年来,作者在学科专业课程"EDA 技术高级应用"的教学中,选择了 EDA 技术在信息与通信工程学科中的六大应用方向的前沿 SCI 论文成果介绍给学生,并引导学生应用创造性思维中的批判性思考方式发现这些论文成果中的不足并提出改进方法,已成功指导硕士研究生撰写高水平论文成果五篇,申请专利四项。

③针对实践类课程,必须打破现行的固定实验项目的教学模式,鼓励学生通过自主选题、团队协作的形式展开实践项目研究,力争取得创新成果。教师在这类课程教学活动中主要起到三个作用:首先对选题进行把关,题目一定要有创新性,不是前人工作的重复;其次要对研究方案进行把关,力争使其科学合理;最后要对研究和实践过程进行指导,帮助学生解决研究中遇到的各种困难而取得创新成果。

综上所述,系统性思维能力、创造性思维能力和实践能力深刻地影响着人才的科研创新能力和创新科技成果的取得,是创新人才必须具备的"三要素"特质。在高等教育大发展的今天,我国的研究生培养已初具规模,研究生创新人才的培养已成为高等学校的核心任务之一。如今,有必要下大力气从研究生培养模式、课程体系和教学模式上引入创新能力培养环节,针对科研创新三要素能力进行培养,使我国高层次研究生科研创新人才的比例大幅度提高,并不断涌现具有原创能力的拔尖创新科学家和创新团队,推动我国取得更多的原创科学技术创新成果,提高我国的国际科技竞争力,为实现中华民族伟大复兴的中国梦做出贡献。

9.2　PBL 模式在研究生实践类课程中的应用研究

针对研究生教育和教学中存在的问题,以及工科研究生实践类课程教学的特点,结合国际先进的研究生教育教学模式和理念,以及自身教学实践的需要,提出将基于问题的教学模式(problem – base learning,PBL)应用于工科研究生实践类课程中的教学改革模式,着重培养研究生的主动思考能力、自主学习能力,提高研究生动手解决实际科学与工程问题的能力。

1. 引言

近十几年来,我国高等教育事业取得了长足的发展,国家在工科研究生教育和培养方面也取得了很大的成就。大量的优秀工科研究生毕业为国家输送了大量的高层次科学研究和工程技术人才。随着研究生教育改革的深化细化,工科研究生课程建设也进行了有益的改革尝试,将课程划分为学位基础课和实践类课程。工科研究生实践类课程旨在提高研究生的主动思考能力,以及实际动手解决问题的能力。然而,目前很多工科实践类研究生课程仍然沿用传统的课堂教学和教师教授为核心的教学模式,教学效果和教学质量并不乐观。为了提高工科实践类课程的教学效果和教学质量,加强创造性教育,必须注重课程的教学创新改革。本书在分析传统教学模式存在的问题的基础上,通过分析国内外先进教学模式,提出了 PBL 教学模式在工科实践类课程教学中的应用。该模式针对实践类课程本身的特点,从具体工程问题实际需要出发,有针对性地进行教学内容设计,能充分调动研究生的学习自主性和能动性,有利于提高分析问题和解决实际工程问题的能力。

2. 传统模式下实践类课程存在的问题

虽然我国的研究生教育取得了很大的进步,毕业生的各项素质也在逐年提高,但是我国研究生教育还存在较多问题,这些问题严重地影响着研究生的培养质量。在工科实践类课程的研究生教学中,大部分课程教学仍是采用本科生的"以教师讲授为中心"的教学模式进行教学。这种教育模式存在以下弊端。

(1)教学与实践的学时比例矛盾。工科研究生实践类课程历来内容多、学时紧,以往教学过程中,老师往往要在课堂上进行大面积的相关知识讲解,占去大量的学时,使得学生没有时间进行实际实践操作,学生没有获得足够的设计和实验锻炼,违背了实践类课程的设置初衷。同时,学生忙于理解复杂的理论推导过程和相关背景知识,忽视了实际动手解决问题的能力训练,实践课程的动手实践环节往往千篇一律,毫无新意,成了本科生的课程设计的翻版。

(2)传统教学准备环节的缺陷。由于教学环节和实践环节没有很好地结合起来,使得教师在教学准备过程中无法根据学生在实际实践中可能遇到的问题而进行有针对性的教学内容的准备。

(3)灌输式教学的缺陷。传统教学模式以教师讲授为主,研究生在绝大多数时间内只能听,机械地记录老师在课堂上所讲授的内容,这就在客观上形成了传统的本科教学甚至义务教育中以应试教育为主旨的"教师喂多少,学生吃多少,不喂不吃"的局面。这种教育模式不符合研究生的实际情况,无助于培养研究生的自主学习能力和分析实际问题、解决实际的能力。

针对以上工科研究生实践类课程出现的问题,我们提出将 PBL 引入到实践类教学中去,下面介绍一下 PBL 教学模式。

3. PBL 教学模式介绍

PBL 最早起源于 20 世纪 50 年代的医学教育中,现在已成为国际上非常流行的教学方法。它是把学习设置到复杂的、有意义的问题情境中,通过让学习者合作解决真实性问题来学习隐含于问题背后的科学知识,形成解决问题的技能,并形成自主学习的能力。

PBL 强调以问题的解决为中心、多种途径学习方式相整合,而不只是单纯的探索和发现,它同时注重强调学习者之间的交流合作,强调外部支持与引导在探索学习中的作用等。

PBL 强调以学习者的主动学习为主,而不是传统教学中强调的以教师讲授为核心,同时学习者必须要对他们的学习任务负有责任感,要全身心投入到解决问题中。可以说,PBL 是一种培养学习者自主学习知识和提高思维技能的非常有效的方法。

国外很多知名大学都将 PBL 教学模式作为主要教学手段进行实践,并取得了丰硕的成果。综合国外大学在此领域的实践经验,国外大学 PBL 模式的教学环节主要如下。

第一,组织团队。组织研究团队是 PBL 模式的第一步。将学生分成许多团队,每个团队的规模一般从第一学期的 6～8 名学生,到最后一年的 2～3 名学生不等。

第二,问题选择环节。问题的选择是 PBL 的起点,也是一个项目的起点。选择一位学生希望深入研究的问题,或者学生认为有能力去解决的问题,或者在工作中遇到的有兴趣去完成的问题,这是非常重要的。

第三,问题分析环节。对问题的分析是非常重要的环节。通常可以采用"6W"模式对问题进行分析,即通过围绕问题提出:这是一个什么问题(what)、为什么这是一个值得研究的问题(why)、这个问题出现在哪里(where)、这个问题什么时候出现(when)、这个问题针对谁(whom)、这个问题如何对待(how) 6 个问题,从而可以决定这些问题是否成为解决问题的目标。

第四,任务设置环节。在这个环节中,为了能清楚围绕问题能做什么,团队必须将问题设定得更加明确。将问题从不同的方面去阐述,从而可以获得解决问题的方向。

第五,问题锁定环节。在这个环节中,学生团队必须锁定问题。由于时间不足,不可能将所选问题的各方面都涉及,但团队在接下来的项目工作中必须围绕所提出的观点去开展,这个阶段以后,不希望出现新的问题。

第六,提出方案环节。研究团队将围绕所设定的科学问题或者研究任务提出解决的方案。这个阶段中的技术、科学的含量非常高。

第七,方案论证环节。这个环节是将所提出的解决方案进行评定、论证、得出结论。

第八,实施研究环节。这个环节是去执行前面所确定的解决方案。要完成任务,团队必须利用不同的资源来获得帮助。

第九，项目报告。研究项目最终的一个环节。一份报告书对于整个项目来说是非常重要的，因此应该是连贯而清晰的讨论线索，项目实施过程中遇到并解决的科学或者工程问题及心得体会，项目未来可能的研究方向和值得进一步深入研究的问题等。

第十，考核环节。项目完成情况的考试，要求以团队为单位参加考试，由督导教师和其他考官负责，在阅读完团队提交的报告后，随即进行考试。主要包括团队所有成员对项目进行陈述；督导教师和其他考官对以上陈述和报告书的概括评价；针对项目的各方面对每个成员单独进行提问；教师给每个成员独立评分。

4. 工科研究生实践课程的 PBL 模式

针对工科研究生实践课程教学模式出现的问题，借鉴国外大学的先进 PBL 教学模式和经验，我们提出工科研究生实践类课程的 PBL 教学模式，并在《EDA 高级应用》课程中具体实施，具体的实施步骤如下。

第一，公布研究方向。工科实践类课程主要针对某特定工程领域的应用而开设，首先课程组教师根据本领域实际工程应用划分出若干个研究方向，并向学生公布。

第二，自由组织团队。研究生自由选择课程组教师公布的方向，并根据方向选择的情况自由组织研究团队，每个团队 1~3 人。

第三，确定研究问题。组团后的研究生根据课程组教师公布的研究方向，通过资料查询、问题选择、问题分析、问题锁定等环节，提出研究方案；经过团队与课程组教师的研究、讨论和论证，经过修改，最终确定研究问题。同时确定每个成员在项目中负责的具体工作。

第四，相关知识学习与讲解。确定研究问题之后，学生通过各种信息来源学习、研究问题所需要的各种知识。同时，课程组教师根据研究方向，制作每个方向相关基础知识、基本问题、基本技巧和研究方法的教学视频，为学生的研究提供参考。

第五，问题研究过程。本环节是 PBL 中研究学习的主体，学生在此过程中要展开很多实验、计算等科研环节。要完成研究任务，团队成员需要通力合作并从各个可能的渠道获得信息和帮助。

第六，项目验收。在课程的尾声，课程组教师进行项目验收，按照项目研究方案中确定的研究问题，以及相关的技术指标去具体衡量项目的完成情况。

第七，项目报告。研究团队根据项目研究的实际情况必须认真撰写项目报告，详细叙述具体的研究思路和方法，给出具体的实验过程及结果，并对研究结果进行具体分析，得出最终的研究结论。

第八，考核方法。学习的评价是学习和教学过程的一个关键环节，如何评价一个学生的学习成果，建立一套完整的学习评价体系是非常重要的。课程组教师根据项目验收和项目报告中每个学生完成的具体工作情况，具体给出每个同学的分数。

为使 PBL 模式在工科实践类课程《EDA 高级应用》中顺利推广，课程组教师还需要对课程建设进行以下准备。

（1）相关研究方向参考资料汇编。突出实践能力培养，选择 EDA 高级应用可能涉及的各个研究方向，详细介绍 EDA 技术在该方向上面的应用背景，以及一些需要解决的工程或者科学问题。

（2）教学辅助网站设计。为更好与同学进行研究交流，本课程的一个建设重点是教学辅助网站设计。包含在线答疑交流、EDA 技术文献交流、优秀设计展示、教学资源下载、教学视频展示、实践项目设计优秀方案征集等。

（3）相关教学视频制作。本课程重视实践环节培养，相关 EDA 技术的理论和基础知识部分在课堂教学环节相对内容较少，因此采用教学视频制作的方式完成相关基础知识和基本技术的讲解，并将相关视频发布在网上，方便同学查阅学习。

（4）多媒体教学课件。基本理论和基本技术教学环节的多媒体课件建设包括 EDA 技术概论与发展、EDA 软件与硬件、VHDL 语言入门、VHDL 程序设计进介、VHDL 高级程序设计等教学课件。

5. 结论

在高等教育大发展的今天，我国的研究生培养已初具规模。作为工科研究性大学，必须根据学生及学科自身的特点，强调"研究能力"的培养目标。本书分析了工科研究生实践类课程存在的问题，在介绍国外先进的基于问题的教学模式的基础上，提出了详细的 PBL 教学模式在工科实践类课程中的实施方案。该方案的实行，对于培养研究生的学习主动性，加强分析能力和动手解决实际问题的能力，加快研究生教育模式的改革和创新，确实提高研究生的培养质量起到了有益的作用。

专题 10　直接数字频率合成技术的 EDA 实现

10.1　DDS 系统简介及组成

1. 系统简介

DDS 是一种新型频率合成技术,它利用数字方式输出波形的幅度信息,并使用 D/A 给出信号的实际幅度,从而合成所需要的波形。DDS 系统由输出寄存器,高速相位累加器和函数查找表(ROM)组成。在图 10-1 的 DDS 原理结构中,频率控制字 P 控制 DDS 输出正弦波的频率,相位控制字 Q 控制 DDS 输出正弦波的相位。相位累加器是 DDS 系统的核心。当一个时钟脉冲来临时,相位累加器以步长 P 增加,输出进入相位寄存器。随之相位寄存器结果和相位控制字 Q 输出的相加,结果将作为 ROM 的地址。ROM 含有整个周期的波形幅度信息。每个查找表的地址与 0 到 360° 的相位值相对应,从而正弦查找表可以从输入的地址信息映射出波形的数字幅度信息。最后,查询结果会被输入到 D/A 转换器中,有时还需再经过一个低通滤波器,得到所需的模拟信号。

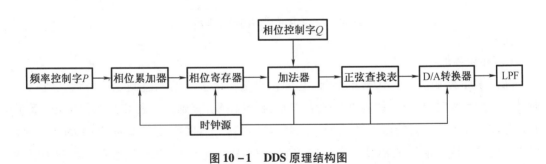

图 10-1　DDS 原理结构图

2. 系统组成

（1）ROM

ROM 是一种只能读出事先存储数据的固态半导体存储器。在 DDS 中,ROM 事先所存的数据为所需的一个周期的波形时间上的采样,每个采样值的幅度都已被数字量化。我们以正弦波为例,如果对单位正弦波进行采样,则一个周期对应 360°,若 ROM 的地址为 8 位,则共有 256 个采样值。若采样值进行 8 位的有符号量化,则每个采样值的幅度量化结果为 $\left[\sin\left(\dfrac{i}{256}\right)\times 2\pi\times 128\right]$。ROM 地址与对应值的二进制表示,见表 10-1;量化结果的图形化表示如图 10 - 2 所示。

表 10 - 1   ROM 地址与对应值的二进制表示

地址	幅度值
00000000	00000000
00000001	00000011
00000010	00000110
......	
11111110	11111010
11111111	11111101

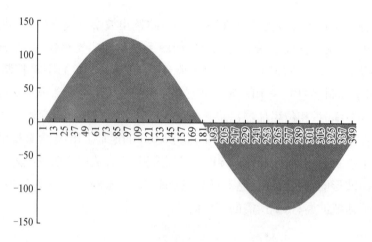

图 10 - 2   量化结果的图形化表示

（2）相位累加器

相位累加器用于产生 ROM 的地址,它的输出是一个多位的二进制无符号数。当一个时钟上升沿到来时,相位累加器以步长 K 增加,循环往复,直到累加器累加结果溢出,重新开始相加。相位累加器的输出结果为一系列等差数列。当这些数字作为 ROM 的地址时,可以等间隔地取出波形的幅度。它的输出对应 ROM 取值序列的图形化表示如图 10 - 3 所示。

（3）频率控制字与相位控制字

频率控制字 P 用于控制相位累加器的累加步长,进而控制所取 ROM 地址的间隔,进一步说就是控制合成波形的频率。P 越大,所取的幅度值之间的相位间隔越大,合成出的频率越高;反之合成出的频率越低。相位控制字 K 用于控制合成波形的起始相位。总的 ROM 地址等于 $n \times P + K$。加入相位控制字的抽样结果的图形化表示如图 10 - 4 所示。

（4）寄存器

DDS 的寄存器包括两个部分:一是相位寄存器,它用于保证相位累加器的输出在一个时钟脉冲周期内保持稳定;二是 ROM 后的输出寄存器,用于保证查找结果在一个时钟周期内保持稳定。

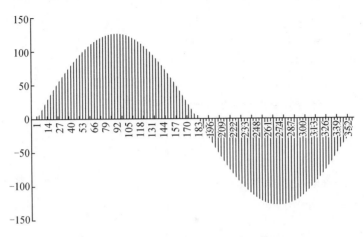

图 10 - 3 ROM 取值序列的图形化表示

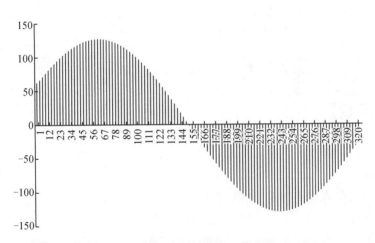

图 10 - 4 加入相位控制字的抽样结果的图形化表示

10.2 VHDL 各模块程序及仿真

1. 相位累加器

相位累加器的 VHDL 代码如下。

```
library ieee;
use ieee.std_logic_1164.all;
use ieee.std_logic_unsigned.all;

entity adder10b is
```

```vhdl
    port(
        p:in std_logic_vector(7 downto 0);          - - Frequency Control Word
        q:in std_logic_vector(7 downto 0);          - - Phase Control Word
        clk:in std_logic;
        en:in std_logic;
        reset:in std_logic;
        dataout:out std_logic_vector(7 downto 0)
    );
end adder10b;

architecture behave of adder10b is
signal temp:std_logic_vector(7 downto 0);
begin
    process(clk, en, reset)
    begin
        if(reset = '1')then
            dataout < = "00000000";
        end if;
        if(en = '1' and rising_edge(clk))then
            temp < = temp + p;
        end if;
        dataout < = temp + q;
    end process;
end behave;
```

相位累加器的仿真结果如图 10 - 5 所示。

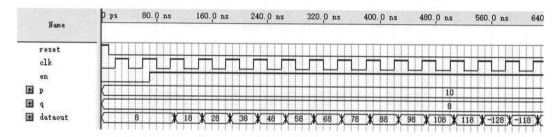

图 10 - 5   相位累加器的仿真结果

由仿真结果可知,重置信号 RESET 为高电平时,输出为初始值 Q;当使能信号 EN 为低电平时,输出值不随时钟信号的来临而自增;当使能信号 EN 为高电平时,每当时钟信号来临时,输出便自增 P。

2. ROM

ROM 的 VHDL 代码如下。

```
library ieee;
use ieee.std_logic_1164.all;
use ieee.std_logic_unsigned.all;

entity rom is
    port(
        clk:in std_logic;
        addr:in std_logic_vector(7 downto 0);
        dataout:out std_logic_vector(7 downto 0)
    );
end rom;

architecture behave of rom is
begin
    process(clk)
    begin
        if(rising_edge(clk))then
            case addr is
                when "00000000" = >dataout < = "00000000";
                when "00000001" = >dataout < = "00000011";
                when "00000010" = >dataout < = "00000110";
                ......
                when "11111110" = >dataout < = "11111010";
                when "11111111" = >dataout < = "11111101";
                when others = >dataout < = "00000000";
            end case;
        end if;
    end process;
end behave;
```

ROM 的仿真结果如图 10 - 6 所示。

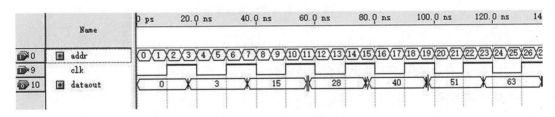

图 10 - 6　ROM 的仿真结果

　　由仿真结果可知,每当时钟信号来临时,ROM 的输出即为当前地址信号 ADDR 对应的幅度值。

3. 寄存器

寄存器的 VHDL 代码如下。

```vhdl
library ieee;
use ieee.std_logic_1164.all;

entity reg10b is
    port(
        clk:in std_logic;
        datain:in std_logic_vector(7 downto 0);
        dataout:out std_logic_vector(7 downto 0)
    );
end reg10b;

architecture behave of reg10b is
begin
    process(clk, datain)
    begin
        if(rising_edge(clk))then
            dataout < = datain;
        end if;
    end process;
end behave;
```

寄存器的仿真结果如图 10 - 7 所示。

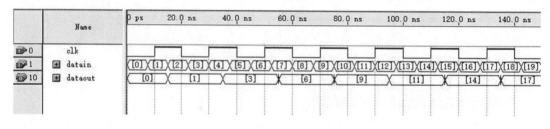

图 10 - 7 寄存器仿真结果

由仿真结果可知,当时钟上升沿来临时,此时的输入信号会被锁存住,并在这个时钟周期内保持不变,有效地保证了输出数据的稳定性。

4. 各模块连接

各个模块在同一时钟源 CLK 的指挥下进行工作,其顶层连接图,如图 10 - 8 所示。其中相位累加器的输入有八位频率控制字 P,八位相位控制字 Q,使能信号 EN 和重置信号 RESET。累加器输出结果由寄存器 REG1 进入到 ROM 查找表中,查出的幅度数据由 REG2 输出。

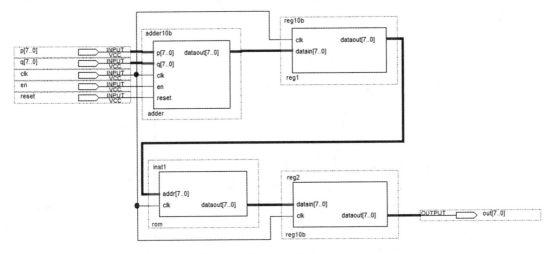

图 10 - 8　各个模块顶层连接图

10.3　整体仿真结果分析

1. Quartus Ⅱ 仿真结果

整个 DDS 系统的 Quartus Ⅱ 仿真结果如图 10 - 9 所示。其中,OUT 信号为输出寄存器的输出信号,此信号将会被输入到 D/A 转换器中得到实际的电压幅值。

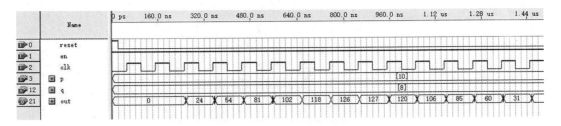

图 10 - 9　Quartus Ⅱ 仿真结果

2. 基于 Matlab 的 D/A 与 LPF 仿真结果

我们将 Quartus Ⅱ 的仿真结果输入到 Matlab 中,使用阶梯函数绘制出来,模拟 D/A 转换的结果,如图 10 - 10 所示。

接着对输出的阶梯函数做快速傅里叶变换,得到如下频谱,如图 10 - 11 所示。由此可以看出,D/A 转换输出的波形中低频分量较高,而高频分量随着频率的升高而逐渐减少。其中频率最高的部分即为所需正弦波的频率。如果滤除其高频分量,保留其低频分量,则可以得到所需的平滑的模拟波形。

图 10 - 12 为 LPF 输出信号波形。其中低通滤波器的截止频率为整个带宽的

20%(0.2)。由此可以看出,波形基本接近平滑的正弦波波形,其频率相对于 D/A 转换出的阶梯函数偏差较小。

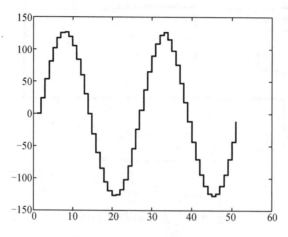

图 10-10　模拟 D/A 转换的结果

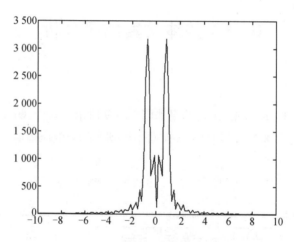

图 10-11　快速傅里叶变换频谱图

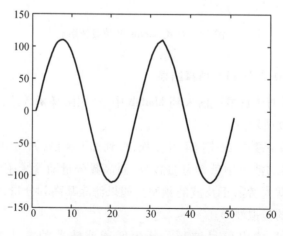

图 10-12　LPF 输出信号波形

　　伴随着电子系统中电路规模的不断扩大,电路的复杂性增加,传统的模拟波形发生系统的设计方法已经远远不能满足大规模集成化生产的需求。此时,直接数字频率合成技术的优点极大地体现出来。本书中提出了用 VHDL 实现数字频率合成器的一种方法并进行了仿真。而在未来如何提高波形的采样精度,如何尽可能地提高波形质量(无失真地产生和获取信号),高速率 D/A 转换器的研制与成本的降低将成为直接数字频率合成技术发展需要着重解决的问题。

专题 11 EDA 在通信工程领域中的应用

本专题主要讨论该通信系统中的多用户检测技术及其 FPGA 实现。首先介绍了多种多用户检测技术,包括最优多用户、解相关、最小均方误差,以及基于码元映射和符号检测的联合多用户检测算法。其中,基于码元映射和符号检测的联合多用户检测算法,通过码元映射函数将匹配滤波输出的码元映射到特征空间,使其在特征空间更容易对正确码元和错误码元进行分类。对码元映射进行门限分类,并且利用映射函数的符号信息进一步检测误码。仿真实验表明,联合多用户检测算法相比于传统线性检测算法,误码率和计算复杂度更低、抗远近效应能力更强、系统容量更大,并且该方法已经逼近最优多用户检测算法的误码率下限。该联合多用户检测算法具有非常大的理论和实际应用价值。本专题在 FPGA 高级开发板上实现了基于码元映射和符号检测的联合多用户检测算法。该算法 FPGA 模块使用了并行运算、流水线等技术,系统速度快、实时性强。同时,本研究提出了基于片上信号源和 SignalTap Ⅱ 的验证方法,以及基于串口的 MATLAB 和 FPGA 联合误码率测试方法,比传统的验证和测试方法更简单有效。

11.1 引　　言

由于码分多址系统(code division multiple access,CDMA)中各个用户伪随机码不完全正交,因此产生了多址干扰(multiple access interference,MAI)。由于功率控制的不完美产生了远近效应(near – far effect,NFE),因此这个问题在 DS – UWB 系统中同样存在。所以本研究将讨论在 DS – UWB 系统中使用多用户检测技术来抑制上述多址干扰。当然,和传统 CD-MA 多用户检测技术有所不同,DS – UWB 系统用户数一般较少,在 5~20 个,实时性要求更高,误码率要求更低,算法复杂度要求更低(能耗和设备复杂度更低)。

当考虑硬件实现时,遗憾地发现各种"性能良好"的多用户检测算法在硬件复杂度和实时性上不够令人满意。它们大都是迭代次数不固定、转移条件复杂、数学函数运算多的人工智能算法。这些智能算法,只适合在 DSP 或 ARM 类处理器中做非实时的运算。考虑到 FPGA 灵活的硬件算法设计能力,强大的乘法器等数字信号处理模块,本研究提出了在 FP-GA 上实现多用户检测算法,利用 FPGA 得天独厚的并行计算和复杂数字信号处理能力,提高多用户检测算法的性能、实时性和硬件可实现性。

DS – UWB 通信链路框图,如图 11 – 1 所示。其中包含了超宽带脉冲波形设计技术,超宽带信号自由空间传输理论,超宽带多址技术,超宽带信号与其他信号共存技术,超宽带信号相干解调与同步技术,超宽带多用户检测技术,等等。本研究针对多用户检测技术的理论和硬件实现进行了研究。

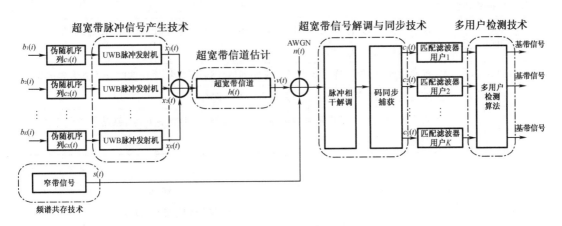

图 11-1　DS-UWB 通信链路框图

1. 多用户检测技术研究现状

多用户检测技术是伴随码分多址通信(CDMA)系统而生的。在最初码分多址系统中,各个用户之间的相互干扰都被当作白噪声来处理。但是,当用户数量增加、远近效应较大时,人们发现 CDMA 系统性能下降明显,于是提出能否将用户之间的干扰当成有用信号,分析处理并最终消除? 这就是多用户检测技术的初衷。1979 年 K Schneider 提出了多用户检测的概念,1986 年,S Verdu 提出了最优多用户检测算法,为多用户检测技术的研究奠定了理论根基。最优多用户检测算法可以达到误码率的下界,逼近单用户的误码率。但是,它的计算复杂度与用户数量呈指数关系,无法应用于用户数量多、实时性要求较高的场合。后来学者陆续提出了多种次优多用户检测算法,以减小计算复杂度。

次优多用户检测算法主要有两类,线性多用户检测法和非线性多用户检测法。线性多用户检测法主要有传统检测法(也称为匹配滤波检测法,matched filter detector,MF/CD)、解相关多用户检测法(DE correlating detector,DEC)、最小均方误差多用户检测法(minimum mean square error,MMSE)、子空间投影多用户检测法,等等。非线性多用户检测法主要有串行干扰消除法(successive interference cancellation,SIC)、并行干扰消除法(parallel interference cancellation, PIC)、自适应滤波多用户检测法、恒模盲多用户检测法、人工智能算法(例如蚁群、鱼群、粒子群)等。多用户检测算法分类如图 11-2 所示。表 11-1 给出了各种 DS-UWB 多用户检测方法优缺点。

表 11-1　各种 DS-UWB 多用户检测方法优缺点

多用户检测算法	特　点
匹配滤波法	检测性能最差,结构最简单,计算复杂度最小,忽略多址干扰或将多址干扰作为加性噪声处理
MMSE	检测性能较好,但需要发送端发送训练序列以估计信道环境,计算量较大

表 11 –1(续)

多用户检测算法	特　点
解相关算法	检测性能较好,但要求各伪随机码互相关矩阵可逆,抗远近效应较好,但是对噪声有放大作用,计算量大
自适应算法	检测性能好,但同样需要发送训练序列估计信道特性,系统实时处理能力要求高
干扰消除法	结构简单,计算复杂度低,但是检测效果不稳定
人工智能算法	将人工智能算法寻优策略应用在多用户检测中,收敛速度快,系统计算复杂度,但检测效果不稳定,实时性差

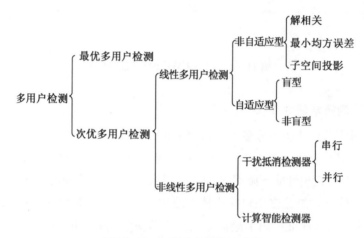

图 11 –2　多用户检测算法分类

2. DS – UWB 多用户检测算法硬件实现的研究现状

阻碍多用户检测技术的商用难点之一是计算复杂度高。多用户检测的硬件花销很有可能大于性能收益。所以,如何折中算法性能和硬件复杂度,是硬件实现多用户检测算法的重要议题;有的文献提出了基于软件无线电的线性多用户检测法的 FPGA 联合 DSP 结构;有的文献在 Xilnx 的 Virtex – II 系列 FPGA 上实现了基于级联自适应滤波器的异步 WC-DMA 系统的多用户检测算法,有的文献在 FPGA 上实现了 SDMA – OFDM 系统的基于遗传算法的多用户检测器,有的文献在 FPGA 上实现了低复杂度的自适应 SIC 多用户检测算法,该设计中大量使用流水线,6 用户 3 级 SIC 检测器,时延仅有 3 ns。

国内也有很多硬件实现的案例,如有的文献提出基于二分坐标下降迭代法的多用户检测方法及其 FPGA 实现。有的文献提出了基于 LMS 的自适应最小均方误差多用户检测器的 FPGA 实现方法。有的文献介绍了近似解相关多用户检测方法,并给出了该算法 FPGA 实现的详细方案。可见学者们实现多用户算法的硬件选择,更青睐于业界最快的数字信号处理器件,那就是 FPGA。

本专题的主要研究内容是 DS – UWB 通信系统的多用户检测算法及其 FPGA 实现。作为一个完整的通信链路,本专题的研究包括如下几个内容。

(1)介绍超宽带的重要技术和特点、DS – UWB 系统的结构、DS – UWB 信号波形的设计和产生、DS – UWB 信号传播模型、多址接入方式的引入及 DS – UWB 接收信号模型等。

（2）研究 DS – UWB 系统多用户检测算法。主要分析最优多用户检测算法、解相关法、最小均方误差法、码元映射法和符号检测的联合等方法的误码率、抗远近效应，系统的容量（多址用户数）等性能。

（3）在 FPGA 上设计了基于码元映射和符号检测的多用户检测方法模块，仿真了 FPGA 各模块的时序等性能。

（4）设计基于片上信号发生器和 SignalTap Ⅱ 的系统验证方法，以及基于串口的 FPGA，MATLAB 联合测试方法。在 FPGA 上测试了各种条件下的大量码元数据，并且进行误码率等指标的统计。

11.2　DS – UWB 通信系统模型

脉冲超宽带，也即是 IR – UWB，采用脉冲作为信号载体。所以，脉冲超宽带不同于传统窄带通信系统，它没有射频、中频等区分，信号没有上下变频，也没有载波调制解调等过程，发射机和接收机硬件设备变得更加简单，这是超宽带技术重要的优势。另外超宽带信号带宽极大，数据传输速率高，这正是空间编队飞行器需要的通信技术。

因此，本节着重介绍 DS – UWB 的基础理论，DS – UWB 信号波形的产生，DS – UWB 信号传播模型，以及 DS – UWB 信号的相干接收方法。

在本节中，我们所研究的 DS – UWB 通信系统用户数量一般在 5 ~ 20 个，如空间编队通信应用，假设无线网络拓扑结构为星型拓扑结构，即集中式网络结构。假设编队飞行器中有一个"主星"，类似于 CDMA 蜂窝系统中的基站。当各卫星通信时，都先向"主星"发送信息，称之为上行链路。"主星"处理并转发或广播给其他飞行器，称之为下行链路。图 11 – 3 展示了空间编队飞行器 DS – UWB 通信系统网络结构框图。

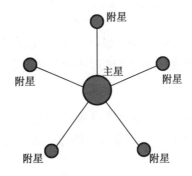

图 11 – 3　空间编队飞行器 DS – UWB 通信系统网络结构框图

1. DS – UWB 信号产生

DS – UWB 的前缀"DS"是指超宽带通信系统的多址接入方式，是直接序列扩频（direct sequence – spread spectrum, DS – SS）数字调制技术与超宽带调制的结合。

发射机 DS - UWB 系统模型框图,如图 11 - 4 所示。首先对信源数据进行编码,成为二进制基带信息比特,然后用伪随机码对基带比特进行编码,用于区分系统中的不同用户,编码后每一个基带信息比特都将表示成一串伪随机码序列,最后脉冲形成器产生超宽带脉冲。编码后的数字信号加载到超宽带脉冲上,通过超宽带天线发射出去。

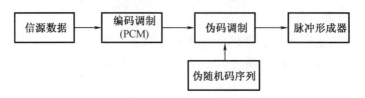

图 11 - 4　发射机 DS - UWB 系统模型框图

发射机 DS - UWB 信号的数学表达式为:

$$s^{(k)}(t) = \sum_{j=-\infty}^{\infty} \sum_{i=0}^{N_s-1} d_j^{(k)} c_i^{(k)} p(t - iT_c - jT_f) \tag{11-1}$$

其中,$d_j^{(k)} \in \{-1, +1\}$ 为第 k 个空间飞行器(即用户 k,以下简称空间飞行器为用户)的基带信息比特。$c_i^{(k)} \in \{-1, +1\}$ 为用户 k 的编码伪随机序列中的第 i 个码片。$\{c_i^{(k)} k = 0, 1, \cdots, N_{s-1}\}$ 为用户 k 的地址码。T_c 为超宽带脉冲波形重复周期,也是扩频码码片的周期。T_f 表示一个基带信息比特的周期,它的倒数就是基带信息速率。N_s 为伪随机序列的码片个数,有 $N_s = T_f/T_c$,每个基带比特用 N_s 个脉冲表示。

在式(11-1)中,$p(t)$ 为超宽带脉冲波形。一般超宽带波形较有代表性的为高斯脉冲族。高斯脉冲族函数主要由高斯函数和它的各阶导函数构成。高斯脉冲族函数易于产生和发射,便于分析和控制,并可以满足 FCC 辐射功率的限制。高斯脉冲族函数产生的波形频带利用率高,广泛使用在超宽带波形设计技术中。

高斯函数为

$$f(t) = \pm \frac{1}{\sqrt{2\pi\sigma^2}} e^{-\frac{t^2}{2\sigma^2}} \tag{11-2}$$

设时间参数 $\alpha = 4\pi\sigma^2$。超宽带波形中 α 一般小于 1 ns,最多为几纳秒。α 一般称为脉冲成型因子。它决定了高斯超宽带波形的时域波形宽度和频谱宽度。

2. 伪随机编码理论

伪随机码(pseudo random code),也称为伪噪声码(pseudo noise code),简写为 PN 码。伪随机码是一类具有高斯白噪声特性的编码。伪随机编码理论是扩频通信和多址系统的核心技术。

根据香农信息论原理,在高斯白噪声干扰的信道中,能最有效地进行可靠传输的最佳信号是具有高斯白噪声的统计特性信号。但是,迄今为止,白噪声信号的产生、复制和加工仍然存在很多困难。人们发现伪噪声序列的统计特性非常近似高斯白噪声。DS - UWB 通信系统和扩频通信系统类似,一般采用 m 序列、Gold 序列和 Kasami 序列等伪随机码。

（1）m 序列

m 序列，也就是最大（最长）周期的 r 级线性移位寄存器序列。m 序列可以通过特定结构的线性反馈移位寄存器产生。r 级线性移位寄存器，如图 11 - 5 所示。r 级线性反馈移位寄存器产生的序列，周期 $N \leqslant 2^r - 1$，当序列的周期等于 $2^r - 1$ 时，该序列就是 m 序列。可以看出，m 序列非常容易产生。

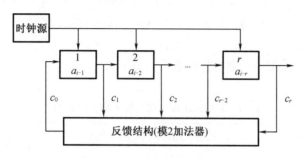

图 11 - 5　r 级线性移位寄存器

一般地，能产生 m 序列的线性反馈移位寄存器结构对应的特征多项式，为本原多项式。m 序列的数量，也就是本原多项式的数量为

$$m_r = \frac{\varphi(2^r - 1)}{r} = \frac{\varphi(N)}{r} \tag{11 - 3}$$

其中，r 为线性反馈移位寄存器的级数。$\varphi(N)$ 为欧拉（Euler）φ 函数，它等于所有小于 N 的正整数中与 N 互素的数的个数。

m 序列的自相关函数为：

$$R_N(m) = \frac{1}{N} \sum_{n=0}^{N-1} c_n c_{n-m} = \begin{cases} 1 & m = 0 \\ -\dfrac{1}{N} & m \neq 0 \end{cases} \tag{11 - 4}$$

从 m 序列的自相关函数可以看出，m 序列有非常好的峰值自相关特性，非常方便同步捕获跟踪。

m 序列的互相关函数满足

$$|R_{ab}(m)|_{max} \leqslant \frac{2^{r-1} - 2u_k}{N} \tag{11 - 5}$$

其中，u_k 为 m 序列的特征多项式的首根的幂指数中的最小数。从互相关函数的最大模值可以看出，m 序列的互相关特性较差，互相关函数多值，没有解析表达式。在异步多址系统中，当用户数较多时，使用 m 序列会造成严重的多址干扰。另外，m 序列的数量很少，例如在 r 等于 8，伪随机序列长为 255 时，m 序列只有 16 组。在多用户系统中，m 序列表现出了它的局限性。但是 m 序列是其他伪随机序列产生的基础，所以它依然值得我们研究。

（2）Gold 序列

1967 年 R Gold 指出：给定线性反馈移位寄存器级数 r，总可以找到一对互相关函数值最小的码序列，采用移位相加的方法构成新码组，其互相关函数的旁瓣都很小，而自相关函数和互相关函数都是有界的，这组码就称作为 Gold 码。

Gold 序列是 m 序列的符合码序列,它由两个码长相等的 m 序列优选对模 2 和得到。改变两个 m 序列优选对的相对位移,就可以得到一个新的 Gold 序列。两个 m 序列优选对共有 $2^r - 1$ 个不同的相对位移,加上 m 序列优选对的 2 个序列,所以一族 Gold 序列的个数为

$$G_r = 2^r + 1 \tag{11-6}$$

可见,Gold 序列比相同长度的 m 序列的个数要多得多。

同一族的 Gold 序列的互相关函数值只有三种取值。其自相关函数的旁瓣也是只有三种可能的取值。不同族之间的互相关函数取值尚无定论,但是它们往往远大于同族内的互相关值。

Gold 码序列三值互相关函数特性如表 11-2 所示。

表 11-2   Gold 码序列三值互相关函数特性

码长 $N = 2^r - 1$	互相关函数值(非归一化)	出现概率
r 为奇数	-1	≈ 0.5
	$-(2^{(r+1)/2}+1)$	≈ 0.5
	$2^{(r+1)/2} - 1$	
r 为偶数,并且不是 4 的倍数	-1	≈ 0.75
	$-(2^{(r+2)/2}+1)$	≈ 0.25
	$2^{(r+2)/2} - 1$	

(3) Kasami 序列

1976 年,Welch 证明了一个伪随机序列族的最大自相关旁瓣值和最大互相关模值的下限为 $\sqrt{N}$(N 为序列族中伪随机序列的周期),这个下限值称为 Welch 下限。1985 年,Simon 和 Omura 等人利用有限域上的迹函数构造二元序列族,设计出了一种最大互相关模值逼近 Welch 下限的伪随机二元序列,称为 Kasami 序列。

Kasami 序列的周期同样为 $2^n - 1$(n 为偶数)。与 Gold 序列类似,Kasami 序列也可以通过 m 序列构造出来。Kasami 序列包含 Kasami 小集合序列和 Kasami 大集合序列,它们有各自不同的构造方法。

Kasami 小集合序列的构造方法如下。

首先,对长度为 $2^n - 1$($n = 0 \pmod 2$)的 m 序列 a 进行 $2^{n/2} + 1$ 的抽取,得到 b。序列 b 的周期为 $2^{n/2} - 1$;

其次,将序列 b 的周期延拓 $2^{n/2} + 1$ 次,则序列 b 的长度为 $2^n - 1$;

再次,对序列 b 进行循环位移,可得到 $2^{n/2} - 1$ 个不同的序列(包括序列 b);

最后,将这 $2^{n/2} - 1$ 个序列与序列 a 进行逐位模二加运算,得到了 $2^{n/2} - 1$ 个新序列,再加上序列 a,就构成了的 Kasami 小集合序列。其序列的个数为 $2^{n/2}$。

Kasami 大集合序列的构造方法比 Kasami 小集合序列的相关方法复杂得多,需要对原始 m 序列进行两次抽样,并且还要构造 Gold 序列和 Gold - like 序列。Kasami 大集合序列的周期同样为 $2^n - 1$($n = 0 \pmod 2$)。

　　若 n 模 4 等于 2，则 Kasami 大集合序列的数量为 $2^{3n/2} + 2^{n/2}$。如果 n 模 4 等于 0，则其数量为 $2^{3n/2} + 2^{n/2} - 1$。由此可以看出，周期相同的大集合序列比小集合序列的个数要多很多。

　　Kasami 小集合序列互相关函数最大模值（非归一化）为 $1 + 2^{n/2}$；Kasami 大集合序列互相关函数最大模值为 $1 + 2^{n/2+1}$。可以推算出 Kasami 序列的互相关函数模值最大值比 Gold 和 m 序列的都要小。从这点上来讲，异步多用户通信系统中的多址干扰，Kasami 序列是最小的。表 11-3 比较了三种伪随机序列的特性。

表 11-3　三种伪随机序列的特性比较

类型	移位寄存器级数 n	周期长度 N	最大互相关模值	数量
m 序列	$n \geqslant 2$	$2^n - 1$	$\leqslant (2^{n-1} - 2u_k)/N$	$\Phi(N)/N$
Gold 序列	$n = 1 (\bmod\ 2)$	$2^n - 1$	$1 + 2^{(n+1)/2}$	$2^n + 1$
	$n = 0 (\bmod\ 2)$	$2^n - 1$	$1 + 2^{(n+2)/2}$	$2^n + 1$
Kasami 小集合序列	$n = 0 (\bmod\ 2)$	$2^n - 1$	$1 + 2^{n/2}$	$2^{n/2}$
Kasami 大集合序列	$n = 2 (\bmod\ 4)$	$2^n - 1$	$1 + 2^{(n+2)/2}$	$2^{3n/2} + 2^{n/2}$
	$n = 0 (\bmod\ 4)$	$2^n - 1$	$1 + 2^{(n+2)/2}$	$2^{3n/2} + 2^{n/2} - 1$

3. 空间编队飞行器 DS - UWB 通信系统信道

　　室内 DS - UWB 信号一般存在多径干扰，信道模型多为瑞利信道。但是，本研究中的空间编队飞行器所处环境为外太空自由空间，几乎没有反射或散射电磁波的物体。另外，空间编队飞行器一般体积较小，即使在飞行器上有反射电磁波，但进入接收机的电磁波也非常小。所以，信道模型为加性高斯白噪声（additional white gaussian noise, AWGN）信道。

　　在自用空间中，电磁波传播损耗模型为

$$S_R(f) = S_T(f) G_t G_r \left(\frac{c}{4\pi df} \right)^2 \tag{11-7}$$

其中，$S_R(f)$ 为接收信号功率谱密度，为频率 f 的函数；$S_T(f)$ 为发射信号功率谱密度。G_t 和 G_r 分别为发射机天线和接收机天线的增益（假设跟频率 f 无关）；c 为光速；d 为接收机天线与发射机天线之间的距离。

　　可知，接收机接收信噪比（signal - to - noise ratio, SNR）为：

$$SNR_R(f) = \frac{S_R(f)}{N_0} = \frac{1}{N_0} S_T(f) G_t G_r \left(\frac{c}{4\pi df} \right)^2 \tag{11-8}$$

其中，$N_0 = k_B T$ 为外太空自由空间 AWGN 信道中噪声的功率谱密度；T 为绝对温度；k_B 为波尔兹曼常数（1.38×10^{-23} J/K）。

　　假设发射信号的功率谱密度为一常数，即 S_T 与频率无关。则：

$$\begin{cases} SNR_R(f) = \dfrac{a^2}{f^2} \\ a^2 = \dfrac{1}{N_0} S_T G_t G_r \left(\dfrac{c}{4\pi d} \right)^2 \end{cases} \tag{11-9}$$

f_h 和 f_l 为 DS - UWB 信号的上下限截止频率。可见接收信号信噪比和频率的平方成反比。接收信号功率为：

$$P_R = \int_{f_1}^{f_h} S_R(f)\,\mathrm{d}f$$

$$= \int_{f_1}^{f_h} S_T G_t G_r \left(\frac{c}{4\pi df}\right)^2 \mathrm{d}f$$

$$= \frac{S_T G_t G_r c^2 (f_h - f_1)}{(4\pi d)^2 f_1 f_h}$$

$$= \frac{P_T G_t G_r c^2}{(4\pi d)^2 f_1 f_h} \tag{11-10}$$

由此可见，可得路径衰减 $L(d)$ 为：

$$L(d) = 10\log\left(\frac{P_T}{P_R}\right) = 10\log\left(\frac{(4\pi d)^2 f_1 f_h}{G_t G_r c^2}\right) \tag{11-11}$$

由此可见，距离越远损耗越大；超宽带信号频率越高损耗也越大。

4. DS – UWB 信号的接收

和其他所有通信系统一样，空间编队飞行器 DS – UWB 通信系统，首先在接收端匹配滤波的接收。在接收信号能量不变的情况下，匹配滤波器可以保证输出信号信噪比最大。其结构如图 11 – 6 所示。

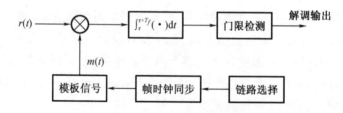

图 11 – 6　DS – UWB 接收机结构图

设系统有 K 个用户，接收机接收信号为

$$r(t) = \sum_{k=1}^{K} \alpha_k \sqrt{P_k} d_i^{(k)} \sum_{j=0}^{N_s-1} c_j^{(k)} p(t - iT_f - jT_c - \tau_k) + n(t), t \in \left[iT_f, (i+1)T_f\right] \tag{11-12}$$

式(11 – 12)中，α_k 为第 k 个用户的信号增益；P_k 为用户 k 发射的信号功率；τ_k 为用户 k 的传播到达时延。用户 $p(p = 1,2,\cdots,K)$ 的匹配滤波模板信号为：

$$m_p(t) = \sum_{j=0}^{N_s-1} c_j^{(p)} p(t - iT_f - jT_c - \tau_p) \tag{11-13}$$

则用户 p 的信号匹配滤波相关器的输出为

$$y_i^{(p)} = \int_{iT_f+\tau_p}^{(i+1)T_f+\tau_p} r(t) m_p(t)\,\mathrm{d}t$$

$$= \alpha_p \sqrt{P_p} E N_s d_i^{(p)} + \sum_K \alpha_k \sqrt{P_k} d_i^{(k)} \sum_{j=0}^{N_s-1} c_j^{(p)} c_j^{(k)} \int_{-\infty}^{\infty} p(t - jT_c - \tau_p) p(t - jT_c - \tau_k)\,\mathrm{d}t + n_p \tag{11-14}$$

式(11 – 14)中,第一项为用户 p 的信息比特的检测结果;第三项为高斯白噪声序列。

第二项为其他用户对用户 p 的干扰,即为多址干扰(MAI)。不同于单用户匹配滤波接收的情况,多用户系统的匹配滤波相关检测器的输出增加了多址干扰项。与白噪声不同,多址干扰并不是随机的,它是可以被检测、估计,最终加以消除的,这也就是多用户检测算法要做的事情。

把第二项多址干扰记为 I_{MAI}。在基带信息比特为二值等概率的条件下,进行简单门限判决。那么,可以求出用户 p 的接收信号误码率为:

$$P_{e,m} = \frac{1}{2}P(y_i < 0 \mid d_i = 1) + \frac{1}{2}P(y_i > 0 \mid d_i = -1)$$

$$= \frac{1}{4}erfc(\frac{\sqrt{E_p}N_s - I_{MAI}}{\sqrt{N_0 N_s E}}) + \frac{1}{4}erfc(\frac{\sqrt{E_p}N_s + I_{MAI}}{\sqrt{N_0 N_s E}}) \qquad (11 – 15)$$

式(11 – 15)中,令 $E = \int_{-\infty}^{\infty} p^2(t - jT_c)\mathrm{d}t$,为脉冲能量。$E_p = \alpha_p^2 P_p E$ 为用户 p 的接收信号单位比特能量。当系统只有一个用户时,I_{MAI} 等于零,式(11 – 15)可以简化为

$$P_{e,s} = \frac{1}{4}erfc(\frac{\sqrt{E_p}N_s - 0}{\sqrt{N_0 N_s E}}) + \frac{1}{4}erfc(\frac{\sqrt{E_p}N_s + 0}{\sqrt{N_0 N_s E}})$$

$$= \frac{1}{2}erfc(\sqrt{\frac{E_p N_s}{N_0}}) = \frac{1}{2}erfc(\sqrt{r}) \qquad (11 – 16)$$

式(11 – 16)中,r 为相关接收机输出信噪比。从式(11 – 15)和式(11 – 16)中可以看出,多用户情况的匹配滤波输出误码率要高于单用户。图 11 – 7 中画出了单用户和多用户在相同接收信噪比的情况下,匹配滤波器输出误码率的示意图。图中阴影部分的面积表示匹配滤波器输出的误码率。

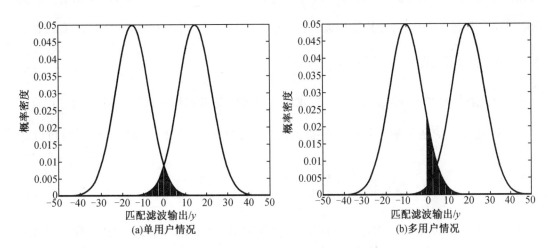

(a)单用户情况　　　(b)多用户情况

图 11 – 7　匹配滤波器输出误码率的示意图

11.3　DS - UWB 系统多用户检测技术

在 11.2 节的讨论中我们知道,因为伪随机码的互相关函数值都达不到理想情况,不能完全正交,所以经过匹配滤波后各个用户之间的信息叠加造成了多址干扰。在空间编队飞行器 DS - UWB 系统中最重要的影响因素就是,高斯白噪声和多址干扰。因此,我们将重点研究多用户检测技术,以消除多址干扰,提高系统性能。

本节将主要介绍几种 DS - UWB 系统中重要的多用户检测方法。最优多用户检测(optimum multiuser detection, OMD)算法,解相关检测法,最小均方误差检测法,以及基于码元映射法和误码识别的联合多用户检测方法。并且讨论它们的误码率、抗多址干扰、系统容量等性能指标。

1. 多用户检测算法模型

在 11.1 节中我们讨论了 DS - UWB 多用户通信系统接收信号模型。接收信号由公式(11 - 17)来表达。其中,第二项为多址干扰项。

$$y_i^{(p)} = \int_{iT_f+\tau_p}^{(i+1)T_f+\tau_p} r(t)m_p(t)\mathrm{d}t$$

$$= \alpha_p \sqrt{P_p} EN_s d_i^{(p)} + \sum_K \alpha_k \sqrt{P_k} d_i^{(k)} \sum_{j=0}^{N_s-1} c_j^{(p)} c_j^{(k)} \int_{-\infty}^{\infty} p(t-jT_c-\tau_p)p(t-jT_c-\tau_k)\mathrm{d}t + n_p$$

$$(11 - 17)$$

由式(11 - 17)中可以看出,多址干扰受到很多因素影响,包括路径衰减、各用户信号能量、伪随机码序列互相关值,各信号到达接收机的时延等。$\sum_{j=0}^{N_s-1} c_j^{(p)} c_j^{(k)}$ 为用户 p 和用户 k 的伪随机序列互相关函数值,也称互相关系数,记作 r_{pk}。并且,当 p,k 相同时,互相关函数值变成自相关函数值,即 $r_{pp} = \sum_{j=0}^{N_s-1} c_j^{(p)} c_j^{(p)} = N_s$。

假设接收机已经完成同步捕获跟踪,我们可以忽略脉冲波形中的 τ。令 $E = \int_{-\infty}^{\infty} p^2(t-jT_c)\mathrm{d}t$,那么 $\alpha_k \sqrt{P_k} E$ 代表了用户 k 在接收端的信号幅度,记作 A_k。则式(11 - 17)可以写成:

$$y_i^{(p)} = A_p r_{pp} d_i^{(p)} + \sum_{\substack{k=1\\k\neq p}}^{K} A_k r_{pk} d_i^{(k)} + n_p = \sum_{k=1}^{K} A_k r_{pk} d_i^{(k)} + n_p \qquad (11 - 18)$$

如果 DS - UWB 通信系统有 K 个用户,那么匹配滤波器组的输出是一组值,我们用向量 y 表示。$y = [y_i^{(1)}, y_i^{(2)}, \cdots, y_{(K)i}]^T$,(11 - 18)可以写成向量形式为:

$$\boldsymbol{y} = \boldsymbol{RAd} + \boldsymbol{n} \qquad (11 - 19)$$

式(11 - 19)中,$\boldsymbol{R} = (r_{ij})_{K\times K}$,为用户伪随机码的相关矩阵;$\boldsymbol{A} = \mathrm{diag}(A_1, A_2, \cdots, A_K)$ 为角矩阵,对角线的元素为接收机各用户的信号幅值;$\boldsymbol{n} = [n_1, n_2, \cdots, n_K]^T$ 为加性高斯白噪声,它

为高斯白噪声经过匹配滤波器后的值。可以证明,n 中的每个元素都满足高斯分布,且有

$$E[n_k] = 0; \quad k = 1,2,\cdots,K \tag{11-20}$$

$$D[n_k] = \frac{1}{2}N_0 E N_s; \quad k = 1,2,\cdots,K \tag{11-21}$$

$$E[n_i n_j] = \frac{1}{2}N_0 E r_{ij}; \quad i,j = 1,2,\cdots,K \tag{11-22}$$

多址干扰体现在相关矩阵 R 中的非对角线元素值的大小。多用户检测技术是在匹配滤波器组的输出后进行的。利用各个用户伪随机码的互相关信息,恢复出各用户的基带信息比特 d,使之接近单用户检测结果。多用户检测器的基本原理框图如图 11-8 所示。

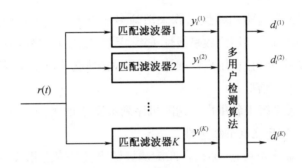

图 11-8   多用户检测技术原理框图

传统检测器,也就是直接在匹配滤波后输出向量 y 判决的检测法,即:

$$\tilde{d} = \text{sgn}(y) \tag{11-23}$$

传统检测器的计算复杂度低,实时性高,比较适用于系统用户容量小、各用户伪随机码正交性较好的情况,但是它的检测性能最差。

2. 最优多用户检测算法

1986 年普林斯顿大学的 S Verdu 教授提出,依据 Bayes 后验概率最大原理,求多用户检测的似然函数的最大值,这就是最优多用户检测法。该算法指出了理论误码率的下界,使用该方法,可以完全消除多址干扰,系统误码率和单用户相同,具体的推导过程如下。似然函数为

$$f[\{r(t),t \in [-MT,MT+2T]\} \mid b] = \exp\left(-\frac{1}{2\sigma^2}\int_{-MT}^{MT+2T}[r(t)-s(t,b)]^2 dt\right) \tag{11-24}$$

式(11-24)中,$s(t,b)$ 为:

$$s(t,b) = \sum_{k=1}^{K}\sum_{li=-M}^{M}A_k b_k[i]p(t-iT) \tag{11-25}$$

$r(t)$ 为多用户 DS-UWB 系统的接收信号。我们需要找到向量 $b = [b_1, b_2, \cdots, b_K]^T$,使得式(11-24)最大。等价为寻找向量 b,使得:

$$f(b) = 2\int_0^T s(t,b)y(t)dt - \int_0^T s^2(t,b)dt = 2b^T Ay - b^T Hb \tag{11-26}$$

最大,这时解调出来的信号 $\boldsymbol{b}$ 的误码率最小。其中,$\boldsymbol{b} = [\, b_1,\ b_2,\cdots,b_K\,]^T, b_k \in \{\, -1,\ +1\,\}$,$\boldsymbol{y} = [\, y_1,\ y_2,\cdots,y_K\,]^T, \boldsymbol{H} = \boldsymbol{ARA}$。

为了求出最大的似然函数值,一种方法是遍历多有信号 $\boldsymbol{b}$ 的组合。也就是说这种方法和用户数是呈指数增长的关系。它的计算复杂度,记作 $O(2^K)$。

最优多用户检测方法的计算量非常庞大,使用该算法的系统实时性差。为了在实际应用中使用多用户检测方法,学者提出了次优多用户检测算法。次优多用户检测算法性能比最优多用户检测算法性能差,但是计算复杂度比最优低。最优多用户检测算法是多用户检测算法的理论下界,对其他次优算法具有指导作用。

3. 线性多用户检测方法

线性多用户检测方法是指用线性运算来消除多址干扰的多用户检测方法。线性多用户检测方法,计算复杂度低,和用户数呈线性关系,是次优多用户检测方法中应用最为普遍的一类检测方法。常用的线性多用户检测法有解相关和最小均方误差多用户检测法。

(1)解相关多用户检测法

多址干扰源于多址系统中各用户的伪随机序列不完全正交。解相关多用户检测法,顾名思义,就是要解除各用户之间的相关性。

假设用户的相关矩阵 $\boldsymbol{R}$ 可逆,那么在匹配滤波输出信号乘上相关矩阵 $\boldsymbol{R}$ 的逆矩阵,即在公式(11 – 19)两端同时左乘 $\boldsymbol{R}^{-1}$,得

$$\boldsymbol{R}^{-1}\boldsymbol{y} = \boldsymbol{R}^{-1}(\boldsymbol{RAd} + \boldsymbol{n}) = \boldsymbol{Ad} + \boldsymbol{R}^{-1}\boldsymbol{n} \tag{11 – 27}$$

经过过零符号检测,解相关多用户检测器的输出判决值为:

$$\tilde{\boldsymbol{d}} = \mathrm{sgn}(\boldsymbol{R}^{-1}\boldsymbol{y}) = \mathrm{sgn}(\boldsymbol{Ad} + \boldsymbol{R}^{-1}\boldsymbol{n}) \tag{11 – 28}$$

解相关多用户检测器的原理框图如图 11 – 9 所示。

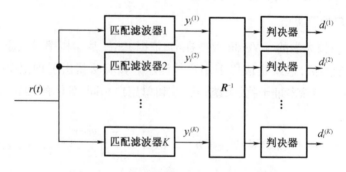

图 11 – 9　解相关多用户检测器的原理框图

由式(11 – 28)可以看出,解相关多用户检测法可以完全消除多址干扰的影响,但是我们发现原来的白噪声也被乘上了相关矩阵 $\boldsymbol{R}$ 的逆矩阵。所以,解相关多用户检测法输出判决向量的误码率只受到改变了的背景噪声影响。由式(11 – 22)可得:

$$E[\, \boldsymbol{nn}^{\mathrm{T}}\,] = \frac{1}{2}N_0 \boldsymbol{ER} \tag{11 – 29}$$

则有

$$E\left[\left(\boldsymbol{R}^{-1}\boldsymbol{n}\right)\left(\boldsymbol{R}^{-1}\boldsymbol{n}\right)^{\mathrm{T}}\right] = \boldsymbol{R}^{-1}E\left[\boldsymbol{n}\boldsymbol{n}^{\mathrm{T}}\right]\left(\boldsymbol{R}^{-1}\right)^{\mathrm{T}} = \frac{1}{2}N_0\boldsymbol{E}\boldsymbol{R}^{-1} \qquad (11-30)$$

设 $\boldsymbol{R}^{-1} = (\tilde{r}_{ij})_{K \times K}$，将式（11-30）写成每个元素的形式。噪声向量 $\boldsymbol{R}^{-1}\boldsymbol{n}$ 的第 k 个元素为 $\tilde{n}_k$，其均值为零。则可得：

$$D[\tilde{n}_k] = \frac{1}{2}N_0\widetilde{Er}_{kk} \qquad (11-31)$$

于是，可以求出当信源为 2 进制等概时，用户 k 信号的解相关多用户检测器输出的误码率为

$$P_{ek} = \frac{1}{2}P(\tilde{d}_k > 0 | d_k = -1) + \frac{1}{2}P(\tilde{d}_k < 0 | d_k = +1) = \frac{1}{2}erfc\left(\sqrt{\frac{E_k}{N_0 E \tilde{r}_{kk}}}\right) \qquad (11-32)$$

不难发现，解相关多用户检测法有以下几个缺点。

①该方法只适用于 $\boldsymbol{R}$ 可逆的情况，但是系统，尤其是异步系统，无法保证 $\boldsymbol{R}$ 一直可逆。一旦相关矩阵 $\boldsymbol{R}$ 不可逆，则该方法将无法工作。

②当用户数较多时，求解相关矩阵 $\boldsymbol{R}$ 的逆矩阵的计算量较大。另外，利用数值方法求解 $\boldsymbol{R}$ 的逆矩阵时，如果 $\boldsymbol{R}$ 的条件数较大，结果误差就较大。

③因为解相关多用户检测法放大了背景高斯白噪声，所以当相关矩阵特性较差时，白噪声被放大的比较明显，系统检测性能下降。

（2）MMSE 多用户检测方法

解相关多用户检测方法只考虑消除多址干扰，忽略了背景噪声的存在。MMSE 多用户检测方法的目的是抑制背景噪声。

MMSE 多用户检测方法的原理是利用线性变换 M，使得原始信号 $\boldsymbol{d}$ 与线性变换后的信号 $M(\boldsymbol{y})$ 的均方误差达到最小。

设 $\boldsymbol{M}$ 为线性变换的变换矩阵。$J(\boldsymbol{M})$ 为均方误差：

$$J(\boldsymbol{M}) = E\left[\|\boldsymbol{d} - \boldsymbol{M}\boldsymbol{y}\|^2\right] \qquad (11-33)$$

矩阵 $\boldsymbol{M}$ 为使得均方误差 $J(\boldsymbol{M})$ 取最小的值，即：

$$\widetilde{\boldsymbol{M}} = \arg\min_{\boldsymbol{M} \in R^{K \times K}}(J(\boldsymbol{M})) = \mathrm{argmin}(E\left[\|\boldsymbol{d} - \boldsymbol{M}\boldsymbol{y}\|^2\right]) \qquad (11-34)$$

对式（11-33）求导，可得：

$$\frac{\mathrm{d}J(\boldsymbol{M})}{\mathrm{d}\boldsymbol{M}} = 2E\left[\boldsymbol{M}(\boldsymbol{R}\boldsymbol{A}\boldsymbol{d} + \boldsymbol{n})(\boldsymbol{R}\boldsymbol{A}\boldsymbol{d} + \boldsymbol{n})^{\mathrm{T}} - \boldsymbol{d}(\boldsymbol{R}\boldsymbol{A}\boldsymbol{d} + \boldsymbol{n})^{\mathrm{T}}\right] \qquad (11-35)$$

由式（11-34），可得：

$$\frac{\mathrm{d}J(\boldsymbol{M})}{\mathrm{d}\boldsymbol{M}}\bigg|_{\boldsymbol{M} = \widetilde{\boldsymbol{M}}} = \boldsymbol{0} \qquad (11-36)$$

则将式（11-35）代入式（11-36）中，可得：

$$\widetilde{\boldsymbol{M}} = \left(\boldsymbol{R}\boldsymbol{A} + \frac{1}{2}N_0\boldsymbol{E}\boldsymbol{A}^{-1}\right)^{-1} \qquad (11-37)$$

使用过零符号检测器可得 MMSE 多用户检测法的输出为：

$$\tilde{\boldsymbol{d}} = \mathrm{sgn}(\widetilde{\boldsymbol{M}}\boldsymbol{y}) \qquad (11-38)$$

MMSE 多用户检测器的原理框图如图 11 – 10 所示。

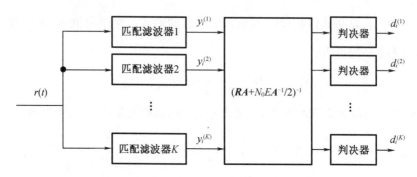

图 11 – 10　MMSE 多用户检测器的原理框图

MMSE 多用户检测法考虑了背景高斯白噪声信息。在消除多址干扰的同时,抑制了背景高斯白噪声。所以,MMSE 多用户检测法的误码率性能一般要优于解相关多用户检测法,接近最优多用户检测的性能。但是,该方法需要知道各用户接收信号的幅度信息和背景高斯白噪声的功率谱密度。这就需要发送训练序列,预先估计各接收信号的幅度、噪声功率、信噪比等。带来的缺点是降低了系统的实时性,增加了设备复杂度。另外该方法需要实时求矩阵的逆运算,也存在矩阵的逆不存在的可能和计算量大的问题。

4. 基于码元映射和误码识别的联合多用户检测

传统的线性多用户检测法,都和求矩阵的逆有关。奇异矩阵没有逆,另外求逆运算的计算复杂度一般为 $O(K^3)$,K 为用户数。这样的计算量在很多应用中仍然过于复杂。

下面介绍一种新的多用户检测法,它是基于码元映射和符号判决的方法。

基于码元映射和符号判决的大体思路如下。

(1)利用匹配滤波输出的结果将信息比特映射到一个特征空间之中。在这个空间中,正确码元和错误码元距离较远即正确码元和错误码元在特征空间的取值差别明显不同。

(2)在特征空间内对码元进行分类。将码元分为正确码元和错误码元两类。挑出误码并修正。

(3)利用映射码元的符号信息,进一步确定误码。对误码进行符号取反,纠正该误码。

基于码元映射和误码识别的联合多用户检测方法的系统框图,如图 11 – 11 所示。

其中,向量 $\boldsymbol{y} = [\boldsymbol{y}_1, \boldsymbol{y}_2, \cdots, \boldsymbol{y}_K]^\mathrm{T}$ 是匹配滤波器的输出信号。向量 $\boldsymbol{b}^* = [\boldsymbol{b}_1^*, \boldsymbol{b}_2^*, \cdots, \boldsymbol{b}_K^*]^\mathrm{T}$ 为匹配滤波器后接过零符号检测器的检测结果。向量 $\hat{\boldsymbol{b}} = [\hat{\boldsymbol{b}}_1, \hat{\boldsymbol{b}}_2, \cdots, \hat{\boldsymbol{b}}_K]^\mathrm{T}$ 为基于码元映射和符号检测的联合多用户检测法的检测结果。

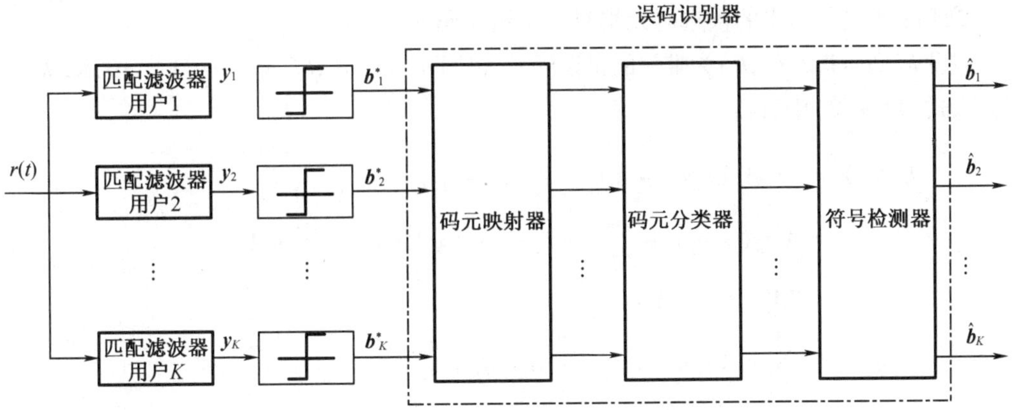

误码识别器

图 11－11　联合多用户检测方法的系统框图

（1）码元映射器

最终我们知道最优多用户检测法的检测向量满足：

$$\hat{b}_{\mathrm{OMD}} = \arg\{ \max_{b \in \{-1,+1\}} (2b^{\mathrm{T}}Ay - b^{\mathrm{T}}Hb) \} \tag{11-39}$$

令

$$F(b) = \frac{1}{2}b^{\mathrm{T}}Hb - b^{\mathrm{T}}Ay \tag{11-40}$$

对函数 $F(b)$ 的导数，有：

$$\frac{\partial F}{\partial b} = Hb - Ay \tag{11-41}$$

令码元映射函数为该导函数，即：

$$L(b_k) = \frac{\partial F}{\partial b} = \sum_{j=1}^{K} A_k A_j r_{kj} b_j - A_k y_k \quad k = 1,2,\cdots,K \tag{11-42}$$

假设 DS－UWB 多用户系统满足下面两个前提条件。

①匹配滤波输出码元正确率较高，误码率在 0.1 以下。

②各用户的伪随机码互相关系数满足式（11－43），互相关矩阵为对角占优矩阵。

$$r_{ii} \gg |r_{ij}|, i,j = 1,2,\cdots,K, i \neq j \tag{11-43}$$

根据假设一，我们假定匹配滤波器输出的候选码元集合 b^* 中只存在最多一个错误码元。存在两个以上误码的情况为小概率事件，这里暂时不予考虑。那么存在以下两种情况。

①匹配滤波器输出的候选码元集合中无错误码元。

码元映射函数可以简化为：

$$L(b_k^*) = \sum_{j=1}^{K} A_k A_j r_{kj} d_j - A_k(\sum_{j=1}^{K} A_j r_{kj} d_j + n_k) = -A_k n_k \tag{11-44}$$

在式（11－44）中，$y_k = \sum_{j=1}^{K} A_j r_{kj} d_j + n_k$，$d_j$ 为基带信息比特。所以码元映射值满足以下概率分布：

$$L(b_k^*) \sim N(0, \frac{1}{2}A_k^2 N_0 N_s E) \tag{11-45}$$

②匹配滤波器输出的侯选码元集有一个错误码元。

假设 b_i^* $(i=1,2,\cdots,K)$ 为唯一的错误码元,也即 $b_i^* = -d_i, b_k^* = d_k (k=1,2,\cdots,K, k \neq i)$。
则代入式(11 - 42)中,得:

$$
\begin{aligned}
L(b_i^*) &= \sum_{j=1}^{K} A_i A_j r_{ij} b_j^* - A_i \left(\sum_{j=1}^{K} A_j r_{ij} d_j + n_i \right) \\
&= A_i^2 r_{ii} (-d_i) + \sum_{K} A_i A_j r_{ij} b_j^* - A_i \left(A_i^2 r_{ii} d_i + \sum_{K} A_i A_j r_{ij} b_j^* + n_i \right) \\
&= 2A_i^2 N_s b_i^* - A_i n_i \\
L(b_k^*) &= \sum_{j=1}^{K} A_k A_j r_{kj} b_j^* - A_k \left(\sum_{j=1}^{K} A_k r_{kj} d_j + n_k \right) \\
&= 2A_i A_k r_{ik} b_i^* - A_k n_k
\end{aligned}
$$

它们满足的概率分布为:

$$
L(b_i^*) \sim N\left(2A_i^2 N_s b_i^*, \frac{1}{2} A_i^2 N_0 N_s E\right) \tag{11 - 46}
$$

$$
L(b_k^*) \sim N\left(2A_i A_k r_{ik} b_i^*, \frac{1}{2} A_k^2 N_0 N_s E\right) \quad k=1,2,\cdots,K, k \neq i \tag{11 - 47}
$$

从上面的推导可以看出,正确码元和错误码元经过码元映射后都服从高斯分布。它们的高斯分布的方差都相等,正确码元的高斯分布的均值为零,错误码元的高斯分布的均值不等零,并且均值的幅度很大。假设功率控制完美,各用户接收信号的幅值相等并且都为 $1, A_1 = A_2 = \cdots A_K = 1$。

根据前提条件(2),可知式(11 - 47)的均值也非常接近零,满足前面说的正确码元概率分布接近零的说法。

正确码元的概率分布满足:

$$
L(b_k^*) \sim N\left(0, \frac{1}{2} N_0 N_s E\right) \tag{11 - 48}
$$

错误码元的概率分布满足:

$$
L(b_k^*) \sim N\left(2N_s b_k^*, \frac{1}{2} N_0 N_s E\right) \tag{11 - 49}
$$

所以,不难发现,通过求 $L(b_k^*)$ 的绝对值可以区分正确码元和错误码元,即码元映射函数为 $|L(b)|$,记作 $Z_k = |L(b_k^*)|$。

下面给出码元映射函数为 $|L(b)|$ 的概率分布函数。

设状态 H_0 代表匹配滤波器输出码元 b_k^* 是正确的码元。状态 H_1 代表 b_k^* 是误码。

$$
H_0 : f_{Z_k}(y) = \begin{cases} 0 & y \leq 0 \\ \dfrac{2}{\sqrt{\pi N_0 N_s}} \exp\left[-\dfrac{y^2}{N_0 N_s}\right] & y > 0 \end{cases} \tag{11 - 50}
$$

$$
H_1 : f_{Z_k}(y) = \begin{cases} 0 & y \leq 0 \\ \dfrac{1}{\sqrt{\pi N_0 N_s}} \left\{ \exp\left[-\dfrac{(y-2N_s)^2}{N_0 N_s}\right] + \exp\left[-\dfrac{(y+2N_s)^2}{N_0 N_s}\right] \right\} & y > 0 \end{cases}
$$

$$
\tag{11 - 51}
$$

正确码元状态 H_0 和错误码元状态 H_1 的概率密度函数,如图 11 – 12 所示。

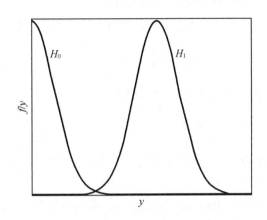

图 11 – 12　H_0 和 H_1 的概率密度曲线

从以上分析可以看出,匹配滤波器输出码元中的错误码元与正确码元在经过码元函数 |L(b)| 的映射之后,它们概率密度函数差异明显。这为我们下一步分类创造了有利的条件。

下面是用 MATLAB 仿真的码元映射的例子。设用户数为 10,伪随机序列为 Kasami 序列并且码长度为 $N_s = 255$。接收机信噪比为 8 dB。仿真了 3 200 个基带信息比特。其候选码元与码元映射函数的关系,如图 11 – 13 所示。其中, $\oplus$ 为匹配滤波器输出的码元中错误的码元, $\circ$ 为正确的码元。可见两者的幅度差异明显。

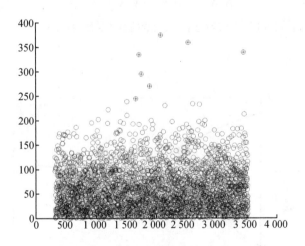

图 11 – 13　侯选码元与码元映射函数的关系

(2)码元分类器

在映射空间中,映射码元之间的距离变大,只需用分类器对码元进行分类,就可以识别出错误的码元。有很多种非类方法,例如简单门限分类、聚类分类等,这些都属于模式分类的方法。

门限分类,设定门限 a,如果码元映射函数值 $|L(b_k^*)|$ 大于门限 a,则判定匹配滤波器输出码元 b_k^* 为错误码元。否则,则判定 b_k^* 为正确码元。

由图 11 - 12 和式(11 - 50)和式(11 - 51)可知,识别误码的概率为:

$$P_d(a) = P(Z_k > a \mid H_1) = \frac{1}{2}\left[erfc(\frac{a - 2N_s}{\sqrt{N_0 N_s}}) + erfc(\frac{a + 2N_s}{\sqrt{N_0 N_s}}) \right] \qquad (11-52)$$

而虚警概率(码元正确,但是却被判定为错误码元)为:

$$P_f(a) = P(Z_k > a \mid H_0) = erfc(\frac{a}{\sqrt{N_0 N_s}}) \qquad (11-53)$$

假设经过匹配滤波器后的码元误码率为 P_e。那么,经过码元映射及门限检测纠错后,整体的误码率由以下两部分构成。

一是匹配滤波器输出码元为错误的码元,但是门限检测器没有识别出来,称为漏检概率;

二是匹配滤波器输出码元为正确的码元,但是门限检测器却识别为误码,称为误检概率或虚警概率。

那么,经过门限检测器之后的误码率为上述两者之和,即:

$$P_{e,out}(a) = P_e(1 - P_d(a)) + (1 - P_e)P_f(a)$$

$$= \frac{1}{2}P_e\left[erfc(\frac{2N_s - a}{\sqrt{N_0 N_s}}) - erfc(\frac{2N_s + a}{\sqrt{N_0 N_s}}) \right] + (1 - P_e)erfc(\frac{a}{\sqrt{N_0 N_s}}) \qquad (11-54)$$

那么使得误码率最低的最佳门限值由下式(11 - 55)表示:

$$a_{opt} = \arg\min_{a>0}(P_{e,out}(a))$$

$$= \arg\min_{a>0}(\frac{1}{2}P_e\left[erfc(\frac{2N_s - a}{\sqrt{N_0 N_s}}) - erfc(\frac{2N_s + a}{\sqrt{N_0 N_s}}) \right] + (1 - P_e)erfc(\frac{a}{\sqrt{N_0 N_s}})) \qquad (11-55)$$

图 11 - 14 画出了码元映射和最佳门限检测后的误码率、虚警概率、漏检概率及最佳门限的关系。

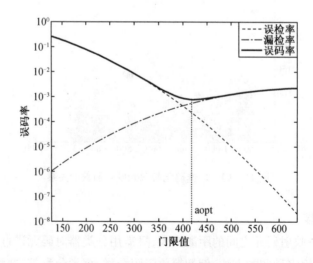

图 11 - 14　误码率、虚警概率、漏检概率及最佳门限的关系曲线

从图 11 – 14 中可以看出,随着门限增加,整体的误码率先是减小,再增加。这是因为虚警概率单调下降,而漏检概率单调上升,只要找到整体误码率最小值,就能找到最佳门限。

但是想要通过公式(11 – 55),直接求出最佳门限的解析表达式是不可能的,这是因为 $erfc$ 函数不是初等函数,没有解析表达式的反函数。但是通过以上理论和大量仿真我们可以得到一些关于门限的结论。

①最佳门限大概范围在 $N_s \sim 2N_s$ 之间;

②当信噪比增加时,最佳门限减小;

③当信噪比增加时,码元映射和门限检测的误码率越低。

(3)符号检测器

在上面的方法中,码元映射输出函数值只有幅度(绝对值)信息被利用了,而它的符号(正负)却被忽略了。那么,能不能利用码元映射函数值的符号信息,进一步检出错误码元,提高系统误码率呢?这就是符号检测器要做的。

假设匹配滤波器输出码元 $b_k^*(k = 1, 2, \cdots, K)$ 为错误码元,而其他用户匹配滤波器输出的码元正确。如果 $L(b_k^*)$ 与 b_k^* 相乘,则可得

$$L(b_k^*)b_k^* = 2A_k^2 r_{kk} b_k^{*2} - A_k b_k^* n_k = 2A_k^2 N_s - A_k b_k^* n_k \sim N(2A_k^2 N_s, \frac{A_k^2 N_0 N_s E}{2}) \quad (11 – 56)$$

假设,$A_k(k = 1, 2, \cdots, K) = 1$,$E$ 等于 1,可得

$$L(b_k^*)b_k^* \sim N(2N_s, \frac{N_0 N_s}{2}) \quad (11 – 57)$$

则符号判决的准则可设为

$$L(b_k^*)b_k^* > 0 \quad (11 – 58)$$

如果匹配滤波器输出码元 b_k^* 与其码元映射函数值同号,则该码元被认定确实是误码。否则,b_k^* 应该是正确的码元,这说明门限检测器错判了。

可以证明,在码元映射器和门限检测器后面再加上符号检测器后的误码率为:

$$P_{e,sj}(a) \approx \frac{1}{2} P_e \left[erfc(\frac{2A^2 N_s - a}{A\sqrt{N_0 N_s}}) + erfc(\frac{2A^2 N_s + a}{A\sqrt{N_0 N_s}}) \right] + \frac{1}{2}(1 - P_e) erfc(\frac{a}{A\sqrt{N_0 N_s}})$$

$$(11 – 59)$$

符号检测器不抑制码元分类器的漏检,但是可以降低误检概率也就是虚警概率的一半。

综上,基于码元映射和误码识别的联合多用户检测算法流程图,如图 11 – 15 所示。从码元映射函数可以看出,该方法的计算复杂度要比求逆矩阵的计算复杂度低。

5. 仿真结果分析

本节,使用 MATLAB 对上面提出的基于码元映射和符号检测的多用户检测法进行试验仿真。为了验证该方法的检测效果,同时使用传统多用户检测法、解相关多用户检测法、最小均方误差检测法和最优多用户检测法,比较以上几种方法的优劣,并且讨论以上几种方法的误码率、抗远近效应、抗多址干扰能力及不同的伪随机码对算法的影响。

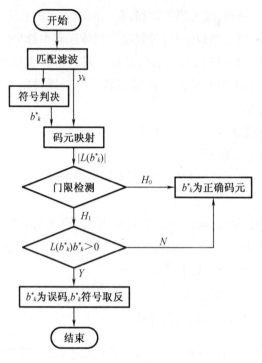

图 11 - 15 基于码元映射和误码识别的联合多用户检测算法流程图

在伪随机码的选取过程中,根据式(11 - 4),m 序列最多能支持 16 个用户。根据式(11 - 6),m 序列互相关函数值最大可以取到 126/255,多址干扰严重,这不满足联合多用户检测算法的前提条件式(11 - 43)。另外,不存在 255 位 Gold 序列,所以本研究只讨论了 Kasami 序列的情况。

MATLAB 产生 DS - UWB 系统测试数据 $r(t)$ 所用参数,见表 11 - 4。

表 11 - 4   DS - UWB 系统测试数据 $r(t)$ 所用参数

参数名	参数值
采样率	20 GHz
UWB 脉冲波形	高斯函数二阶导函数
脉冲持续时间	0.5 ns
脉冲成型因子	0.25 ns
平均脉冲重复时间	2 ns
平均传输功率	0 dB mW
用户数	2 ~ 16
调制方法	BPSK
信噪比 e_b/n_0	0 ~ 15 dB
伪随机码	Kasami、m 或 Gold 序列,31,63 或 255 位

（1）误码率

衡量多用户检测方法效果的好坏，最直接的性能就是输出码元的误码率。因为误码是由多址干扰和高斯白噪声一起作用产生的，所以误码率越低，说明该算法抗多址干扰和抑制白噪声的能力越强。

下面给出了最优多用户检测方法（OMD）、基于码元映射和符号检测多用户检测法、解相关检测法（DEC）、最小均方误差法（MMSE）的误码率随信噪比的变化曲线。

仿真条件为，用户数 10 个，仿真码元个数一共 500 万个。信噪比从 0 dB 变化到 10 dB。使用 255 位 Kasami 码。当各个用户的伪随机码同步捕获跟踪成功时，各用户的伪随机码互相关值都为 −17/255，为互相关最大值，此时是使用 Kasami 码多址干扰最严重的情况。码元分类使用门限分类方法，门限设为 255。其他仿真条件，见上表 11 − 4。五种方法误码率曲线如图 11 − 16 所示。

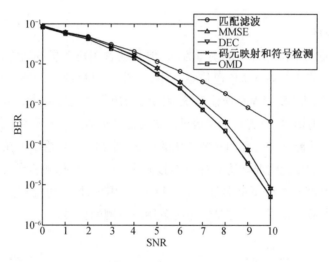

图 11 − 16　五种方法误码率曲线

从图 11 − 16 中可以看出，MMSE 方法和 DEC 方法得到的结果非常接近，几乎重合。基于码元映射和符号检测的联合多用户检测方法的误码率逼近最优多用户检测方法。码元映射和符号检测的联合多用户检测方法的误码率性能优于匹配滤波、MMSE 和 DEC 算法。而且可以看出在低信噪比时，各算法差距不大，但是在高信噪比时，该算法的优势非常明显。

上面讨论了互相关矩阵 **R** 为多址干扰最严重的情况。那么一般的情况，当各个用户的伪随机码同步捕获跟踪成功时，各用户的伪随机码互相关值绝对都小于 17/255，此时多址干扰减少。假设多个用户伪随机码相位随机，则各个算法的误码率随信噪比的变化曲线，如图 11 − 17 所示。

在图 11 − 17 中伪随机序列互相关矩阵互相关值的平均幅度值为 15.4，要小于最大值 17。另外，基于码元映射符号检测的多用户检测法依然逼近最优多用户检测的性能。

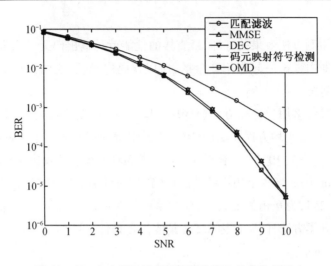

图 11 - 17   各个算法的误码率随信噪比的变化曲线

(2)系统容量

多址干扰的大小没有统一的衡量方法,但是随着用户数量的增加,多址干扰势必会随之增加。在空间编队 DS - UWB 通信系统中,系统的用户数一般不会变化,大概为 2 ~ 20 个。但是,空间编队 DS - UWB 通信系统中的活跃用户数是变化的。这是因为编队飞行器不是一直都在发射信号,只有它存在信息需要传送的时候,它才开始工作,所以这就要求多用户检测算法的性能不会受到用户数变化的影响。图 11 - 18 给出了在不同信噪比环境下,误码率随信噪比的变化情况。仿真环境参数同表 11 - 4,且伪随机码互相关值都为最大值 - 17/255。由于 255 位 Kasami 码最多只支持 16 个用户,所以仿真只仿真到 16 个用户。另外,图 11 - 18 中最优多用户检测是使用的单用户检测的公式。

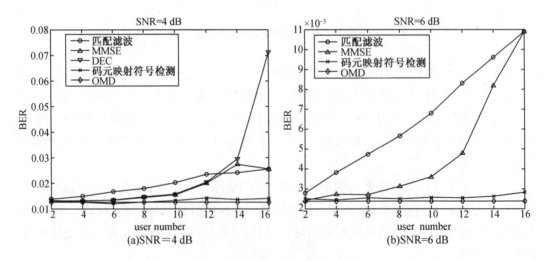

图 11 - 18   误码率随信号比的变化情况

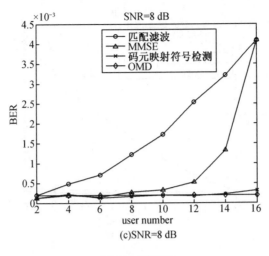

图 11 – 18（续）

　　从图 11 – 18 中可以看出,当信噪比固定时,随用户数量的增加,匹配滤波器的输出误码率也随之增加,这说明多址干扰变得越来越严重。解相关多用户检测方法在用户数很少的时候,性能还不错,但是随着用户数量的增加,性能急剧变差。这是因为随着用户数量的增加,伪随机码矩阵变得越来越大,使得其对噪声的放大作用越来越显著,所以解相关法在用户数量很多、伪随机码互相关矩阵较差时,并不适用。随着用户数量的增加,MMSE 算法的误码率也不是很理想。而基于码元映射符号检测的多用户检测法误码率随着用户数量的变化很小,几乎等于单用户的误码率。这说明该算法允许的系统容量大,抗多址干扰能力极强。

　　下图 11 – 19 展示了各用户在伪随机序列随机相位时,各多用户检测算法误码率随用户数量的变化。可以看出,在多址干扰较小时,DEC 和 MMSE 算法的系统容量也有所提升。但是 DEC 和 MMSE 没有基于码元映射和符号检测的多用户检测算法性能好,后者逼近最优单用户的误码率。

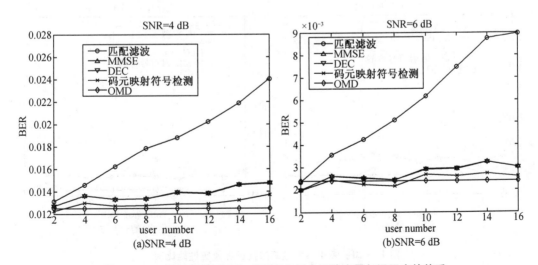

图 11 – 19　随机相位时 DS – UWB 多用户系统容量与误码率的关系

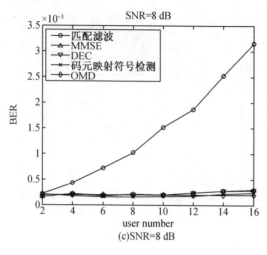

(c)SNR=8 dB

图 11-19(续)

(3)抗远近效应

编队飞行器运动速度极大,飞行器之间的距离经常变化,这就导致各飞行器发射信号到达主星的功率是变化的。主星一般都有功率控制系统,通过估计接收信号幅度来估计各飞行器和它的距离,然后通过反馈信道,通知该用户提高或降低发射功率。当估计的某飞行器信号功率较低时,主星通过反馈信道通知该飞行器提高发射功率,以保证该飞行器的信号能被正确接收。当主星估计出某飞行器的功率非常高时,主星通过反馈信道通知该飞行器降低发射功率,防止对其他用户造成功率压制,影响其他用户的通信。这就是一般的抗远近效应方法。但是在空编队飞行器的应用中,最好较少使用这种功率控制,原因是反馈信道降低了系统通信效率,另外飞行器能量有限,经常改变发射功率本身就是耗能的。所以,多用户检测算法要求具有较好的抗远近效应能力。图 11-20 给出了随机码互相关值都为最大值 -17/255 时,固定用户 1 的信噪比,其他用户信噪比变化时用户 1 的误码率情况。同样,最优多用户检测结果由单用户的误码率来代替。

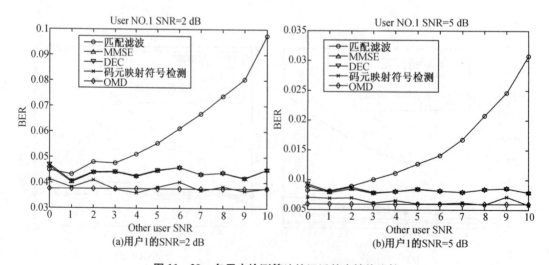

图 11-20 多用户检测算法抗远近效应性能比较

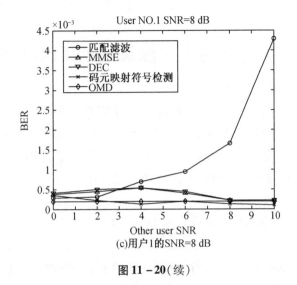

图 11 – 20(续)

从图 11 – 20 中可以看出,匹配滤波器检测法的抗远近效应效果最差。随着其他用户的信噪比增加,用户 1 被严重干扰,误码率显著上升。DEC 和 MMSE 检测法具有一定的抗远近效应能力,并且两者的误码率和误码率的变化趋势几乎相同。基于码元映射和符号检测的多用户检测方法几乎不受远近效应的影响,并且误码率一直逼近最优多用户检测值。所以,该方法,在抗远近效应方面比 DEC 和 MMSE 更优越。

6. 小结

本节主要介绍了在空间编队飞行器 DS – UWB 通信系统中,多用户检测算法的必要性。介绍了多用户检测算法的理论基础,也是多用户检测法的极限——最优多用户检测法。同时,详细介绍了多用户检测方法的分类,并重点介绍了解相关、最小均方误差多用户检测算法。

本节还介绍了一种基于码元映射和符号检测的联合多用户检测方法。该方法利用码元映射函数将匹配滤波后的输出信号映射到特征空间。在特征空间正确码元和错误码元差别明显,再用分类器进行分类。最后利用码元映射函数的符号信息进一步减少误码。

最后,在 MATLAB 上仿真了各个多用户检测算法的误码率,讨论了各算法抗远近效应的能力,各算法的系统容量。发现基于码元映射和符号检测的方法,误码率逼近最优多用户,对远近效应不敏感,系统容量大,并且码元映射的计算复杂度为 $O(n^2)$,比 DEC $O(n^4)$、MMSE $O(n^4)$、OMD $O(2^n)$ 都小。综上可知,基于码元映射和符号检测的多用户检测算法,误码率低、计算复杂度低、抗多址干扰能力强、系统用户数多,非常有研究价值,适合在实时处理系统中应用。

11.4 联合多用户检测算法的 FPGA 实现

从 11.3 节的讨论可知,基于码元映射和符号检测的联合多用户检测算法结构简单,性能优越。在 DS－UWB 系统中能否用硬件快速准确地实现多用户算法至关重要。联合多用户检测算法由码元映射、门限分类和符号检测三部分构成,码元映射函数为简单的呈累加结构,门限分类和符号检测都可以并行处理,数据流结构简单。所以,本研究提出了在 FPGA 中实现该多用户算法。

本节将重点介绍联合多用户检测算法的 FPGA 模块,并且提出一种验证和测试该模块的有效方法,即基于片上信号发生器、SignalTap Ⅱ 的系统验证方法和基于串口的 MATLAB 与 FPGA 联合测试法。最后给出了 FPGA 模块实测的多用户检测算法的误码率。

1. FPGA 算法模块的指标

FPGA 参数要求:

空间编队 DS－UWB 通信系统用户数为 10 个,扩频码序列长度为 255 位(Kasami 码),不考虑超宽带波形的匹配,一个码片为 1 个采样,输入信号 $r(t)$ 为 12 位量化有符号数,输入采样时钟速率至少 50 MHz,FPGA 时钟速率至少 50 MHz。

当使用 255 位 Kasami 码时,FPGA 需要 100 000 多个逻辑单元,因为 ALTERA 的实验开发板 DE2－70 只有 70 000 个逻辑单元,所以在 DE2 上先做了 63 位 Kasami 码的情况,63 位 Kasami 码最多只支持 8 个用户。

本研究前期在 DE2－70 开发板上验证(FPGA 为 CloneII 系列),时钟速率为 50 MHz,基带信息处理速率为 6.35 Mbit/s,最高时钟速率可达 137 MHz,最高基带信息处理速率为 17.4 Mbit/s。

后期研究使用了 ALTERA 公司的高级 FPGA 数字信号处理开发板 DE3－150(FPGA 为最新的 Stratix Ⅲ 系列 EP3SL150F1152C2,拥有 150 000 个逻辑单元)。时钟速率为 50 MHz,伪随机码长度为 255 位,用户数为 10 个,基带信息处理速率为 1.96 Mbit/s,最高时钟速率可达 172 MHz,最高基带信息处理速率为 6.75 Mbit/s。

MUD(多用户检测算法)在 FPGA 上的 RTL 框图,如图 11－21 所示。其输入输出信号包括:

输入:时钟信号 clk(50 Mhz);

同步使能信号:en;

异步复位信号:reset;

接收信号:rt(12 位 2 补码有符号数);

输出:联合多用户检测算法判决码元 b(8/10 位);

匹配滤波器判决码元:mf_b(8/10 位);

数据有效信号:data_en;

门限检测检错标志:error_flag(8/10 位);

符号检测检错标志:sign_detect_flag(8/10 位)。

由此可以看出,FPGA 各模块与框图 11 – 11 相对应。

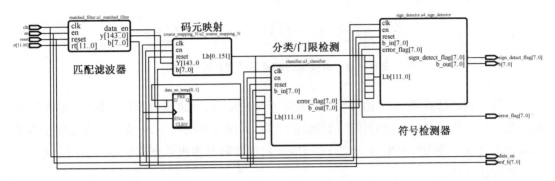

图 11 – 21　MUD 在 FPGA 上的 RTL 框图

2.匹配滤波器

如式(11 – 14)所示,匹配滤波模板信号 $m_p(t)$ 一般是包括波形和伪随机码。但是考虑到实际硬件结构和系统的复杂程度,本研究中波形的匹配在 MATLAB 中完成,FPGA 中匹配滤波器主要做伪随机码的匹配,同时完成解扩。

一般的匹配滤波是一个并行的乘累加结构,如图 11 – 22 所示。但是考虑到输入数据流是串行的情况,如果采用并行乘累加结构,需要在数据输入端使用串并转换器。这样会使其结构变得复杂,所以考虑一种串行的匹配滤波器,即可以采用一般有限冲击响应(FIR)滤波器结构。

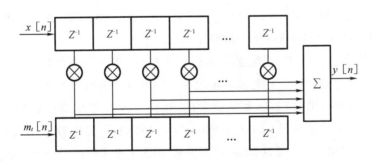

图 11 – 22　匹配滤波器的并行结构

FIR 滤波器的表达式为:

$$y[n] = x[n] * f[n] = \sum_{k=0}^{l-1} f[k]x[n-k] \tag{11-60}$$

直接型的 FIR 匹配滤波器的结构,如图 11 – 23 所示。

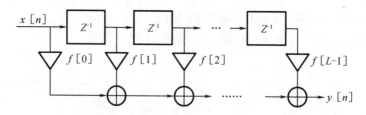

图 11 -23　直接型的 FIR 匹配滤波器的结构

这种结构的滤波器,输出信号 y 为一长串累加的结果,导致组合逻辑过长,时序情况不够理想。所以我们采用下面的转置结构的滤波器,其结构如图 11 -24 所示。匹配滤波器输出数据的速率下降为原来的 N_s 分之一,所以我们需要同时输出数据有效信号,以标识不同组的匹配滤波结果。

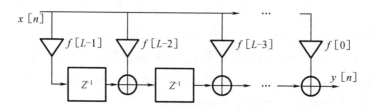

图 11 -24　匹配滤波器结构图

图中各个抽头系数为伪随机码,乘以抽头系数变成了简单的正负号运算。本研究设计匹配滤波器通过同步头数据来提取同步。输入信号 12 位量化,输出 17 位量化。输入信号 12 位有符号数,2 补码,限制取值范围为 -2 047 到 2 047,其中 -2 048 并未用到,所以我们设计同步头数据为 -2 048、-1、-2 048,写成二进制数为"100000000000111111111111111000000 00000"。

当发送基带码元是 +1 时,匹配滤波输出为正,FPGA 中 b 判决为 1;

当发送基带码元是 -1 时,匹配滤波输出为负,FPGA 中 b 判决为 0。

匹配滤波器是非常消耗 FPGA 逻辑资源的,当扩频码长度为 255 时,10 个用户的匹配滤波器所消耗的资源已经达到 DE2 开发板的 80%,所以在开发板 DE2 上做扩频码长度为 63,用户数为 8 的多用户检测算法模块,在开发板 DE3 上做扩频码长度为 255,用户数为 10 的多用户检测算法模块。

3. 误码识别器

由式(11 -42)可知码元映射函数为:

$$| L(b_k) | = \Big| \sum_{j=1}^{K} A_k A_j r_{kj} b_j - A_k y_k \Big| \quad k = 1,2,\cdots,K \qquad (11-61)$$

可知码元映射函数为乘累加结构。令 $A_k = 1(k = 1,2,\cdots,K)$,当用户数为 10 时,$| L(b_k) | = \Big| \sum_{j=1}^{10} r_{kj} b_j - y_k \Big|$,实现该乘累加的方式有很多种。

方案一:考虑每两个加数依次相加,相加之和再和下一个加数做加法,以此类推,最后的和存于寄存器中,其结构如图 11 – 25 所示。

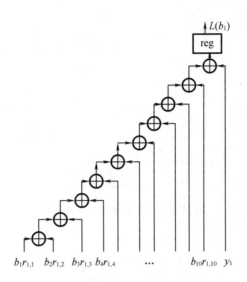

图 11 – 25 方案一的简单乘累加结构

方案二:利用加法结合律,同时对多组加数两两进行加法运算,分为多级进行,最后一级的结果存入寄存器中,其结构如图 11 – 26 所示。

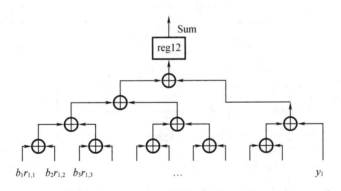

图 11 – 26 方案二的优化乘累加结构

方案三:通过通行移位寄存器,将输入并行加数并串转换转换成串行数据,送入由加法器和寄存器组成的累加器中。每累加到 11 个数的和的时候输出累加结果,该过程由计数器和状态机控制完成,如图 11 – 27 所示。

方案四:加法结构采用更平衡的方案二中的结构,并且在每一级中都加入寄存器保存数据。这就构成了四级流水线,如图 11 – 28 所示。

方案一是最直接的想法,逻辑上是正确的,但是组合逻辑过长,延迟严重,影响时序,导致系统时钟速度上不去。

方案二相比于方案一较好,组合逻辑分布得比较平衡,和方案一所用资源数量一样,但是结构进行了优化。

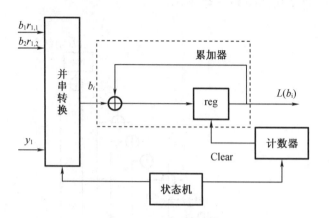

图 11-27 累加器结构的乘累加

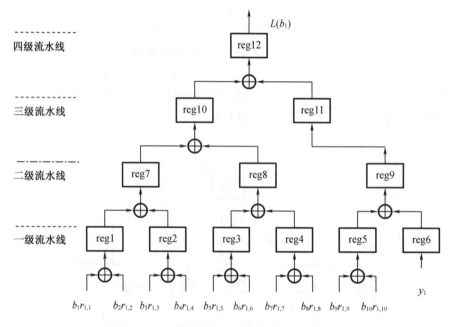

图 11-28 映射函数的 4 级流水线乘累加结构图

方案三所用资源较少,结构也简单,缺点是并串转换需要每十二个时钟才能有一个输出。

方案四的全流水线的方法是基于方案二的,时序稳定,时钟速度快,但是所用的资源最多。N 个数相加需要 $\log(N)$ 级流水线。

综上所述,我们选择使用速度更快的四级流水线结构。输入 17 位量化,输出 18 位量化。由于有四级流水线,输出信号延迟四个时钟周期。

码元分类器使用简单门限分类。当映射函数的值大于所设门限时,error_flag 输出高,并且将输出码元 b 取反。在 FPGA 应用中,假设最佳门限 $V_T = N_s$,即当使用 63 位伪随机码时,$V_T = 63$,当使用 255 位伪随机码时,$V_T = 255$。

符号检测器利用候选码元与码元映射函数的符号信息对码元分类器的输出结果进行进一步地分类和识别,从而挑出其中被漏检或者误检的码元。

设 $b_k^*(k=1,2,\cdots,K)$ 为误码,则符号判决的准则为

$$L(b_k^*)b_k^*>0 \tag{11-62}$$

当 error_flag 为'1'时(此时分类器认为这个码为误码):

当映射函数 Lb 为正(最高位为 0),b 为(基带码元为 +1)1 时,符号检测不改变 b,sign_flag 为低电平 0。

当映射函数 Lb 为负(最高位为 1),b 为(基带码元为 -1)0 时,符号检测不改变 b,sign_flag 为低电平 0。

当映射函数 Lb 为正(最高位为 0),b 为(基带码元为 -1)0 时,符号检测改变 b,sign_flag 为高电平 1。

当映射函数 Lb 为负(最高位为 1),b 为(基带码元为 +1)1 时,符号检测改变 b,sign_flag 为高电平 1。

如果映射函数 Lb 与码元 b 同号,那么 Lb 最高位与 b 异或为高,则该码元确实为误码,否则该码元应该为正确码元,sign_detect_flag 为高,码元 b 取反。

4. 系统验证与测试

(1)基于片上信号发生器和 SignalTap Ⅱ 的系统验证

为了测试算法的正确性,除了在 Quartus Ⅱ 和 ModelSim 等软件上进行功能、时序仿真之外,还需要对 FPGA 硬件系统进行实测。

在 FPGA 上编写一个信号发生器,为 MUD 算法模块提供测试数据。该信号发生器由相位累加器和 ROM/RAM 构成,RAM 中存储 DS - UWB 接收机接收信号 rt,该算法的验证模块 Signal Tap Ⅱ 读出数据,如图 11 - 29 所示,并使用嵌入式逻辑分析仪 SignalTap Ⅱ 来观察输出信号的正确与否,该方法可以用来代替时序仿真结果。

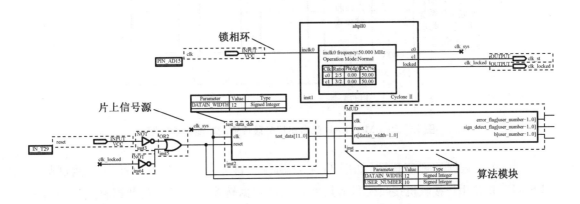

图 11 - 29   MUD 算法验证模块 SignalTap Ⅱ 读出数据

信号发生器中的 ROM 可以通过 Quartus Ⅱ 的 IP 核(Intellectual property,知识产权)来实现,ROM 中的数据由内存初始化文件(. mif)来确定。该文件可以通过 Quartus Ⅱ 自带的

存储器编辑器来编辑，也可以自己生成。.mif 文件主要结构包括存储深度、位宽、地址基、数据基和存储内容等。

SignalTap Ⅱ是 Altera 公司提供的一款功能强大且极具实用价值的 FPGA 片上（嵌入式的）调试（debug）工具。它可以实时捕获和显示 FPGA 中的信号，像真的逻辑分析仪一样，可以设置捕获的采样时钟、复杂触发条件、触发位置、数据存储深度，等等。它集成在 Quartus Ⅱ软件中，可以免费使用。SignalTap Ⅱ 通过在 FPGA 工程中加入宏模块（megafunction）嵌入式逻辑分析仪（embedded logic analyzer，ELA），用预先设定好的采样时钟实时采集数据，并存储在 FPGA 片上的 RAM 资源中，最后通过 JTAG 接口传回上位机的 Quartus Ⅱ 软件进行显示和分析。

SignalTap Ⅱ方便实用，相对于很多小型功能开发者来说，它的性价比远高于昂贵的硬件逻辑分析仪和示波器。但是不足的是，SignalTap Ⅱ也是要占用系统的逻辑和寄存器等资源的。当系统资源紧张或时序紧张时，都无法使用 SignalTap Ⅱ。本节中，在测试功能正确与否时使用 SignalTap Ⅱ，而测试系统误码率时，SignalTap Ⅱ占用资源太多，FPGA 无法提供，所以提出了基于串口的 MATLAB 和 FPGA 联合测试算法。

（2）基于串口的 MATLAB 和 FPGA 联合测试

考虑到开发板的容量限制，不可能将所有接收机输入信号存储在开发板上。为了测试联合多用户检测算法的误码率性能，需要大量数据进行蒙特卡洛仿真，所以本研究设计了一个基于串口的 MATLAB 和 FPGA 联合测试方法。其功能模块框图如图 11 –30 所示。FPGA 顶层实体框图如图 11 –31 所示。

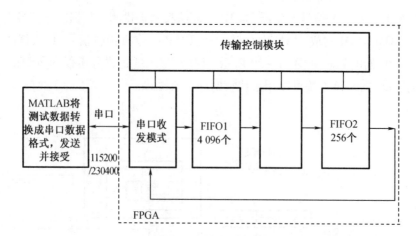

图 11 –30 MATLAB 配合串口分段传输的功能模块框图

测试系统数据处理流程图，如图 11 –32 所示。首先由 MATLAB 产生一组测试数据（DS – UWB 多用户接收机接收信号 rt），并将测试数据转换成串口传输数据格式。串口配置为波特率 115 200 或 230 400，数据位 8 位，无奇偶校验，停止位 1 位。

MATLAB 控制串口每次给 FPGA 发送 8 192 个数据，FPGA 接收到数据后，每两个 8 bit 数据组合成一个 rt，写入 FIFO1 中，FIFO1 容量为 4 096。

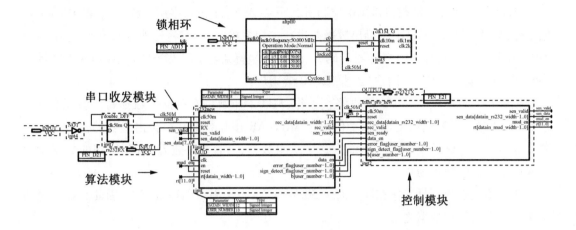

图 11 - 31 MATLAB 配合串口分段传输的 FPGA 顶层实体框图

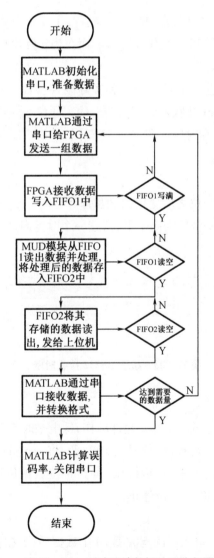

图 11 - 32 测试系统数据处理流程图

FIFO1 写满后,由状态转移模块控制进入下一状态,即联合多用户检测法 MUD 模块开始工作,MUD 模块从 FIFO1 中读出数据并进行多用户检测处理,将处理后的数据(包括匹配滤波检测后码元、联合多用户检测后码元、错误信号标志等)存入 FIFO2 中(FIFO2 容量为256),数据位宽为30(8 个用户)或者32(10 个用户)。

一直到 FIFO1 读空,MUD 模块停止工作,FIFO2 开始将它存储的数据每个数据分成 4个 8 bit,通过串口发送给上位机,上位机中 MATLAB 接收数据并组合出想要的检测码元和各个标志变量。然后 MATLAB 继续发送下一组数据,一直循环进行,直到得到的数据量达到误码率所需的数量为止。

整个测试系统都是工作在同一时钟 50 MHz 上,由于串口的速度有限,因此大部分时间都用在了串口传输数据之上。

该方法的优点是算法简单,占用 FPGA 逻辑资源非常少,串口在近距离传输时误码率极低。

该方法的缺点是串口速度较低,在 100 kbps 左右,而接收信号 rt 数据量较大,平均处理10 000 个基带码元理论上需要 109 s(100 kbps)。而在当实际串口工作时,因为停止位和起始位之间的间隔,需要 300 s 左右。

测试系统中各个模块都进行了时序仿真和实际硬件验证。硬件验证是通过上面介绍的基于片上信号源和 SignalTap Ⅱ联合验证来实现的。通过 SignalTap Ⅱ对各模块中的信号进行观察,各模块的信号动作和时序如图 11 – 33 至图 11 – 36 所示。

①模块 RS232

接收:

rec_data:数据接收最后一位之后变化,其他时间保持。

rec_valid:数据接收最后一位后为高电平,持续一个时钟周期,其他时间为低电平。

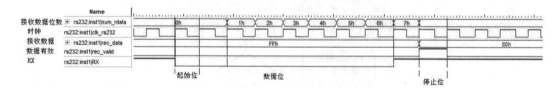

图 11 – 33　模块 RS232 接收时序

发送:

sen_valid:数据发送使能信号,高电平允许动作,低电平时数据保持。

sen_ready:当 sen_valid 有效时,该信号为高电平,将 sen_data 存储到发送寄存器中,sen_ready 保持一个时钟周期高电平,然后拉低,直到 8 位数据传输完毕后拉高,一共有 10位低电平(1 位起始位,8 位数据位,1 位停止位)。

②模块 MUD

当伪随机码长度为63 时,进入匹配滤波器70 个数据后,数据使能信号 data_en 有效,同时输出 b, error_flag, sign_detect_flag 有效。

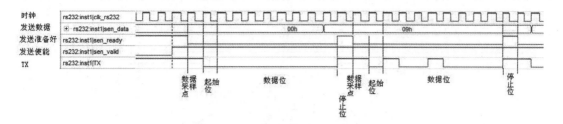

图 11-34 模块 RS232 发送时序

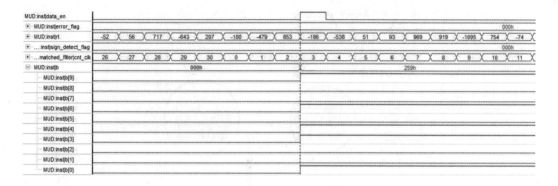

图 11-35 MUD 算法模块时序

③FIFO 模块

FIFO,即先入先出存储器(first in first out)。当请求信号有效时,开始写入数据,数据写满时,写满信号为高。当读请求信号有效时,读出处于最下面的数据,也即是最先写进去的数据。

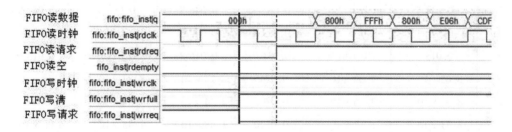

图 11-36 FIFO 模块时序

④传输控制模块

传输控制模块内部主要功能为一个控制状态机,它负责协调多用户检测算法模块、串口收发模块和两个 FIFO 的读写,保证系统有序正确的工作。其状态转移如图 11-37 所示。

⑤误码率验证试验结果

当使用 63 位非同步(随机相位)Kasami 码时,伪随机码的互相关矩阵特性较好,多址干扰较少。当门限设为 65,0 到 6 dB 时每次仿真了 24 952 个基带码元,8 dB 仿真了 127 880

个码元,10 dB 时仿真了 1 280 000 个基带码元,基于匹配滤波和误码识别的联合多用户检测算法输出误码率,见表 11 - 5 所示。

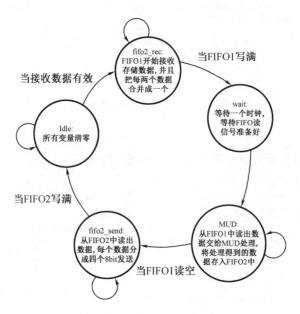

图 11 - 37   传输控制模块状态转移图

表 11 - 5   联合多用户检测算法与其他算法性能比较

e_b/n_0	联合多用户检测算法 Pe/FPGA	联合多用户检测算法/MATLAB	MF/FPGA	MMSE/MATLAB	DEC/MATLAB	OMD/MATLAB
0	0.086 7	0.086 5	0.098 4	0.088 6	0.088 4	0.083 7
1	0.060 0	0.062 7	0.078 3	0.063 6	0.063 8	0.058 7
2	0.044 5	0.042 8	0.065 2	0.046 8	0.046 7	0.041 9
3	0.028 1	0.027 1	0.047 4	0.030 3	0.030 5	0.026 2
4	0.015 0	0.014 9	0.034 7	0.016 8	0.017 0	0.013 0
5	8.02×10^{-3}	7.03×10^{-3}	0.0245	8.75×10^{-3}	8.83×10^{-3}	6.48×10^{-3}
6	3.57×10^{-3}	3.26×10^{-3}	0.0205	4.34×10^{-3}	4.34×10^{-3}	2.93×10^{-3}
7	8.41×10^{-4}	1.17×10^{-3}	0.0120	1.48×10^{-3}	1.45×10^{-3}	6.25×10^{-4}
8	3.75×10^{-4}	2.60×10^{-4}	9.8410^{-3}	3.52×10^{-4}	3.67×10^{-4}	1.95×10^{-4}
10	9.38×10^{-6}	9.56×10^{-6}	4.99×10^{-3}	1.72×10^{-5}	1.72×10^{-5}	4.00×10^{-6}

联合多用户检测算法与匹配滤波器,解相关,最小均方误差,最优多用户性能比较如图 11 - 38 所示。图中 MMSE(最小均方误差多用户检测),DEC(解相关多用户检测),OMD(最优多用户检测)为 MATLAB 仿真结果。

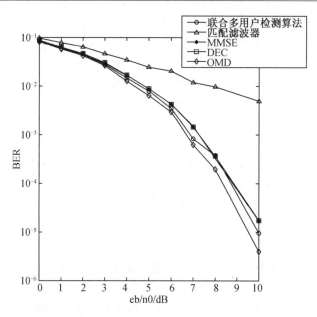

图 11 - 38   联合多用户检测算法与传统算法误码率比较

表 11 - 6   FPGA 上联合多用户检测算法与 MATLAB 预测结果比较

e_b/n_0	相对误差
0	0.23%
1	-4.5%
2	3.8%
3	3.6%
4	0.67%
5	12.3%
6	8.7%
7	-39%
8	30%
10	1.9%

当使用 255 位 Kasami 码时,一共仿真测试了 1 500 000 个基带信息比特,得到的各多用户检测算法与传统算法误码率比较如图 11 - 39 所示。其中除了 ⊸ 是 FPGA 的运行结果,其他均为在 MATLAB 环境下的仿真结果。由于系统中没有设计自动增益控制(AGC)模块,且 FPGA 输入信号采用定点数,因此输入信号的动态范围不宜过大,否则有可能超过 rt 的 12 位补码的范围。当信噪比非常低时,噪声功率较大,信号动态范围大,容易超过范围,所以我们从 2 dB 开始仿真。当信噪比为 10 dB 时,误码率很低,仿真时间过长,所以图中没有给出该点。

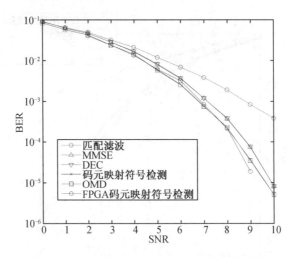

图 11 - 39 多用户检测算法与传统算法误码率比较

从表 11 - 5,表 11 - 6,图 11 - 38 和图 11 - 39 中可以看出结论。

①FPGA 上实现的联合多用户检测算法与 MATLAB 预演结果基本相同,除去因仿真码元较少而导致误差较大的点,相对误差的均方根为 2% ,这说明了 FPGA 上程序的正确性。其中,2% 左右的相对误差,主要来自 FPGA 量化误差和可能的数据溢出及串口传输误码。

②在 FPGA 上运行时,在 0 dB 到 10 dB 的信噪比下,联合多用户检测算法的性能要好于最小均方误差算法和解相关算法,而且已经很接近最优多用户检测算法。

当使用 255 位 Kasami 伪随机码,10 个用户时,测试系统在 DE3 上使用的逻辑资源有,组合自适应查找表单元 ALUTs 为 102 455/113 600(90%),专用逻辑寄存器(Dedicated logic registers)为 79 984/113 600(70%)。

综上所述,解相关算法需要伪随机码互相关矩阵可逆,这在很多时候都不能满足;MMSE 算法不仅要求矩阵求逆,还要求知道噪声功率,这也增加了系统的复杂度。联合多用户检测算法计算复杂度要比其他算法更低,所用算法都是线性变换,非常适合要求实时性高的场合。

在 FPGA 实现基于码元映射和符号检测的多用户检测方法时,数据流顺序处理速度极快,系统延时小,实时性强。码元映射、门限分类和符号检测都是乘累加、逻辑判断等结构,非常适合使用 FPGA 进行高速处理。

5. 小结

本节介绍了在 FPGA 上实现基于码元映射和符号检测的多用户检测算法。联合多用户检测法由码元映射、门限分类和符号检测三部分构成,码元映射函数为简单的乘累加结构,门限分类和符号检测为逻辑判断结构,它们都可以并行处理,数据流结构简单。本书还介绍了匹配滤波器的设计方法,以及一种码元映射器的流水线结构。

最后,本书提出基于 FPGA 片上信号源和 SignalTap Ⅱ 的验证方法,以及测试多用户检测算法模块误码率的有效方法,即基于串口的 MATLAB 和 FPGA 联合测试法,并给出了 FPGA 多用户检测算法模块实测的误码率。

专题 12　EDA 在软件无线电领域中的应用
——基于软件无线电理论的数字化调频广播接收机

本节介绍了一个基于软件无线电理论的数字化调频广播接收机的设计与实现,利用数字器件 FPGA 来实现对调频信号的解调,克服了传统解调方式的低可靠性和不可移植性,是软件无线电理论的一次成功实践。

本作品主要包括:射频前端信号处理、后端数字解调平台搭建及正交解调算法的 FPGA 实现。

通过 MATLAB 与 Modelsim 仿真,验证了该正交解调算法的理论可行性和实践可行性;通过对所设计的系统的实际调试与测试,最终成功实现了基于软件无线电理论的数字化调频广播接收机。

12.1　概念与内涵

软件无线电是一种基于数字信号处理的器件芯片,是以软件为核心的崭新的无线通信体系结构。它的基本思想是以一个通用、标准、模块化的硬件平台为依托,通过软件编程来实现无线电的各种功能。

传统的模拟调频广播接收机可靠性差,基本没有可移植性,而本设计是基于软件无线电思想,用数字器件 FPGA 来解调调频信号,将算法的参数稍作改动就可以实现对 AM 等其他调制模式信号的解调,因此具有很强的可移植性和可靠性,并且方案简单可行,是软件无线电理论在实际应用上的一次成功探索。

12.2　基本原理介绍

调频广播接收机的实现方式有很多种,主要包含三大类:传统的模拟器件调频广播接收机、全数字化的调频广播接收机、模拟与数字相结合的调频广播接收机。按照这三类实现方式,可以有以下三种不同的设计方案。

1.传统的模拟器件调频广播接收机

对于传统的模拟器件调频广播接收机,其中最为典型的是超外差式接收机,即先将接收到的射频信号混频至中频,一般设定中频为 10.7 MHz,将中频信号处理后,对其进行鉴频,实现对调频信号的解调,接着将解调出来的信号进行功率放大,驱动音响设备。其结构方框图如图 12 - 1 所示。

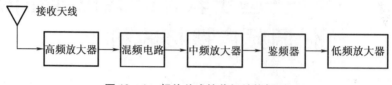

图 12 - 1   超外差式接收机结构框图

模拟器件设计的接收机,由于工作在较高频率,电路布局布线和元件参数成为其性能的关键制约因素。另外由于器件参数存在较大的差异,导致所设计的接收机可靠性差、稳定性低,并且组装时元件参数遴选不易,生产出的每台产品往往都需要进行人工调试才能推出。

2. 全数字化的调频广播接收机

全数字化的调频广播接收机,是软件无线电思想实现的最理想方式。其特点是直接对天线接收到的信号进行 AD 采样,然后使用数字处理器件(如 FPGA)进行处理,再经过 DA 输出最终的解调信号,其结构框图如图 12 - 2 所示。

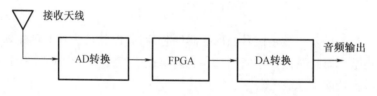

图 12 - 2   全数字化的调频广播接收机

天线接收到的信号是非常微弱的,一般是 mV 或 uV 量级的,而调频广播的频段为 88 MHz ~ 108 MHz,若直接通过模 - 数转换器件进行数字化采样,则要求所使用的 ADC 具有较高的转换位数(16 位以上)和转换速率,并且天线接收到的高频信号,强度不稳定、含有大量的高频噪声,这些都会严重影响 ADC 所采得的数据,使得算法实现复杂;并且高速、高位数 ADC 价格高昂,会使得成本过高。此外由于信号的频率较高,因此采集的数据量会非常大,这对 FPGA 的速度也有较高要求,而高速的 FPGA 价格十分昂贵。因此,虽然理论上这是最理想的实现方案,但实现起来缺陷也是很明显的。

3. 模拟与数字相结合的调频广播接收机

将模拟元件与数字处理技术相结合,首先通过模拟元件对接收的电台信号进行二次下变频,将信号频率降低,然后经过 AD 采样之后,通过 FPGA 数字处理对信号解调,再由 DA 产生音频信号输出。具体的结构框图如图 12 - 3 所示。

图 12-3　模拟与数字相结合的调频广播接收机结构框图

这种方法与纯模拟器件的方案相比,其稳定性、可靠性更高;与最理想的方案相比,算法复杂度低,成本低,实现方式简单可行。

综上所述,考虑到器件性能的稳定性、可靠性、制作的成本及算法处理难易程度,本设计选择模拟与数字相结合的调频广播接收机作为最终的设计方案。

12.3　硬件电路设计

本设计的硬件电路设计主要包含两大部分:射频前端和后端数字信号处理平台,接收机的完整内部结构如图 12-4 所示。

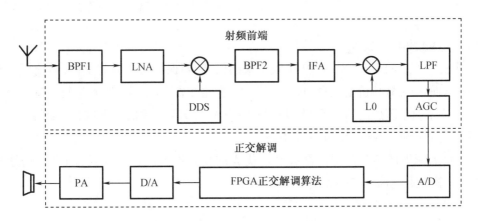

图 12-4　接收机的完整内部结构

1. 射频前端

如图 12-4 所示,接收机的前端接收电路主要由带通滤波器、低噪声放大器、数字信号生成器、混频器、自动增益控制等部分构成,采用二次变频是为了进一步降低调频信号的中心频率,降低要处理的数据量。

经过两次下变频后产生 455 kHz 的中频信号,再经过低通滤波器及自动增益控制电路,将信号输出给后端的数字处理电路。下面依次介绍各个电路的具体实现方法,射频前端电路的整体电路图见附录 A。

(1)一次变频电路设计

混频实质上是将天线耦合而来的电台信号与固定频率的本振信号相乘,产生和、差频分量。和频分量为上变频;差频分量为下变频。在接收机的设计中,需要将较高频率信号的频谱搬移到较低的频率,因此只需取出混频器的差频分量即可,本次设计的中频为 10.7 MHz。

选用的混频器为 SA602。本地 FM 电台信号经天线感应后强度可达 mV 级,混频电路输入信号在混频前先被放大,本设计采用 MAX2650 作为前段低噪声放大器。放大后信号与本振信号通过 SA602 进行混频,再使用 10.7 MHz 的陶瓷滤波器滤出中频信号。

输入信号放大电路和混频电路如图 12 - 5 所示,天线输入的信号先经过由电容和电感所构成的带通选频网络,选出 88 - 108 MHz 范围的 FM 信号,送入低噪声放大器 MAX2650 后,与本地振荡信号一起在 SA602 中完成混频。

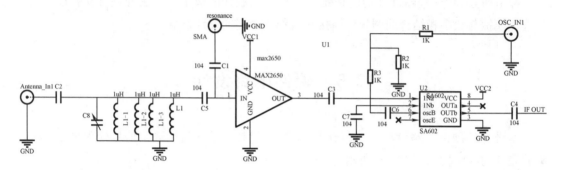

图 12 - 5　输入信号放大电路和混频电路

(2)二次变频电路设计

一次变频产生的 10.7 M 的 FM 中频频率仍较高,要保证采样的完整性,需使用非常高速的 ADC,而这种 ADC 价格较贵,并且采样的数据量非常大,后续 FPGA 进行处理时负担较重。基于成本及处理速度的考虑,本设计将 10.7 M 的 FM 中频信号再进行一次下变频(二次变频),将其降低至 455 kHz 的 FM 中频。

SA602 在很宽的频率范围内都有非常优秀的变频性能,二次变频器的设计仍然采用 SA602。二次变频电路原理图如图 12 - 6 所示。

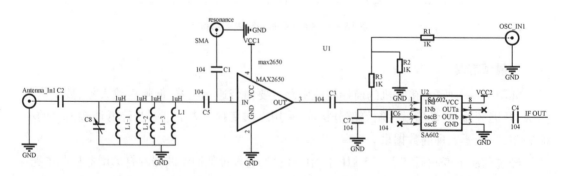

图 12 - 6　二次变频电路设计

陶瓷滤波器输出的中频信号幅度较小,需经过放大电路,对中频信号进行放大,采用运算放大器 OPA657 作为中频放大器。选用 10.245 MH 的晶振 Y1 作为二次本振。

一次变频输出的 10.7 MHz 中频,经放大电路后以单端输入的方式送入 SA602。

10.7 MHz 中频信号与 10.245 MHz 本振信号经 SA602 混频,产生 10.7 MHz + 10.245 MHz 的和频分量和 455 kHz 的固定差频分量。

对于 SA602 输出的和频和差频分量,同样需要滤除高频分量,同时保留 455 kHz 的信号。为此利用运算放大器 THS3641 制作了一个二阶亚控滤波器来滤除高频分量,具体电路如图 12 - 7 所示。为保证输出给后端 AD 转换器的信号幅度稳定,加入一级自动增益控制电路,实现对输出信号电压值的控制。本设计中选择 ADI 公司的 AD603 实现自动增益控制,实现电路如图 12 - 8 所示。

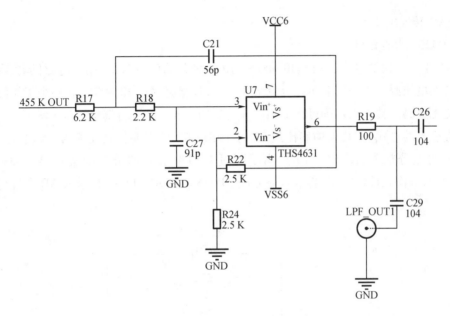

图 12 - 7　二阶亚控滤波器电路

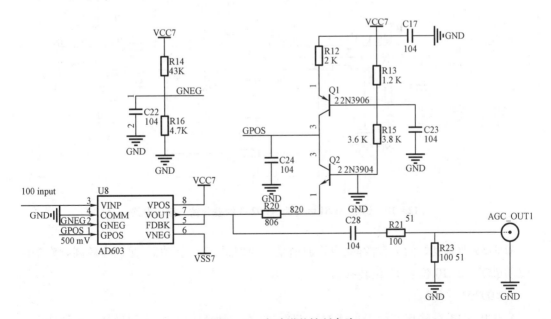

图 12 - 8　自动增益控制电路

2. 数字后端电路设计

数字后端电路由 ADC 转换电路、FPGA 最小系统、DAC 转换电路及音频功放组成。数字后端电路设计如图 12 - 9 所示。

图 12 - 9　数字后端电路设计

（1）AD 转换电路

① AD9203 功能介绍

AD9203 是一款单芯片、10 位、40 MSPS 的模数转换器（ADC），采用单电源供电，内置一个片内基准电压源。它采用多级差分流水线架构，数据速率达 40 MSPS，在整个工作温度范围内保证无失码。其输入范围可在 1 Vp - p 至 2 Vp - p 之间进行调整。

差分输入的方式，其共模抑制比最高，对于单端信号，需要将其变换为一组极性相反、大小相同的差分信号，图 12 - 10 给出了通过专用单端 - 差分变换运放 AD8138 作为 AD9203 的差分输入接口电路，将信号差分成 ADCIN + 和 ADCIN - ，再送入 AD 中进行模数转换。

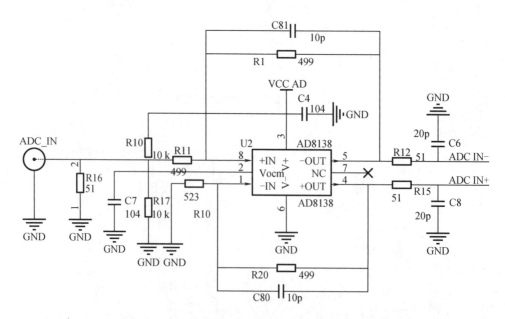

图 12 - 10　运放 AD8138 作为 AD9203 的差分输入接口电路

AD8138 拥有良好的失真性能，堪称通信系统的理想 ADC 驱动器，足以在较高频率条件下驱动最新型的 10 位至 16 位转换器。

② AD9203 采样电路设计

AD9203 的差分输出有助于平衡差分 ADC 的输入，使 ADC 性能达到最高。本设计中采用差分形式的输入结构,电路如图 12 – 11 所示。

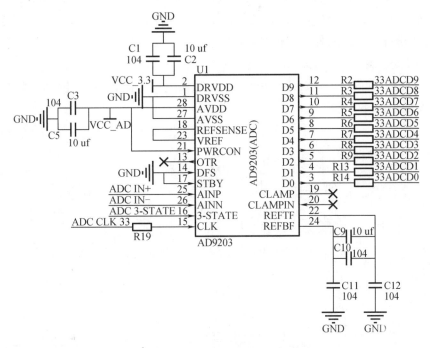

图 12 – 11　差分形式的输入结构电路

(2)FPGA 最小系统

软件无线电的主处理器要求具有高速、高实时性的特点,宜通过 FPGA 实现,根据以往的相关设计基础,决定选用 Altera 公司的 FPGA 器件。

①Altera FPGA 器件选型

Cyclone Ⅱ(飓风二代)是 Altera 公司主流低成本系列 FPGA,片内含有硬件乘法器及锁相环,内部逻辑工作速度高达 300 MHz,是 FPGA 低成本应用的理想选择。该系列器件的特性见表 12 – 1。由此分析,结合系统需求,从内部逻辑单元容量、乘法器资源、片内 RAM、片内锁相环等角度考虑,选择 Altera Cyclone Ⅱ 系列的 EP2C8Q208C8N 作为软件无线电的主处理器,用来完成正交解调算法的实现。

表 12 – 1　Cyclone Ⅱ 系列 FPGA 特性

特性	EP2C5	EP2C8	E2C20	EP2C35	EP1C50	EP1C70
LE	4 608	8 256	18 752	33 216	50 582	68 416
M4K RAM	26	36	52	105	129	250
锁相环	2	2	4	4	4	4
乘法器模块	13	18	26	35	86	150

②FPGA 最小系统

最小系统是软件无线电主处理器得以运行的基本平台,其合理、稳定的设计至关重要。为充分发挥其器件功能,FPGA 最小系统的设计应进行周全考虑。FPGA 最小系统包括电源供电电路、下载/配置电路、外部时钟和复位电路。

a. 电源供电电路

FPGA 电源分为内核电压和端口电压,它们工作电压不同,应分别供电。图 12 - 12 所示为 FPGA 最小系统电源电路。

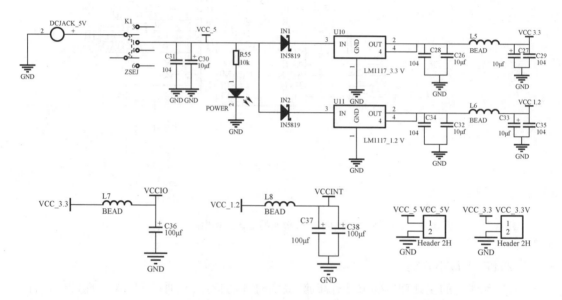

图 12 - 12　FPGA 最小系统电源电路

电源供电电路可以为 FPGA 系统提供稳定、有效地供电。5 V 为外部电源输入,LM1117_3.3 稳压芯片为 FPGA 提供 3.3 V 的 I/O 电源(VCCIO),LM1117_1.2 为 FPGA 提供 1.2 V 的内核电源(VCCINT)。

b. 下载/配置电路

配置(configuration),又称为下载,是对 FPGA 的内容进行编程的一个过程。每次上电后需要进行配置。这是基于 SRAM 工艺 FPGA 的一个特点,也可以说是一个缺点。在 FPGA 内部,有许多可编程的多路器、逻辑、互连线结点和 RAM 初始化内存等,都需要配置数据来控制。配置数据在 FPGA 运行时,存放在内部 SRAM 中。FPGA 的配置过程看似简单,但却是实际系统中遇到问题最多的地方。

FPGA 最小系统所采用的 EP2C8Q208C8N 支持 JTAG 调试及主动串行(AS)配置。其配置数据大小为 1 983 536 bits(247 974 bytes),EPCS 配置芯片应选择容量大于其配置数据的型号,EPCS1 的数据容量为 1 048 576 bits,EPCS4 的数据容量为 4 194 304 bits,故选择 EPCS4 作为配置芯片,保存配置数据。

图 12 - 13 为 FPGA 的下载/配置电路,10 芯的 JTAG 和 AS 接口分别是计算机调试和下载配置数据的接口。

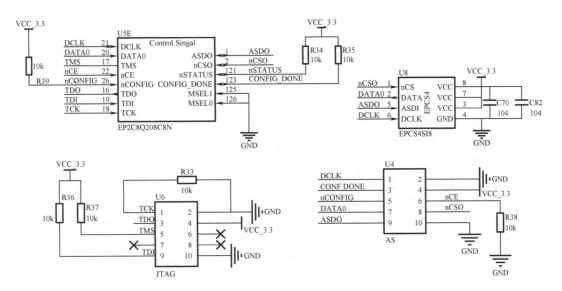

图 12 - 13　FPGA 下载/配置电路图

c.外部时钟电路

有源晶振不需要芯片的内部振荡器,其可以提供高精度的频率基准,信号质量也较无源晶振要好。本 FPGA 最小系统分别采用 50 MHz 和 20 MHz 的有源贴片晶振作为芯片工作的时钟输入,电路图如图 12 - 14 所示。

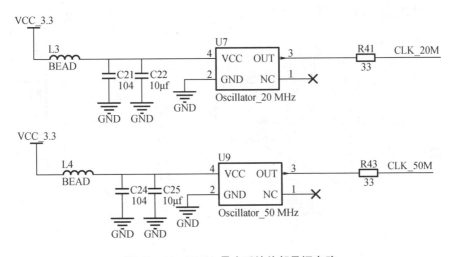

图 12 - 14　FPGA 最小系统外部晶振电路

(3)DA 数模转换电路设计

数字后向通道是指将解调出的数字语音数据转换为模拟语音信号的过程,这里采用芯片 AD9708 设计实现数模转换。AD9708 数模转换接口电路如图 12 - 15 所示,微处理器将数字量 D[7 - 0]送到总线上,然后提供转换时钟 DAC CLK,控制 AD9708 对总线上的数据进行转换,产生转换结果 DAC_OUT。

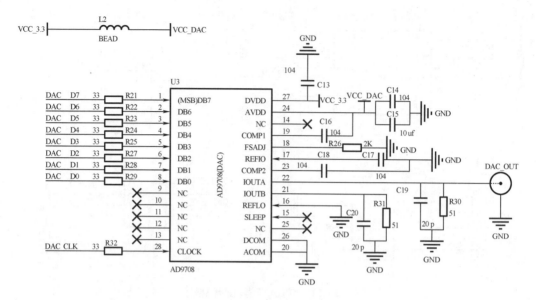

图 12 - 15　AD9708 数模转换接口电路

(4)音频功放电路设计

为了保证音频质量,将 DA 转换后的信号进行音频功率放大。放大器采用 LM386,结合放大电路与放大器 LM386 对功率放大实现音频的放大。LM386 是为低电压应用设计的音频功率放大器。增益在内部设定到 20 可使外部元件数量较少,在引脚 1 和 8 之间连接电阻和电容可使增益超过 200 。基于 LM386 的音频功率放大电路如图 12 - 16 所示。

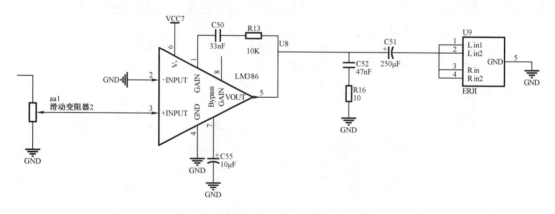

图 12 - 16　基于 LM386 的音频功率放大电路

12.4 正交解调算法及 MATLAB 仿真

1. 正交解调算法的理论基础

本次软件的设计主要是 FPGA 中的正交解调算法,利用该算法实现对 FM 信号的解调,该算法的理论推导如下。

假设调制信号为 $m(t)$,载波信号为 $\sin(w_c t)$,则调频信号可表示为

$$S(t) = a(t)\sin(w_c t + \int m(t)\mathrm{d}t) \tag{12-1}$$

其中,$a(t)$ 是干扰噪声引入的寄生调幅,若将 $S(t)$ 分别与两个本地的正交载波相乘,如式 $(12-2)(12-3)$ 所示:

$$
\begin{aligned}
S_I(t) &= S(t)\cos w_c t \\
&= a(t)\sin(w_c t + \int m(t)\mathrm{d}t)\cos w_c t \\
&= \frac{1}{2}a(t)\left[\sin(2w_c t + \int m(t)\mathrm{d}t) + \sin(\int m(t)\mathrm{d}t)\right] \tag{12-2}
\end{aligned}
$$

$$
\begin{aligned}
S_Q(t) &= S(t)\sin w_c t \\
&= a(t)\sin(w_c t + \int m(t)\mathrm{d}t)\sin w_c t \\
&= -\frac{1}{2}a(t)\left[\cos(2w_c t + \int m(t)\mathrm{d}t) - \cos(\int m(t)\mathrm{d}t)\right] \tag{12-3}
\end{aligned}
$$

对 $S_I(t)$,$S_Q(t)$ 分别进行低通滤波后可得:

$$I(t) = a(t)\sin(\int m(t)\mathrm{d}t) \tag{12-4}$$

$$Q(t) = a(t)\cos(\int m(t)\mathrm{d}t) \tag{12-5}$$

对 $I(t)$,$Q(t)$ 分别进行求导可得:

$$I'(t) = a'(t)\sin(\int m(t)\mathrm{d}t) + a(t)m(t)\cos(\int m(t)\mathrm{d}t) \tag{12-6}$$

$$Q'(t) = a'(t)\cos(\int m(t)\mathrm{d}t) - a(t)m(t)\sin(\int m(t)\mathrm{d}t) \tag{12-7}$$

将 $(12-4)$ 与 $(12-7)$、$(12-5)$ 与 $(12-6)$ 分别相乘可得:

$$I(t)Q'(t) = a'(t)a(t)\sin(\int m(t)\mathrm{d}t)\cos(\int m(t)\mathrm{d}t) - a^2(t)m(t)\sin^2(\int m(t)\mathrm{d}t) \tag{12-8}$$

$$I'(t)Q(t) = a'(t)a(t)\sin(\int m(t)\mathrm{d}t)\cos(\int m(t)\mathrm{d}t) + a^2(t)m(t)\cos^2(\int m(t)\mathrm{d}t) \tag{12-9}$$

将 $(12-4)$、$(12-5)$、$(12-8)$、$(12-9)$ 式带入计算可得:

$$\frac{I'(t)Q(t) - I(t)Q'(t)}{I^2(t) + Q^2(t)} = m(t) \tag{12-10}$$

2. 正交解调算法的 MATLAB 仿真

为了使现象更加明显,本次决定仿真整个数字解调算法,并单独分析其中滤波器的参数与性能。为了在 MATLAB 上仿真流畅,本次仿真降低了调频信号的频率,取采样频率 f_s = 256 Hz,载波信号 f_c = 40 Hz 的余弦信号,调制信号为频率 f_m = 1 Hz 的余弦信号。具体仿真程序见附录。已调信号与基带信号的时域波形,如图 12-17 所示;载波信号与已调信号的频谱,如图 12-18 所示;相乘输出经低通滤波器时域波形,如图 12-19 所示;相乘输出经低通滤波器频谱,如图 12-20 所示;基带信号与解调信号的时域波形,如图 12-21 所示;基带信号与解调信号的频谱,如图 12-22 所示。

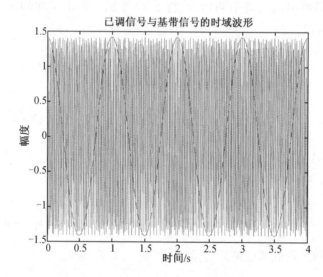

图 12-17 已调信号与基带信号的时域波形

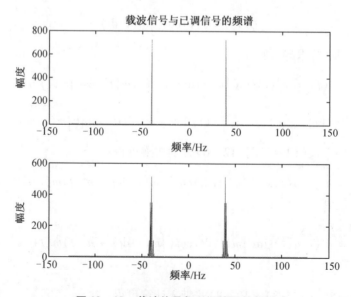

图 12-18 载波信号与已调信号的频谱

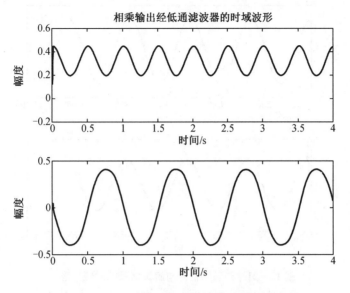

图 12 – 19 相乘输出经低通滤波器的时域波形

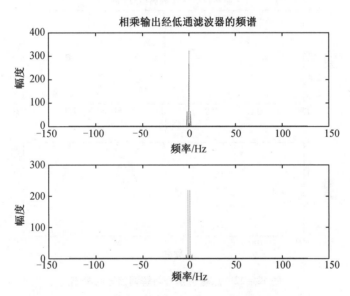

图 12 – 20 相乘输出经低通滤波器的频谱

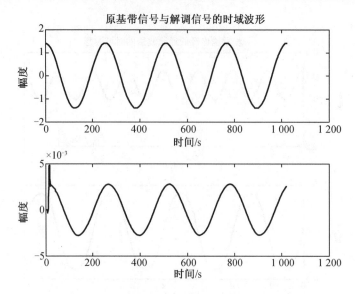

图 12－21　原基带信号与解调信号的时域波形

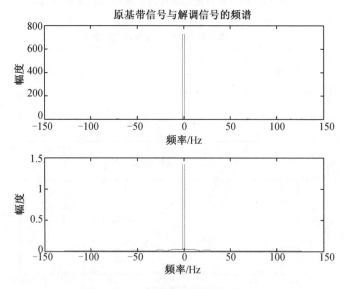

图 12－22　原基带信号与解调信号的频谱

从上面的仿真结果可以看出,该解调算法能正确地解调调频信号,解调出来的信号和原始调制信号相比存在相移,该算法是可行的。

3. 正交解调算法的数字化

由于在采样的前端系统加入了 AGC,因此可以认为是加入了限幅电路。所以在上面的推导中可以认为调频信号为:

$$S(t) \ = \ \sin(w_c t + \int m(t)\mathrm{d}t) \tag{12-11}$$

由于在连续信号中的积分和微分分别对应离散域中的求和与差分,因此对于最终正交解调算法公式(12-10)的具体实现为:

$$\left[I(n) - I(n-1)\right]Q(n) - I(n)\left[Q(n) - Q(n-1)\right] = I(n)Q(n-1) - Q(n)I(n-1)$$

$$(12-12)$$

整个算法在 FPGA 中实现的框图如图 12 – 23 所示。

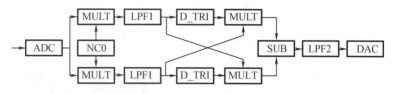

图 12 – 23　数字化正交解调 FPGA 实现的框图

12.5　测试与误差分析

本作品的硬件系统主要包含两个部分:射频前端和后端数字信号处理。射频前端板包括带通滤波器、低噪声放大器、一次混频器、中频滤波器、中频放大器、二次混频器、滤波器,自动增益控制电路这 8 个模块;后端数字信号处理板包括 ADC 转换器、FPGA 最小系统、DAC 输出器、音频功放。当然还有音频接口转换的相关接插件。下面详细介绍各个模块的测试结果和误差原因。

1. 射频前端硬件电路

本作品测试所得的示波器波形都是利用泰克示波器自带的软件将所测得的信号传输到 PC 机上,然后在 PC 机上进行截图完成的。

(1)带通滤波器

调频广播所占用的频段是 88 MHz ~ 108 MHz,因此理想情况下是做一个带宽为 20 MHz 的带通滤波器,本次实际制作滤波器的频率响应,如图 12 – 24 所示。

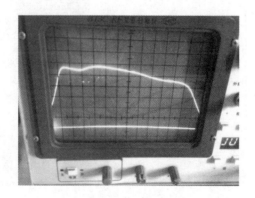

图 12 – 24　带通滤波器的扫频仪测试图

（2）低噪声放大器

当测量低噪放大电路放大性能时,利用信号源在低噪放大电路的输入端给入一个 88 MHz,100 mVpp 的单频正弦波信号。用示波器在低噪放大电路的输出端观察放大得到的输出信号波形,如图 12 – 25 所示;输出信号波形参数,如图 12 – 26 所示,幅度为 592 mVpp,计算得到此低噪放大电路的增益为 15.45 dB。

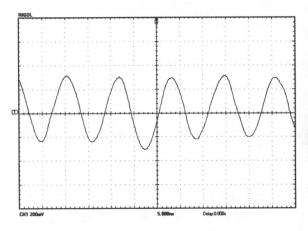

Type	Value
Vpp	592mV
Vmax	304mV
Vmin	-288mV
Vavg	15.0mV
Vamp	530mV
Vtop	275mV
Vbase	-254mV
Vrms	193mV
Vover	5.03%
Vpre	5.08%
Frequency	88.50MHz
Rise Time	3.580ns
Fall Time	3.420ns
Period	11.30ns
Pulse Width+	5.600ns
Pulse Width-	5.600ns
Duty+	49.6%
Duty-	50.4%

图 12 – 25　低噪声放大输出信号波形　　　图 12 – 26　低噪声放大输出信号波形参数

（3）一次混频器、中频滤波器

当测量一次混频电路降频效果时,利用信号源在一次混频电路的输入端给入一个 95.8 MHz,400 mVpp 的单频正弦波信号,得到的一次混频输出信号波形,如图 12 – 27 所示;另外一个为 85.1 MHz,400 mVpp 的单频信号,用示波器在一次混频电路的输出端观察降频并且通过陶瓷滤波器得到的波形,如图 12 – 27 所示;输出信号波形参数,如图 12 – 28 所示,此信号的频率为 10.7 MHz,幅度峰值为 268 mV,满足设计要求。

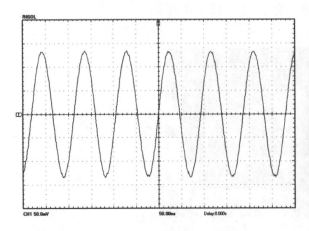

Type	Value
Vpp	268mV
Vmax	132mV
Vmin	-134mV
Vavg	377uV
Vamp	266mV
Vtop	134mV
Vbase	-134mV
Vrms	92.5mV
Vover	2.24%
Vpre	0.00%
Frequency	10.80MHz
Rise Time	29.00ns
Fall Time	30.00ns
Period	93.00ns
Pulse Width+	46.00ns
Pulse Width-	47.00ns
Duty+	49.5%
Duty-	50.5%

图 12 – 27　一次混频输出信号波形　　　图 12 – 28　一次混频输出信号波形参数

（4）中频放大电路

当测量中频放大电路放大性能时,利用信号源在中频放大电路的输入端给入一个 10.7 MHz,100 mVpp 的单频正弦波信号;而用示波器在中频放大电路的输出端观察放大得到的输出信号波形,如图 12 – 29 所示;输出信号波形参数,如图 12 – 30 所示,频率不变,幅度为 2.58 Vpp,所以得到此低噪放大电路的增益为 28.23 dB。

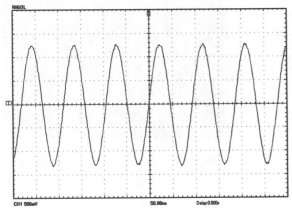

图 12 – 29　中频放大输出信号波形

Type	Value
Vpp	2.58V
Vmax	1.24V
Vmin	-1.34V
Vavg	-43.1mV
Vamp	2.58V
Vtop	1.24V
Vbase	-1.34V
Vrms	887mV
Vover	2.95%
Vpre	0.62%
Frequency	10.80MHz
Rise Time	30.00ns
Fall Time	29.40ns
Period	93.00ns
Pulse Width+	47.00ns
Pulse Width-	47.00ns
Duty+	50.5%
Duty-	50.5%

图 12 – 30　中频放大输出信号波形参数

（5）二次混频器

当测量二次混频电路降频效果时,利用信号源在一次混频电路的输入端给入一个 10.7 MHz,400 mVpp 的单频正弦波信号;本振信号由晶体振荡器提供,而用示波器在二次混频电路的输出端观察降频得到的输出信号波形,如图 12 – 31 所示;输出信号波形参数,如图 12 – 32 所示,信号带有高频噪声,这是因为混频器输出没有经过低通滤波器。

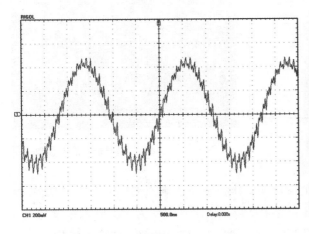

图 12 – 31　二次混频输出信号波形

Type	Value
Vpp	976mV
Vmax	472mV
Vmin	-504mV
Vavg	2.40mV
Vamp	978mV
Vtop	472mV
Vbase	-506mV
Vrms	306mV
Vover	135.0%
Vpre	57.8%
Frequency	10.00MHz
Rise Time	738.0ns
Fall Time	548.0ns
Period	100.0ns
Pulse Width+	0.000s
Pulse Width-	100.0ns
Duty+	10.0%
Duty-	30.0%

图 12 – 32　二次混频输出信号波形参数

（6）压控滤波器

图 12 – 31 的输出信号波形经低通滤波器之后高频噪声分量被滤除,得到如图 12 – 33

的输出信号波形,信号波形参数,如图 12 - 34 所示。从图 12 - 34 中可以看出不仅完成了滤波功能,还实现了 2 倍的增益。

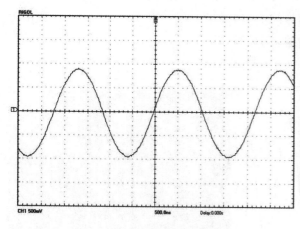

图 12 - 33　低通滤波输出信号波形

Type	Value
Vpp	1.84V
Vmax	860mV
Vmin	-980mV
Vavg	-49.3V
Vamp	1.79V
Vtop	832mV
Vbase	-948mV
Vrms	665mV
Vover	1.98%
Vpre	2.36%
Frequency	455.0kHz
Rise Time	620.0ns
Fall Time	640.0ns
Period	2.190us
Pulse Width+	1.090us
Pulse Width-	1.090us
Duty+	50.0%
Duty-	50.5%

图 12 - 34　压控滤波输出信号波形参数

（7）自动增益控制（AGC）电路

当 AD603 的输入端输入信号频率为 455 kHz,幅度从 30 mv ~ 1.33 v 变化,输出信号的幅度均在 1.8 V,输出信号波形,如图 12 - 35 所示;输出信号波形参数如图 12 - 36 所示,从图 12 - 36 中可以看到该电路很好地实现了自动增益的控制功能。

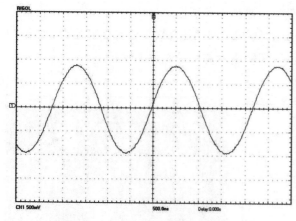

图 12 - 35　AGC 输出信号波形

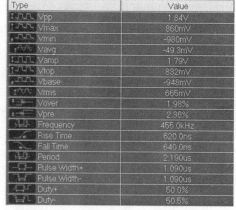

Type	Value
Vpp	1.84V
Vmax	860mV
Vmin	-980mV
Vavg	-49.3mV
Vamp	1.79V
Vtop	832mV
Vbase	-948mV
Vrms	665mV
Vover	1.98%
Vpre	2.36%
Frequency	455.0kHz
Rise Time	620.0ns
Fall Time	640.0ns
Period	2.190us
Pulse Width+	1.090us
Pulse Width-	1.090us
Duty+	50.0%
Duty-	50.5%

图 12 - 36　AGC 输出信号波形参数

通过以上分析可知,射频前端板各个模块均工作正常。在输入端接上天线,用信号源加入一个本振信号,在射频前端板的输出端就能看到一个信号频率为 455 kHz,幅度为 1.8 Vpp 的调频信号,至此射频前端板的测试全部完成。图 12 - 37 为射频前端板的实物图片。

图 12 – 37　射频前端板的实物图片

2. 后端数字信号电路

后端数字信号处理板的测试包含三个主要部分,第一是 FPGA 最小系统是否能正常工作;第二是 AD 能否正常采样;第三是 DA 能否正常输出。

（1）FPGA 最小系统

仔细检查 FPGA 的设计后,上电下载程序,程序能正常下载,且按照编写的程序运行,证明 FPGA 最小系统正常工作。

（2）AD 转换器

本次设计采用的是差分运放和差分型输入的 AD 转换器,当测量 ADC 转换器电路时,利用信号源在 ADC 转换器的输入端给入一个 455 kHz,1.8 Vpp 的单频正弦波信号,然后让 ADC 转换器与 FPGA 处理器连接,往 FPGA 处理器中烧入 ADS9203 的驱动程序,利用 Quartus Ⅱ 自带的 Signal Tap 仿真观察采集到的信号,其结果如图 12 – 38 所示,说明 ADC 转换器正常工作。

图 12 – 38　ADC 采样的 SignalTap Ⅱ图

（3）DAC 转换器

当测量 DAC 转换器电路时,连接 DAC 转换器与 FPGA 处理器,由 FPGA 控制 DAC 转换器输出一个 455 kHz,1 Vpp 的单频正弦波信号,然后用示波器观察 DAC 转换器的输出信号波形,如图 12 – 39 所示,输出信号波形参数如图 12 – 40 所示,说明 DAC 转换器正常工作。

（4）音频功放

当测量功率放大电路输出时,利用信号源在功率放大电路的输入端给入幅度为1 Vpp,频率在 100 Hz ~ 4 kHz 的单频正弦波信号,在功率放大电路的输出端接入耳机,通过改变信号源的输出频率,可以在耳机上收听到不同的音调,而且与信号源的变化相同,由此判断功率放大电路正常工作。

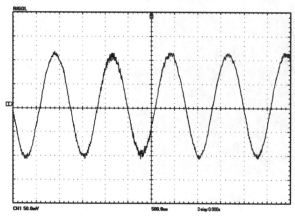

Type	Value
Vpp	228mV
Vmax	112mV
Vmin	-116mV
Vavg	-122uV
Vamp	226mV
Vtop	109mV
Vbase	-116mV
Vrms	75.8mV
Vover	3.17%
Vpre	1.92%
Frequency	800.0Hz
Rise Time	406.0us
Fall Time	402.0us
Period	1.250ms
Pulse Width+	640.0us
Pulse Width-	640.0us
Duty+	51.2%
Duty-	48.8%

图 12 – 39 DAC 转换器输出信号波形　　　　图 12 – 40　DAC 转换器输出信号波形参数

通过测试的波形及对应的理论,可知各个模块工作正常,至此后端数字信号处理板的测试工作也全部完成。图 12 –41 为后端数字信号处理板的实物图片。

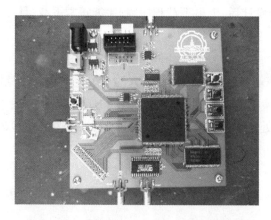

图 12 –41　后端数字信号处理板的实物图片

3. 正交解调算法的 Modelsim 仿真与误差分析

本次软件测试主要是在 Modelsim – Altera 中完成对正交解调算法的仿真。该算法主要包含八个部分:ADC 信号采集模块、NCO 本地正交振荡模块、前端乘法器模块及位宽截取、前端 FIR 低通滤波器模块及位宽截取、D 触发器模块及后端乘法器模块、减法器模块及位宽截取、后端 FIR 低通滤波器模块及位宽截取、CIC 抽取模块及 DAC 输出模块。各个测试节点在算法流程图中的位置分别用数字 1 – 8 标出。

本次软件测试主要是在 Modelsim – Altera 中仿真。首先利用 Signal Tap Ⅱ Logic Analyzer 采集实际的调频信号数据,经过处理后,保存成. txt 格式,再利用 Modelsim – Altera 中的 textio 功能读取. txt 中的数据作为仿真时 AD 转换器采集到的数据。下面依次说明算法中各个节点仿真时候的具体技术指标及在 Modelsim – Altera 中的波形。

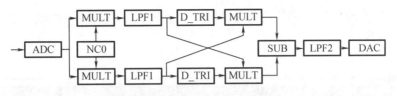

图 12 - 42　算法流程测试顺序说明

（1）正交解调算法节点测试

①ADC 信号采集模块

采集的调频信号，载波频率为 455 kHz，幅度 1.8 Vpp；调制频率 4 kHz，调制频偏 20 kHz；AD 采样的速率为 5 MHz，也是整个系统的工作时钟速率。用 SignalTap Ⅱ 采集，所得数据波形如图 12 - 43 所示。

图 12 - 43　A 采集所得数据波形

利用 textio 读取后，在 Modelsim - Altera 中的仿真波形如图 12 - 44 所示。

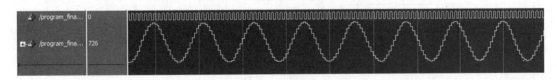

图 12 - 44　仿真波形

②NCO 本地正交振荡模块

NCO（numerical controlled oscillator）是软件无线电的一个重要组成部分。本次设计的 NCO 信号频率为 455 kHz，工作时钟为 5 MHz，最终的仿真波形如图 12 - 45 所示。从图 12 - 45 中的任何一条竖线均可以看出，两个信号是严格正交的，因此设计是符合要求的。

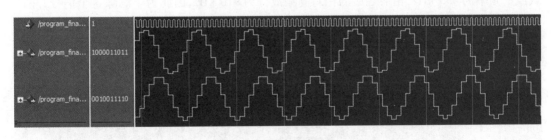

图 12 - 45　仿真波形

③前端乘法器模块及位宽截取

本次设计中的正交解调算法涉及两组乘法器，分别命名为前端乘法器和后端乘法器，乘法器将 AD 转换器采集所得的信号与 NCO 产生的信号相乘,所得的输出信号波形如图 12 - 46 所示。

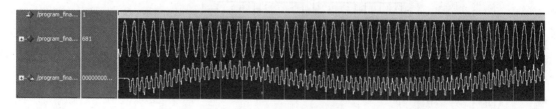

图 12 - 46   输出信号波形

可以看出,前端乘法器的输出信号是两个信号的叠加,这和理论上是一致的。因为乘法器的两个输入信号都是 10 bit 的,所以输出为 20 bit,为了降低后端数据的运算量及节省逻辑资源,进行了位宽截取,最终前端乘法器的输出为 10 bit。

NCO 及前端乘法器对应的 Quartus Ⅱ 顶层文件,如图 12 - 47 所示。

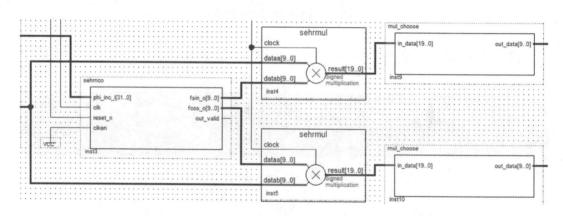

图 12 - 47   NCO 及前端乘法器对应的 Quartus Ⅱ 顶层文件

④前端 FIR 低通滤波器模块及位宽截取

这个滤波器的主要功能是滤除经过相乘之后的高频信号,取出所需的低频信号。由于载波的频率为 455 kHz,相乘之后的相对高频成分为 910 kHz,因此为了滤除这个信号,并且考虑整个系统的采样率为 5 MHz、音频信号的上限为 20 kHz,设置前端滤波器的截止频率为 50 kHz。前端乘法器的输出信号,经过该滤波器后的输出信号,如图 12 - 48 所示。

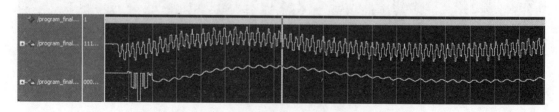

图 12 - 48   经过滤波器后的输出信号

同样,由于滤波器的输出信号精度为 20 bit,为了减小后端处理的数据量及节省逻辑单元,进行了位宽截取,最终前端滤波器的输出为 10 bit。

LPF1 及对应的位宽截取顶层文件,如图 12 - 49 所示。

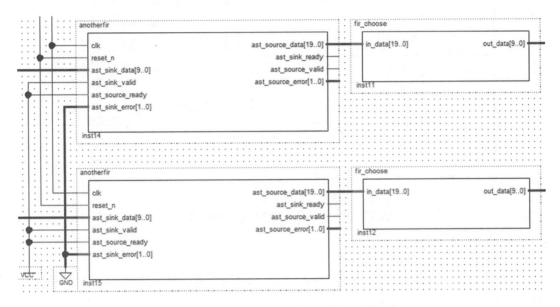

图 12 - 49　LPF1 及对应的位宽截取顶层文件

⑤D 触发器模块及后端乘法器模块

D 触发器是为了实现对信号的延时,即对信号的差分,与其对应的就是在连续信号中的微分,其中信号在经过 D 触发器前后的仿真信号波形,如图 12 - 50 所示(为了便于观察缩短了时间轴)。

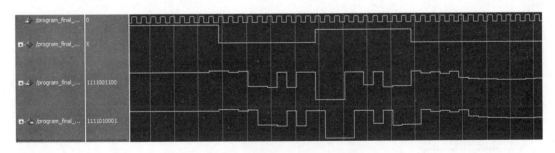

图 12 - 50　D 触发器前后的仿真信号波形

从图 12 - 50 中可以看出,输入信号和输出信号间延时了一个时钟周期,才达到了预期的效果。由于这一步完成的是对信号的差分操作,因此相乘之后的信号规律性不明显,相减之后才会有比较明显的现象。

图 12 - 51 对应的是一级延时和乘法器的顶层文件。

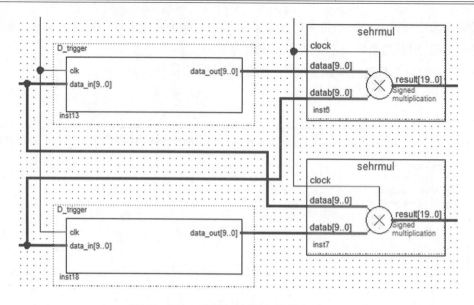

图 12 -51　一级延时和乘法器的顶层文件

⑥减法器模块及位宽截取

将上下两路差分后的信号进行相减操作,即可得到想要的调频信号,其仿真信号波形如图 12 -52 所示。

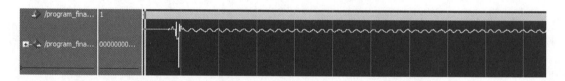

图 12 -52　上下两路差分后的信号相减所得的仿真信号波形

同理,进行位宽截取,该部分对应的顶层文件,如图 12 -53 所示。

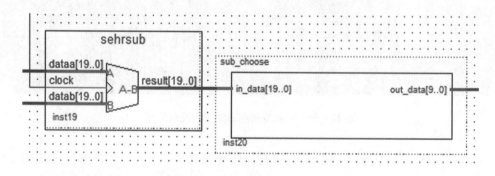

图 12 -53　位宽截取对应的顶层文件

⑦后端 FIR 低通滤波器模块及位宽截取

这里的滤波器采用的也是 FIR,具体的参数设置原则和前端滤波器设计是一样的,在此不再赘述。经过后端低通滤波器后的仿真信号波形如图 12 – 54 所示。

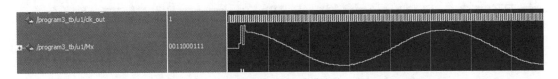

图 12 – 54　经过后端低通滤波器后的仿真信号波形信号

⑧CIC 抽取模块及 DAC 输出模块

CIC 抽取模块的目的是为了降低输出信号的数据量,因为整个系统的时钟是 5 MHz,以 5 MHz 的速度来输出音频信号和以 500 kHz 的速率来输出音频信号,所以是没有本质却别的。因为音频最高时 20 kHz,但是进行抽取之后,DA 转换器的能耗就会大大降低,所以 DA 转换器处理的数据量也会大大减少。

该后端 FIR 滤波器及该部分对应的顶层文件,如图 12 – 55 所示。

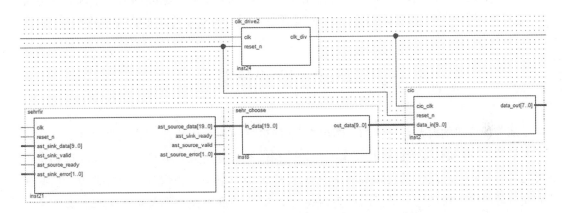

图 12 – 55　后端 FIR 滤波器及该部分对应的顶层文件

专题 13　EDA 在模式识别与机器学习中的应用——基于 FPGA 和 Viola Jones 算法的人脸检测系统设计

本专题的目的是通过对 Paul Viola 和 Michael Jones 提出的实时人脸检测的算法进行学习研究及算法仿真,实现一个能够进行快速人脸检测的系统。Viola－Jones 算法是一种视觉目标检测的机器学习方法,它能够在快速处理图像的同时实现很高的检测率。该算法提出了三个关键性的研究成果。首先是提出一种新的图像表征说明方法,称为"积分图像",它大大提升了提取特征的速度;其次是采用了基于 AdaBoost 算法的分类器,可以从大量的特征中选择出几个关键的视觉特征;最后提出采用"Attentional Cascade"的形式不断合并分类器,这样使得背景区域被很快丢弃,从而将更多的有效计算集中在疑似目标区域上。

13.1　设计任务

随着计算机的普及和性能的不断提高,如何更好地做到用户和计算机之间的交互成为了人们关心的问题。因此,近几年来图像处理和机器视觉研究发展迅速。图像处理和机器视觉主要的研究方向包括人脸检测及识别、目标识别与跟踪和图像分类的实现等。这些研究在日常的身份认证、人口统计、社会调查、实时监测和刑事侦查等各种领域都有着广泛的应用。人脸检测作为研究中一个重要的组成部分,其应用范围也非常广泛,特别是在视频追踪、实时监控和刑事侦查等领域都有非常重要的作用。

所谓人脸检测,就是给定一幅任意的图像,确定图像中是否有人脸,如果有则返回人脸的位置和范围。

人脸检测虽然从 20 世纪 90 年代已经开始研究,但由于受到视频和图像捕获设备的制约,一些环境因素的干扰,以及被检测主体的各种变化等影响,人脸检测的准确度和速度都没能同时达到很高的水平,一些主要的问题和难点直到今天依然没有得到有效和全面的解决。在这里先对这些有可能影响检测效率的因素做个简单的介绍。

人脸检测的困难主要是因为以下一些因素。

(1)姿势:人脸图像因为相机和人脸的相对位置产生的变化(正面,侧面,颠倒)。另外,一些脸部特征,如眼或鼻子可能部分或完全被遮挡。

(2)存在或缺少结构化成分:脸部特征,如上唇胡须、下巴胡须和眼镜等并不是在每个人脸中都有的,并且这些成分的变化很多,比如形状、颜色和大小等。

(3)脸部表情:脸部的外观会直接受到人脸表情的影响。

（4）遮挡：部分人脸可能被别的物体遮挡。在一幅有一群人的图像中，一些人脸可能被别的脸挡住。

（5）图像朝向：人脸图像会直接因为照相机的光轴转动而变化。

（6）图像条件：当图像被建立，各种光线（光谱，光源分布，强度）和相机特质（感应器，镜头）都影响人脸的外观。

本专题的基本任务就是将一幅图像中的人脸快速检测和标记出来，为下一步其他处理打下基础。

13.2　方案论证

本节介绍了现在常用的单幅灰度或彩色图像的人脸检测技术，并对其应用领域和一些优缺点做简单介绍，并简要论述了选择 Viola – Jones 人脸检测算法的原因。

1. 基于规则的方法

基于规则的方法是就人类对标准人脸的各组成部分的知识进行编码，往往这些规则会抓住各种脸部特征的相互关系，这些方法则主要用于人脸的定位。在这类方法中，人脸检测的方法是基于研究者对人脸的主观认识中推导出来的规则而发展起来的，很容易想到一些很简单的规则去描述人脸的特征及其相互间的关系。这种方法的主要困难是把人类感知的经验转化成定义。如果这些规则很具体，它们可能无法检测出所有具有规则的人脸。但是如果这些规则太普通化，它们可能会导致很多错误的检测。此外，这种方法也很难用于检测不同姿势的人脸，因为要枚举所有可能的情况很困难。

2. 特征不变法

这类算法的目的是想找到结构化特征，然后用这些特征去定位人脸。与基于规则的方法比较，研究者已经试图找到一种不变的人脸特征用于检测。在这种方法背后的假设是基于这样的情况，就是人类可以毫不费力地检测出不同姿势和灯光条件下的人脸或者对象。这种情况必定存在一种不变的属性或者特征。目前，已经有很多人提出了多种方法都是先去检测脸部特征，然后推导出是否有人脸存在。人脸特征，如眉毛、眼睛、鼻子、嘴巴和发际线都可以很容易地用边缘检测的方法提取出来。基于这些已经提取出来的特征，建立一个统计的模型来描述它们之间的关系，并认证是否存在人脸。这种基于特征算法的主要问题是人脸的这些特征很有可能被明暗度、噪声和遮挡所破坏。

基于人脸特征这类方法主要是利用人脸的一些共有特征，包括眉毛、眼睛、鼻子和嘴等来分析他们的相对位置、边缘方向和灰度特征等，从而得到一些类似于启发性规则，最后通过统计规律等来定位人脸。当然在此之前必然会对图像进行前期处理，包括边缘检测和灰度区间拉伸等。因为人脸的各个部位，特别是眼睛和眉毛部位是人脸最为特别且稳定的特征，是容易区分于一般背景的特殊元素，于是这些方法都取得了比较好的效果。

基于纹理特征的方法，其出发点是人脸具有非常特殊的纹理，这些纹理可以用于区分人脸和其周围的其他物体,比如头发、皮肤等纹理特征。这种方法的好处是它可以检测倒的人脸,或者有胡子或者戴眼镜的人脸。这种纹理的分析多用统计特征和神经网络进行处理。

人类的皮肤颜色,作为一个重要特征,已经在很多人脸检测中被证明是非常有效的。虽然,不同的人有不同的皮肤颜色,但是一些研究已经证明这种区别多数在于颜色强度而不是色度上,例如有一些颜色空间已经用于标定哪些是皮肤的像素,包括 RGB 空间、HSV 空间和 LUV 空间等。

近来,有很多人脸检测的方法已经综合了多个脸部特征来定位或检测人脸。其中很多都是使用一些宏观特征,如皮肤颜色、大小和形状等来寻找可能是人脸的图像或区域,然后再用具体的如眉毛、鼻子和头发等特征对这些图像或区域进一步分析。一些标准的方法首先使用皮肤颜色的检测方法来定位像皮肤的区域,然后用簇类算法或连通成分分析等方法对像皮肤的像素进行分类组合。如果这些连通区域的形状是椭圆或卵型,该部分有可能就是人脸的部分,然后再用一些本地特征来验证。

3. 模版匹配法

一些标准的人脸模式被记录下来用于整体描述脸部特征或分别描述脸部特征。输入图像和已有的模式之间的相互关系被计算出来用于检测。这些方法已经广泛应用于人脸定位和检测。在模板匹配中,会有一种标准的人脸模式被手动预先定义,或者被函数参数化。给定一个输入图像,对它就人脸的轮廓、眼睛、鼻子和嘴分别计算它和标准模式的相关值,这种方法的好处是便于应用。但是已经被证实,这种方法不足以用于人脸检测,因为它无法有效地处理在大小范围、姿势及形状等方面的变化。多解析度、多范围、子模板,以及可变形模板相继被用来获得在大小范围和形状方面的不变性。

4. 基于外观的方法

与模版匹配相比,这个模型(或模板)是通过一组训练图像学习得到的。这组训练图像可以获取脸部外观表现上的区别,并用这些通过学习得到的模型进行检测。这些方法主要都是用于人脸检测。与被专家预先定义好的模板做匹配的方法比较,用在基于外观方法中的"模板"是通过图像中的子窗口学习得到的。一般来说,基于外观的方法是依赖统计分析和机器学习的技术来找到相关的人脸和非人脸特征的。这些学习得到的特征形式主要是用于人脸识别的分布式模型或者区分函数。同时,为了达到计算的有效性和检测的有效性,经常需要做降维处理。

一个主要的基于外观的方法是在人脸和非人脸的分类中找到一个区分函数(比如决策面、区分超平面和阈值函数)。图像模式被映射到低维度空间,然后生成一个用于分类的区分函数或者用多层神经网络建立一个非线性决策面。除此之外,支持向量机和其他核心方法已实现人脸检测,这些方法明显将模式映射到更高维的空间,然后在被映射的人脸和非人脸的中间构建了一个决策面。

综上所述,现存的各种方法原理不同,思路不同,基于 Viola – Jones 算法的人脸检测,算法原理简单,提取的特征简单,容易计算,容易通过硬件实现并行化计算以提高速度,因此我们选择了 Viola – Jones 人脸检测算法。

13.3　方案原理分析

1. 基于 Attentional Cascade 的算法架构

为了便于理解,先介绍算法系统的整体构架。在一般的人脸检测中都需要对被检测图像从大到小做多层的缩放,即所谓的金字塔模型,如图 13 – 1 所示。然后对每一层的图像进行扫描检测,最终定位出人脸的位置。一般情况下,都会使用固定窗口大小来对缩放后(一般是缩小)的待检测图像进行扫描。扫描间距一般可以调控,但必须覆盖整个图像。

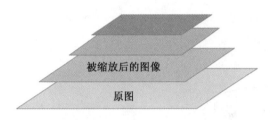

被缩放后的图像

原图

图 13 – 1　金字塔模型

可见,在固定扫描区域的情况下,如果被检测图像较大,那此金字塔结构中的层数也就越多。另外,每一层的图像中扫描得到的子窗口的大小数量也非常大。因此,最终从每一幅图像所得到的子窗口的数量也是非常庞大的,而这些子窗口中占绝大多数的往往是背景,而不是疑似人脸。这样,就会有很多的计算成本浪费在了那些非疑似人脸的背景上,从而大大降低了速度。Attentional Cascade 算法就是用尽可能少的运算量把不是疑似目标的背景快速地筛选掉,留下更有可能是人脸的子窗口,进行下一步更加复杂的计算。

2. 算法基本思想

Attentional Cascade,顾名思义,就是构建一种多层结构的分类器,这种多层结构的分类器在提高检测率的同时,可以达到大大降低运算时间的效果。要达到这种效果就需要靠一些简单的分类器,把大部分不可能包含人脸的子窗口从被检测子窗口中筛选掉,保留那些更有可能是人脸的子窗口。这些简单的分类器被安排在整个多层结构的早期,使得从背景中分离出来的子窗口能够在运算步骤前就被筛选掉,避免其需要经过整个多层结构的复杂运算。各层分类器是为了能尽可能降低错误判断率而设的结构。

在这样的一个多层结构中,每一层的分类器都是由一种改进的 AdaBoost 学习训练方法(此方法会在后续内容中做具体的描述)训练筛选得到的。最初的几层分类器都是极为简单的,通常由一到两个特征所组成的分类器构成,但是这种简单分类器却有着非常高的检测率。它可以在早期达到 100% 的检测率和 40% 的错误判对率。虽然这样的分类器不能满足人脸检测的要求,但是至少它可以在早期利用其自身简单的特点,快速地筛选掉那些显然不是人脸的子窗口,从而大大减少后续处理的子窗口数量,要达到这些要求做以下几步的操作即可。

　　(1)计算矩形特征的值(只需要取出 6~9 个矩形特征顶点的值进行计算);

　　(2)针对每个特征计算对应弱分类器的分类结果(需要有一步阈值比较);

　　(3)将简单分类器组合(每个分类器需要进行一次乘法运算,然后是加法运算,再和阈值比较)

　　可见以上的操作都是非常简单的,如果是一个只有两个特征的分类器,只需要很少的操作就可以完成了。

　　从整体上看,多层结构事实上就是一个递减的决策树。第一层分类得到的正例触发第二层分类器的分类,第二层的正例触发第三层,以此类推。这样所有的正例都会通过所有各层的分类器(当然不包括被错误判错的个例),而任何负例都会在被检测到的那层筛选法。具体的结构参见图 13 - 2。

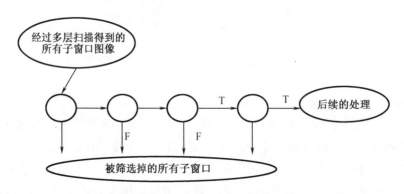

图 13 - 2　多层检测器的结构

　　由于此多层结构和决策树非常相像,因此在训练的时候,后续的分类器可以使用已经通过前面分类器的所有子窗口图像来训练。这样第二个分类器相对第一个分类器将面对更加困难的问题。那些通过第一阶段的子窗口都要比标准的子窗口更难,越是后面的分类器就面对更加难的子窗口。因此在给定一个检测率的情况下,越在后层的分类器就对应越高的错误判对率。

3. 训练算法基本原理

　　对于人脸检测的任务来说,过去采用其他方法的系统已经获得了很好的检测率(85%到 95% 之间),并且又有非常低的错误率(在 10^{-5} 或 10^{-6} 数量级上)。因此,Viola - Jones 算法的多层分类器结构的层数和每层的大小必须在尽可能减少计算量的基础上,争取获得相同或更好的检测效果。

　　给定一个已训练过的多层分类器,它的错误判对率是:

$$F = \prod_{i=1}^{K} f_i \tag{13 - 1}$$

其中,F 是整个多层分类器的错误判对率,K 是分类器的层数,f_i 是通过第 i 个分类器的子窗口的错误判对率。

而该分类器的检测率是:

$$D = \prod_{i=1}^{K} d_i \qquad (13-2)$$

其中,D 是整个多层分类器的检测率,K 是分类器的层数,d_i 是通过第 i 个分类器的子窗口的检测率。

由上面给出的两个整体检测率和错误判对率的计算公式可见,在给定总体的目标错误判对率和检测率的情况下,这样的最终目标结果可以通过确定多层处理器中的各个阶段的错误判对率和检测率来达到。比如最终检测率 0.9 可以用 10 层,每层的检测率为 0.99 的分类器得到($0.9 \approx 0.99^{10}$)。要得到这样的检测率看起来好像是十分不可思议的任务,但是事实上要做到这一点相当简单,因为每层只要达到 30% 的错误判对率即可($0.30^{10} \approx 6 \times 10^{-6}$)。这样每层的检测率就相当容易达到了。

现在来看看这个多层结构所需的计算开销。在扫描实际图像时被计算的特征数目应该是一个统计结果。任何一个给定的子窗口将通过各层分类器,每次一层,直到判断出该子窗口是负例。只有在极小的可能性下,一个子窗口能通过所有层的分类器而最终成为正例,并被标记为正例。这整个过程中每层分类器的特征个数是由用于训练的特定测试集中的图像特点及其分布所决定的。在 Viola – Jones 算法中,对每一个分类器的关键衡量标准是它的"正例率",即被标记为有可能包含人脸的图像子窗口个数占所有通过该层分类器子窗口的比率。这个比率是一个概率结果,根据被检测图像所有子窗口的特点和分布所决定的。因此,根据这些统计结果,在整个分类过程中,总的被计算到的特征数目为:

$$N = \left\{ n_0 + \sum_{i=1}^{K} \left(n_i \prod_{j<i} p_i \right) \right\} \times G \qquad (13-3)$$

其中,N 是总的被计算到的特征数目,K 是分类器的个数,p_i 是第 i 个分类器的正确率,n_i 是第 i 层分类器的特征个数,G 是所有通过缩放扫描之后,从被检测原图像中得到的子窗口数量。另外,事实上被检测的子窗口中真正包含人脸的子窗口是非常少的,那么这个所谓的"正例率"就非常接近错误判对率了。

在构架整个系统的时候还要考虑如何去权衡其中的一些特性。比如,AdaBoost 学习过程只是试图减少错误,它本身不能做到以提高错误判对率为代价而达到高的检测率。因此,一直以来用来平衡这些错误的方法是调整由 AdaBoost 生成的分类器的阈值。更高的阈值可以产生更低检测率和错误判对率的分类器。反之,则产生更高的检测率和错误判对率。另外,还有一些特性需要做出权衡。比如,在多数情况下,有更多特征的分类器就能够达到更高的检测率和更低的错误判对率。同时,这些分类器需要更多的计算时间。从理论上讲可以定义一个最优化的架构,其中分类器的层数,每层的特征个数,每层的阈值等都能被很好地权衡,使得在给定一个目标 F 和 D 的情况下,期望的特征数 N 能达到最小。不过要找到这样一个最优方法是非常困难的。这种优化算法会使得系统在训练阶段需要付出更大的计算代价。

4. 训练算法框架

在上一节中介绍了所有在构架这个系统时所需要考虑的各种因素,现在就需要提出一种实际的算法来达到训练要求,并找到权衡各种特性的最优化方法。事实上,可以找到一种简单而直观的方法来达到这种优化。首先,由用户选择最小可接受的 f_i 和 d_i 及最终的错误判对率,多层分类器的每一层都是用 AdaBoost 方法训练得到的,每层所用的特征数目不停地增长直到达到设定好的检测率和错误判对率。这些比率都是在当前检测器上对"验证集"(区别于用来进行 AdaBoost 训练的 P 和 N 集)进行测试确定的。如果该层的检测率还没有达到,就降低该层分类器的阈值,并重新测试检测率和错误判对率。如果整体的错误判对率还没有达到,那么可以再加一层分类器。

在实际的检测中,真正包含人脸的子窗口一定会通过所有各层的分类器。因为在训练的时候 P 集是不需要更新的,而非人脸的子窗口会逐渐被筛选掉,并不会通过所有层,所以 N 集是需要更新的。因而用于训练后续阶段的负例集(N 集)是从当前检测器对非人脸图像集进行检测后判断为正例的。

13.4　基于 AdaBoost 的分类器选择方法

在上一节中,介绍了支撑整个系统的 Attentional Cascade 的整体构架方法。现在具体介绍一下用于构造多层分类器中各单层分类器的 AdaBoost 学习训练方法。该训练方法能够非常快速、有效地从大量的简单分类中选出极少的简单分类器,并且这些分类器是有明显区别的。

1. 基于特征的简单分类器原型

为了能够显著的提高整个识别过程的速度,必须考虑从各个方面来降低计算成本。最直接地,也是最简单的想法就是将一个复杂的分类器拆分成许多简化的分类器,然后对这些简化的分类器进行筛选,组成一个较为复杂的分类器,最后再把这些较为复杂的分类器层层相连。这些简化的分类器足够得小,这样计算速度就能迅速提高。

在 Viola – Jones 算法中,采用了较为原始的矩形特征,如图 13 – 3 所示。虽然这些特征在灵活性上远远不如其他的可调控分类器,它的可控方向也仅仅是垂直或者水平的,但是这些以图像灰度值为自变量的矩形特征在边缘检测方面有着很好的表现,对人脸部的各种特征有很好的提取和编码能力。加上其计算效率上的绝对优势,这些足以弥补它在灵活性上的缺点。

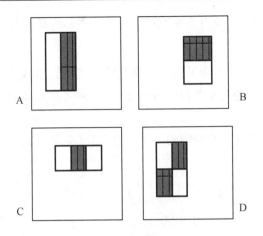

图 13 - 3　原始的矩形特征

对这四种矩形特征的编码方式如下。矩形特征在人脸检测的应用,如图 13 - 4 所示。矩形特征的值即为图中灰色部分所有像素的灰度值之和,减去图中白色部分所有像素的灰度值之和后得到的值。其中的方框表示所被检测的矩形区域。在这样的一个区域内,这四种矩形特征的大小和位置都是可以任意选择的。假设这个矩形区域大小为 24 × 24,那么如果穷举区域内所有可能的矩形个数,总数将有 45 396 个。显然比这个区域内所有的像素个数(576 个像素)要多得多。不可能把所有的这些特征都用于检测,目的即是尽可能少地选取最能区分人脸和非人脸的图像的那些特征,从而大大降低计算量。

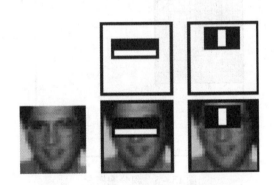

图 13 - 4　矩形特征在人脸检测的应用

具体的选择方法即基于 AdaBoost 的学习算法。现在已经有了简单的特征,还需要一些简单的分类器。为了能使这些分类器足够的简单,就把分类器和这些矩形特征做个一一对应,即每个分类器就由一个特征的值来决定。于是得到如下简单分类器的原型:

$$h_j(x) = \begin{cases} 1, & p_j f_j(x) < p_j \theta_j \\ 0, & 其他 \end{cases} \tag{13 - 4}$$

其中,$h_j(x)$ 就是基于简单特征的分类器,x 就是待检测子窗口,$f_j(x)$ 就是对于子窗口 x 的矩形特征值计算函数,p_j 就是一个符号因子(对于不同的特征,计算得到的特征值中有可能负例的值小于正例,也有可能负例的值大于正例,因此正例不全是小于区分正负例的阈值,也有可能大于,所以引入一个符号因子来确定不等式方向),θ_j 就是对应分类器的阈值。

2. 积分图

针对已经引入的矩形特征,为了进一步降低所需要的计算成本,Viola – Jones 算法引入了积分图的概念。这是一种对原图像的表达方式,这种表达方式可以使得矩形特征的值能非常快地得到计算。

所谓的积分图像其实就是对原图的一次双重积分(先按行积分,再按列积分)。那么它的积分表示为:

$$f'(x,y) = \int_0^y \int_0^x f(x',y')\, dx' dy' \tag{13-5}$$

其中,$f(x',y')$ 是原图像,$f'(x,y)$ 是积分图。

又因为计算的是原图中某一点左上方所有像素值的和,可见是一个离散的加和,因此点 x,y 积分图像的计算方法就如下所示:

$$ii(x,y) = \sum_{x' \leq x, y' \leq y} i(x',y') \tag{13-6}$$

其中,$ii(x,y)$ 是计算后的积分图像,$i(x,y)$ 是原图像。

积分概念图,如图 13-5 所示。在矩形 D 中的像素和可以通过四点计算得到。点 1 的积分图像的和可以通过矩形 A 内的点的和得到。点 2 的值就是 $A+B$,点 3 的值就是 $A+C$,点 4 的值就是 $A+B+C+D$。在矩形 D 内的点的和可通过如下计算得到:$4+1-(2+3)$。

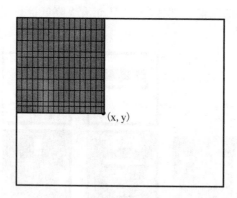

图 13 - 5 积分图概念

积分图可以使用以下函数计算得到:

$$s(x,y) = s(x,y-1) + i(x,y)$$
$$ii(x,y) = ii(x-1,y) + s(x,y)$$

其中,$s(x,y)$ 是每列的和,$s(x,-1)=0$,$ii(-1,y)=0$。积分图像可以在对原图的一次遍历后计算得到。

如果使用积分图像,那么任何矩形中的像素和都能通过四个顶点的值计算出来,如图 13 -6 所示。显然,双矩形特征的值可以通过八个顶点计算得到。然而,双矩形特征包括了两个相邻的矩形和,因此它们可以用六个顶点的值计算得到。如果是三矩形就是八个点,四矩形就是九个点。特征 A 的值为:$(6-5-3+2)-(5-2-4+1)$;特征 B 的值为:

$(4-3-2+1)-(6-4-5+3)$;特征 C 的值为:$(7-6-3+2)-(6-5-2+1)-(8-7-4+3)$;特征 D 的值为:$(6-5-3+2)+(8-7-5+4)-(5-4-2+1)-(9-8-6+5)$

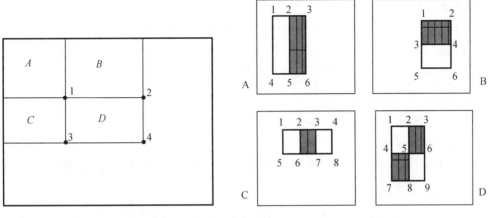

图 13-6 积分图的计算　　　　　　图 13-7 积分图计算

3. AdaBoost 的基本原理

给定一个特征集合和一个包含正样本和负样本图像的训练集,任何机器学习的方法都可以通过学习来训练分类函数。在上一节中提到,每个图像的子窗口有 45 396 个矩形特征,这个数字远远超过了像素的个数。即使每个特征能够很快地计算出来,计算这么多的矩形特征也是不可能的。只有很小一部分特征可以结合起来组成一个有效的分类器。目前最主要的问题就是如何找出这些特征。

在 Viola - Jones 算法中,采用一个改进的 AdaBoost 方法用于选择特征和训练分类器。AdaBoost 学习方法的原始形式是用来达到简单学习算法的分类效果的。它将一组弱分类函数组合成一个强分类器。这种简单学习算法被称为弱学习机。这个分类器的学习算法会对分类器进行搜索,运用选择算法找出那些分类错误最小的分类器,这是一个学习的过程,而这种学习机被称为弱学习机是因为不指望那些被找出来的单个分类器能非常好地区分训练数据。为了让弱学习机能构架起来,它被用于解决一个多重的,循环的学习问题。在第一轮的学习结束以后,训练集子窗口将被重新赋权值,目的是为了强调那些被前一个弱分类器错误分类的子窗口。而最终的强分类器由许多带有权值的弱分类器组成,并且其本身还有阈值。

传统的 AdaBoost 学习过程可以简单地理解为在学习过程中有一个很大的分类函数集,需要以不同的权重(类似投票法)把它们连接起来。那么,这其中最大的问题就是如何给好的分类器分配大的权值,给不好的分类器分配较低的权值。AdaBoost 是一种很高效的机制,它能选出很小一部分并且具有多样性的优秀分类器。如果把选取的特征和简单分类器等同起来,AdaBoost 也能很有效地找出很小一部分特征,并且这些特征是有明显区别的。

下面是 AdaBoost 的学习训练算法框架。其中,子窗口图像都是从训练集图像中提取出来的,并且统一缩放成 24×24 的子窗口图像。事实上,所有的单一特征都不可能达到非常低的错误率。那些在早期被选定的特征一般都会有0.1~0.3的错误率。到了后期,因为选择越来越困难,所以特征产生的错误率有可能在0.4~0.5之间。其具体运算步骤如下:

(1)给定训练样本集S,其中X和Y分别对应于正例样本和负例样本;T为训练的最大循环次数;

(2)初始化样本权重为$1/n$,即为训练样本的初始概率分布;

(3)第一次迭代:

①训练样本的概率分布相当,训练弱分类器;

②计算弱分类器的错误率;

③选取合适阈值,使得误差最小;

④更新样本权重;

经T次循环后,得到T个弱分类器,按更新的权重叠加,最终得到强分类器。

13.5　实验结果及分析

1. MATLAB 算法仿真结果

通过对以上理论的分析与理解,运用 MATLAB 的图像处理功能,对上述过程进行了仿真。编写的程序主要包含以下几部分。

GetIntergralImages. m 是计算积分图的子程序;GetSumRect. m 是计算矩形特征的子程序;HaarCascade. mat 中存储的是训练好的分类器的相关数据;HaarCascadeObjectDetection. m 是分类器的主要框架;OneScaleObjectDetection. m 是一级分类器;TreeObjectDetection. m 是级联的分类器;ShowDetectionResult. m 是显示最后检测结果的子函数。

得到的部分实验结果如图 13 - 8 所示。

图13 - 8　部分实验结果

图 13 - 8（续）

2. Quartus Ⅱ 和 ModelSim 仿真结果

为了提高计算速度,采用了 Verilog 语言编写了设计中所用到的 Adaboost 分类器和 Attentional Cascade 架构组成的级联分类器,设计中采用了输出两个信号来显示是否包含人脸信息,分别为 Detected 信号和 Failed 信号,当一个窗口中有人脸的时候,Detected 信号产生一个高电平,当一个窗口中不包含人脸的时候,Failed 信号产生一个高电平。

设计的程序主要包含以下几部分。

CLASSIFIER_kernel. v 是分类器的主函数,是整个分类器的核心;FEAT_INFO_RECT0, FEAT_INFO_RECT0_ROM,FEAT_INFO_RECT1,FEAT_INFO_RECT1_ROM,FEAT_INFO_ RECT2,FEAT_INFO_RECT2_ROM,FEAT_LEFT,FEAT_LEFT_ROM,FEAT_RIGHT,FEAT_ RIGHT_ROM,FEAT_THRESHOLD,FEAT_THRESHOLD_ROM,STAGE_THRESHOLD,STAGE_ THRESHOLD_ROM 等文件存的是分类器的相关数据;CLASSIFIER_kernel. v 函数可以调用上述分类器相关数据,对窗口是否为人脸进行判断。

编写 CLASSIFIER_kernel_tb 的 test bench 文件,用 ModelSim 仿真结果如图 13 - 9 和图 13 - 10 所示。

3. 实验分析

通过观察以上 MATLAB 和 Quartus II 和 ModelSim 仿真实验结果,只要是清晰的,位置较为端正的正面人脸,基本都能进行很好地检测,背景的复杂程度,对于检测效果将会产生一定的影响,进一步增加训练样本,应该能改善检测效果。其次是检测的速度,在 MATLAB 平台下,在准确率比较高的情况下,采用普通的 PC 机,一幅 640 * 480 的 RGB 图像运行时间大概在 0. 4 s 左右,相比于其他的方法,速度还是非常快的。

用 Quartus II 和 ModelSim 联合仿真,判断一个窗口是人脸的时间大概为 $7.5 * 10^{-5}$ s, 判断一个窗口非人脸只需要 $4 * 10^{-5}$ s。按照这种速度计算,判断整张图像里的人脸需要 0. 05 s 左右的时间,也就能达到 20 帧/s 的速度,如果再对程序进行优化,速度还将更快。

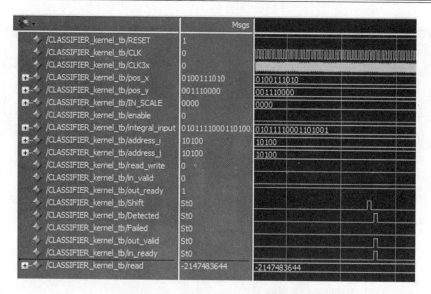

图 13 - 9　窗口包含人脸时仿真波形

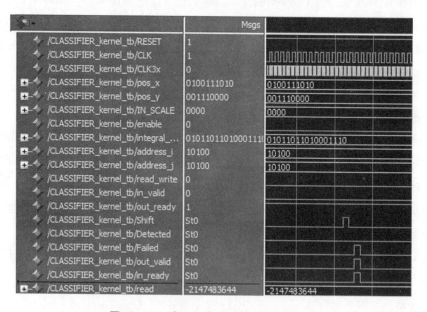

图 13 - 10　窗口不包含人脸时仿真波形

　　通过对整个算法的认真研究,并且通过最后的仿真,发现 Viola - Jones 算法在识别率较高的情况下能达到每秒 15 帧左右的速率,基本能满足实时人脸检测的需求。

专题 14　EDA 在图像处理中的应用——基于 SIFT 算法的图像特征点检测

尺度不变特征转换(scale invariant feature transform, SIFT)是一种同时具有平移、旋转、尺度不变性的特征点检测和匹配算法,对光照和仿射变换也具有一定程度的鲁棒性,因而成为计算机视觉中一种著名的算法。然而,由于计算复杂度很高,在通用计算机上用软件进行 SIFT 特征点检测与匹配计算,常常不能满足实时性的要求。现场可编程门阵列(field programmable gate array, FPGA)作为一种可定制的逻辑电路,能够通过硬件并行计算,实现算法的加速。FPGA 的功耗很低,一般不到 1 瓦,适合应用在嵌入式系统中。因此,不少学者对如何用 FPGA 实现 SIFT 算法的实时计算进行了研究。

SIFT 算法可分为特征点位置的检测和特征描述向量的提取及匹配两大部分。特征点的位置检测包括高斯滤波、图像求差和求极值点等计算步骤,计算量很大,而操作相对简单,适合用硬件电路实现。具体的开发工作包括:对原算法进行改造,充分挖掘其中的并行性;设计合适的电路结构,合理地分配和使用硬件资源。现有的工作普遍缺乏对算法的合理改造,在硬件计算方案的设计上也存在一些问题。例如,采用级联的方式进行高斯滤波,会增加硬件成本或者降低计算的并行性;固定使用较小的滤波模板虽不增加滤波级数,但会严重影响检测到特征点的数量和质量;采用的定点数位数太少,会造成较大的计算误差;勉强照搬极值点的"精确定位"计算步骤,会大大增加硬件资源消耗量。因此,虽然这些研究成果能够在 FPGA 上以每秒几十帧的速度检测 SIFT 特征点,但是在计算精度和硬件成本等方面仍有很大的改进余地。为了做出一个具有高性价比的实用系统,本研究针对硬件计算的特点,对 SIFT 特征点检测算法进行了改进,并设计了一种高效率的电路计算方案。与现有研究成果相比,本研究的方案可以有效地节约硬件资源,从而能够在计算中采用更多的定点数位数,因而具有低成本和高精度两个显著特点。本研究所开发的 FPGA 模块能够在采集图像的同时完成 SIFT 特征点的检测,具有非常好的实时性能。

14.1　设计原理及目的

1.设计原理

(1)高斯滤波

在二维卷积中,一个像素结果仅仅决定于卷积窗内与该像素相邻的各个像素。

a.二维高斯滤波的可拆分性

对图像进行一次标准差为矿的二维高斯滤波,等效于分别沿纵向和横向对图像进行一次标准差为盯的一维高斯滤波。利用这个性质,可以大大减小高斯滤波的计算量,从而大大降低 FPGA 中硬件资源的使用量。

b. 滤波模版的大小

高斯函数的标准差越大,所需要的滤波模板越大。一维高斯核的半径取 3.5σ 是最合适的。由此可以定义高斯滤波模板的必要长度为

$$W = 2\text{Round}(3.5\sigma) + 1 \qquad (14-1)$$

其中,Round 代表四舍五入运算。例如当 $\sigma = \sqrt{2}$ 时,滤波核的半径 $r = 3.5\sigma = 4.949$,则滤波模板的必要长度为 $W = 2\text{Round}(4.949) + 1 = 11$。

当实际使用的模板长度小于由式(14-1)计算出的必要长度时,会在高斯滤波的计算结果中引入误差,模板长度比必要长度小得越多,滤波误差越大。

实验证明,如果固定使用较小的模板长度(例如,将各级滤波模板的长度都固定为 7 或固定为 5),而又不增加滤波级数,那么会给高斯滤波带来很大的误差,严重影响检测到的特征点的数量和质量。

(2)尺度层的选择

根据实验,太高的尺度层,抗噪声能力较差;太低的尺度层,检测到的特征点又太少。经过权衡,我们最终选择了三个特征点尺度层,如图 14-1 所示。

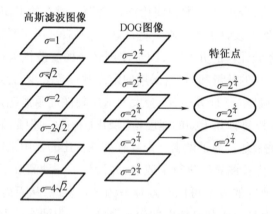

图 14-1 三个特征点尺度层上的特征点

(3)纵向滤波与横向滤波的顺序

在算法上,将二维高斯滤波拆分成两个一维高斯滤波,其顺序对结果没有影响。然而,纵向滤波与横向滤波在硬件资源消耗量上却大不相同,这使得两者的顺序对整个系统的硬件资源使用量具有重大影响。

图 14-2 示意了纵向滤波与横向滤波所需要的缓存。假设图像宽度为 360 个像素,则对于一个长度为 5 的滤波模板来讲,纵向滤波需要缓存 $360 \times 4 = 1\ 440$ 个像素,而横向滤波仅需要缓存 5 个像素。图 14-2 中的大圆点代表与模板系数相乘的像素。

可见,高斯滤波对 FPGA 存储资源的消耗主要用在了纵向滤波上。在直接滤波方式下,采用先纵后横的滤波顺序,则只需按照最大的滤波模板长度设置一个纵向滤波缓存即可,

其他较小的滤波模板可以共享缓存内的像素数据;而如果采用累进滤波方式,则无法实现缓存的共享。

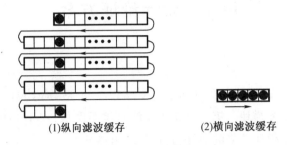

(1)纵向滤波缓存　　　　　　　(2)横向滤波缓存

图 14 - 2　滤波缓存

2. 设计目的

表 14 - 1 给出了 SIFT 算法每一阶段的执行时间,数据是对一幅 1 024 × 768 像素的图像进行仿真得到的。由表 14 - 1 可以看出,总运行时间为 3 s,尺度空间极值检测耗时最长,接近总时长的 45%,耗时长的原因是产生高斯差分(DOG)尺度空间需要进行大量的卷积运算,导致需要执行大量浮点数的乘 - 加运算。因此,在此阶段改进算法是缩减运算时间的关键。

表 14 - 1　SIFT 算法仿真

阶段	时间(s)	百分比(%)
尺度空间极值检测	94.35	41.34
特征点定位	0.94	0.41
方向分配	7.62	3.34
生成特征描述子	125.34	54.91
总体算法	228.25	100

14.2　SIFT 算法设计步骤

从灰度图像中检测 SIFT 特征点的基本步骤如下。

(1)用标准差不同的高斯函数分别对原始图像进行滤波,这一过程称为"建造高斯金字塔"。

(2)滤波后的图像两两求差,得到差分高斯(difference of gaussian,DOG)图像。

(3)从相邻的 DOG 图像中求取极值点。

(4)对极值点进行稳定性检查,其中需要计算 Hessian 矩阵。

(5)通过插值将原始图像增大或缩小,然后重复以上步骤,从而在更多的尺度层上检测特征点。

14.3 设计论证方案

1. 顶层设计

如图 14-3 为顶层设计模块,包括两个主要部分:一个是 DOG 尺度空间的产生模块,另一个是尺度空间极值检测模块。第一个模块功能是接受图像,产生 DOG 尺度空间;第二个模块功能是接受第一个模块传来的数据,并且提取出特征点。

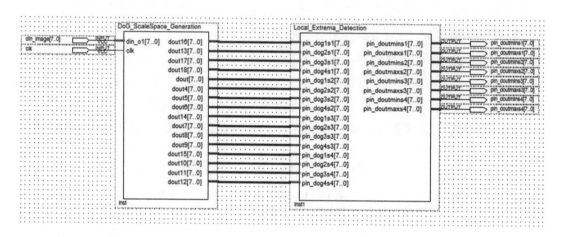

图 14-3 顶层设计模块

2. 差分高斯(DOG)的生成

图 14-4 为差分高斯尺度空间高阶层结构。此图说明了尺度处理模块之间的层叠关系,并且每一个模块处理每一组数据。另外,差分高斯尺度空间的输出也将作为局部极值检测模块的输入。

(1)二维卷积模块

图 14-5 为二维卷积模块,它是由两个连续的一维卷积模块组成,先后通过横向滤波器和纵向滤波器。

(2)横向滤波模块

图 14-6 为一维卷积模块,其中 Horizontal_Filtering_Block 为横向滤波模块结构。由图可以看出,每一组数据是如何在同一模块运行处理,共享相同硬件进行卷积的。交叉运行逻辑由 M 模块和它控制的多路器完成。

(3)横向纵向卷积转换模块

图 14-7 为横-纵卷积转换模块,通过正常顺序将图像的像素值读入 RAM,后按照纵列的编号为地址,写出按列排列的像素值,串行输出,以减少常规方法 BUFFER 的使用。

（4）纵向滤波模块

图 14-7 横-纵卷积转换模块右侧的 Vertical_Filtering_Block 为纵向滤波模块,原理结构与横向滤波模块相同,区别是之前经过了一个横纵转换模块,通过 RAM 改变读写地址的方式,改变读写顺序,达到以同样的模块结构实现纵向滤波。

3. 对 DOG 局部极值检测

如图 14-8 为 DOG 局部极值检测模块。每一个 isExtremum 模块接收一组数据中的所有 DOG 尺度空间的图像,并且此模块也决定局部极值的大小,例如判断是否为特征点。

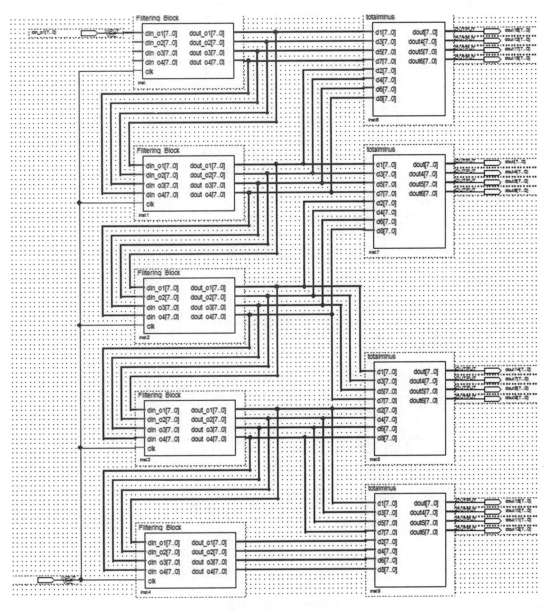

图 14-4   差分高斯尺度空间高阶层结构

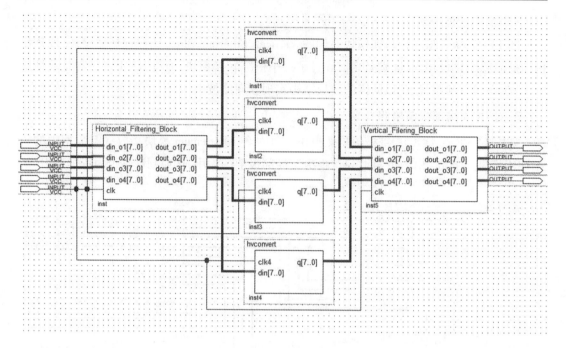

图 14 - 5 二维卷积模块

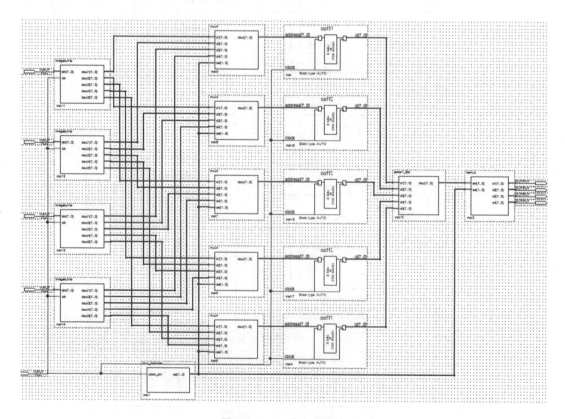

图 14 - 6 一维卷积模块

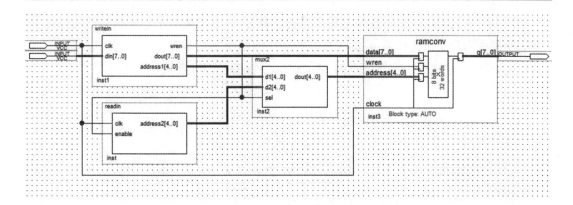

图 14-7 横-纵卷积转换模块

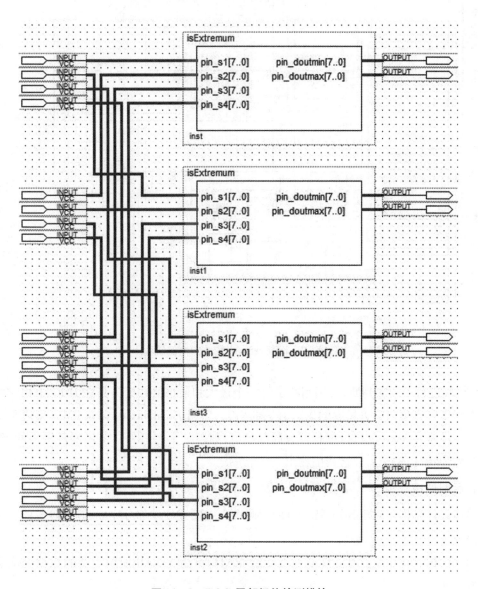

图 14-8 DOG 局部极值检测模块

如图 14 – 9 为 isExtremum 模块的内部结构。首先,这个模块对于每三幅邻近的图像分配了一个最大和最小值比较器,且为了重新利用中间结果比较器需执行两次。虚线内的部分标记为 β 模块,它作为决定特征点的 isLocalMax 和 isLocalMin 模块的输入。

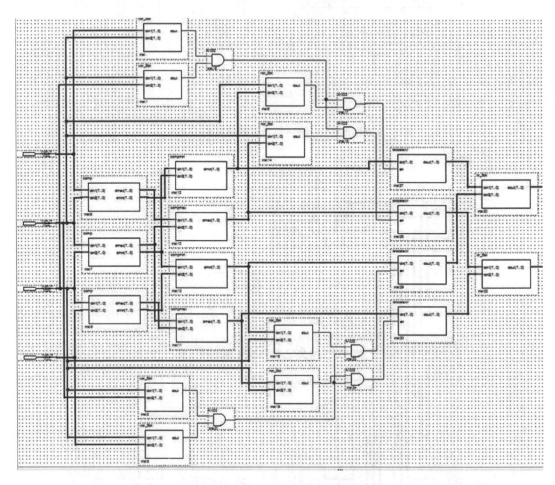

图 14 – 9 isExtremum 模块的内部结构

β 模块进行了两次判断,分别判断了每一个最大和最小值数据与其在 DOG 中相应的像素是否相等和该值与临近尺度的像素值是否相等。而 isLocalMax 和 isLocalMin 模块则决定了每一个像素在 3 × 3 的模板中是否为局部极值,如果某个像素为某个尺度范围内的极值,则它被称为特征点,最后通过或门输出。

4. 后期处理

总体设计结构。对于 SIFT 特征点的检测由以上所述硬件部分完成,剩余阶段的工作由软件完成。

第一阶段,SIFT 算法的仿真结果将传给 MATLAB,MATLAB 使用需要的数据完成剩下的仿真算法。

14.4　仿真结果

1.DOG 生成模块仿真结果

图像输入缓存模块仿真图,如图 14 – 10 所示;横纵转换 writein 模块仿真图(1),如图 14 – 11 所示;横纵转换 writein 模块仿真图(2),如图 14 – 12 所示;横纵转换 readin 模块仿真图,如图 14 – 13 所示。

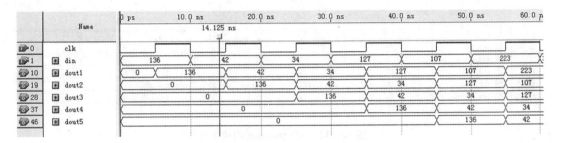

图 14 – 10　图像输入缓存模块仿真图

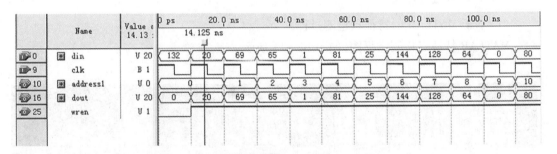

图 14 – 11　横纵转换 writein 模块仿真图(1)

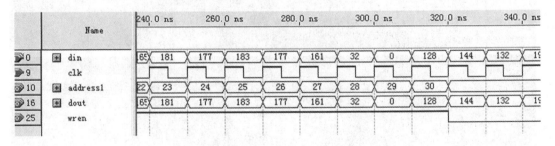

图 14 – 12　横纵转换 writein 模块仿真图(2)

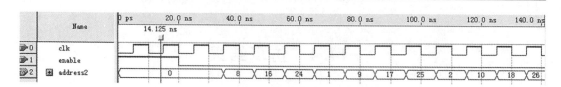

图 14 – 13　横纵转换 readin 模块仿真图

2. 对 DOG 局部极值检测模块及仿真结果

isExtremum 模块仿真图,如图 14 – 14 所示。

	Name					
0	pin_s1	136	175	24	215	64
9	pin_s2	64	223	2	203	4
18	pin_s3	80	191	32	191	96
27	pin_s4	32	251	4	95	128
36	pin_doutmax	80	223	32	0	
45	pin_doutmin	64	191	2	0	4

图 14 – 14　isExtremum 模块仿真图

3. MATLAB 处理结果

(1)基于 MATLAB 的特征点检测过程

MATLAB 特征点检测结果图,如图 14 – 15 所示。

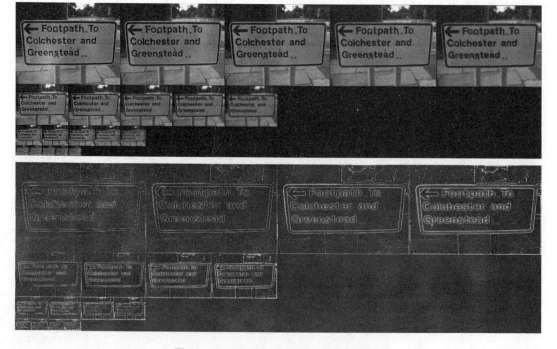

图 14 – 15　MATLAB 特征点检测结果图

（2）基于 MATLAB 的特征点描述子的生成

MATLAB 特征点描述子的生成，如图 14 – 16 所示。

图 14 – 16　MATLAB 特征点描述子的生成

（3）基于 MATLAB 的 SIFT 算法对图像的特征提取（文字识别）

图像特征提取结果，如图 14 – 17 所示。

图 14 – 17　图像特征提取结果

　　本研究关于 SIFT 算法的第一步——特征点的检测，在硬件中的实时计算。一方面，针对硬件计算的特点，对原算法进行了有效改进；另一方面，设计了一种高效率的硬件实现结构。与现有研究成果相比，本书研究成果具有以下两个优点。

（1）能实现实时图像的特征点检测，可用于视频图像处理；

（2）节省硬件资源，成本更低。

专题 15　EDA 在目标检测加速算法中的应用——基于 FPGA 的目标检测加速算法研究

15.1　引　言

随着以深度学习为首的数据驱动的人工智能算法，在机器视觉领域不断发展，卷积神经网络(convolutional neural network，CNN)在目标检测领域也实现了较好的效果。CNN 源自人工神经网络，对于图像的尺寸缩放、平移、旋转等形变，具有较高的适应性。相较于传统人工神经网络，CNN 利用了图像相邻像素间的空间相关性，使用权重共享的方法降低了模型的整体复杂度，权重数量大幅度减少。基于 CNN 的目标检测算法已经发展为机器视觉领域最为先进的算法之一，在目标检测任务中的检测正确率已远超基于特征的目标检测算法等传统机器视觉算法。

研究基于 FPGA 的无人机载目标检测加速算法，可以以较低的功耗有效地提升无人机载平台的运算能力，降低基于 CNN 的目标检测算法在无人机载平台上的运算时间延迟和部署难度。

CNN 给目标检测、图像分类等机器视觉任务的精度提升带来了巨大突破。1998 年，CNN 之父 Yann LeCun 等提出了 LeNet 网络结构，可用于识别 0 ~ 9 的手写数字。LeNet 由 2 个卷积层、2 个池化层和 2 个全连接层组成，其网络结构如图 15 - 1 所示。由于网络结构较为简单，LeNet 模型仅能处理诸如数字识别的简单图像分类的问题。

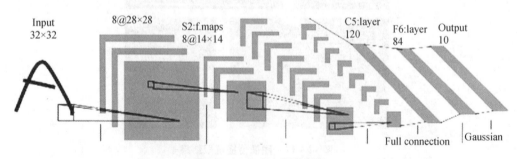

图 15 - 1　LeNet 网络结构

2016 年，Wei Liu 等人提出了使用单一 CNN 进行目标检测的算法 SSD。SSD 采用一组不同比例、不同尺度的边界框作为特征图上不同位置的边界框输出。对比使用区域提议的 R - CNN 等相关算法，SSD 在检测精度和运行速度上都有显著提升。采用 300 × 300 像素的图像作为输入时，SSD 在 PASCAL VOC 数据集上识别平均精度达到了 74.3% mAP，并可在 NVIDIA 公司生产的 Titan X GPU 上以 59 FPS 的速度运行。

Philipp Gysel 等人提出了 CNN 模型近似框架 Ristretto。该框架可自动分析给定 CNN 模型中卷积层和全连接层权重和输出所需的数值精度，即 Ristretto 通过使用定点运算代替浮点运算来压缩模型。Ristretto 还可以在此基础上重新训练压缩后的定点网络，以降低模型的正确率损失。在最大正确率损失容限 1% 的前提下，Ristretto 可以成功地将 CaffeNet 和 SqueezeNet 的数值精度压缩为 8 位。

Naveen Suda 等人提出了一个系统化的 FPGA 加速器设计方法。该方法考虑了 FPGA 资源约束条件，如片上存储器、寄存器、计算资源和外部存储器带宽，等等。该研究通过在 DE5 – Net 和 P395 – D8 两个具有不同硬件资源的 Intel Stratix V FPGA 平台上，优化了 AlexNet 和 VGG 两个 CNN 模型的吞吐量，以验证所提出方法的有效性。该研究实现的 FPGA 加速器计算性能的峰值为 136.5 GFLOPS(giga floating – point operations per second)。

15.2　CNN 模型及硬件加速算法

本专题采用 CNN 作为无人机载平台目标检测的算法。本节将对 CNN 模型中各层的计算过程进行研究，分析 CNN 各层所需的计算量，并以此作为依据，横向对比常用的 CNN 模型，在精度和计算量中做权衡，选出适合部署在无人机载平台上的 CNN 模型。同时本节还将详细介绍常用的并行计算模型，讨论这些模型是否适用于基于 FPGA 的 CNN 加速算法。

1. CNN 模型结构

对于 CNN 中的第 i 个卷积层，假设输入特征图为 $1 \times C_i \times H_i \times W_i$ 的矩阵，即特征图共有 C_i 个通道，单通道为长 H_i，宽 W_i 的矩阵；假设该层采用 C_{i+1} 个 $C_i \times h_i \times w_i$ 卷积核(每个卷积核包含一个偏置 $b_{ij}, j = 1, 2, \cdots, C_{i+1}$)，对输入特征图的长边和宽边分别补 P_{i1} 和 P_{i2} 个 0，长边和短边的卷积步长分别为 S_{i1} 和 S_{i2}。则第 i 个卷积层的输出特征图为 $1 \times C_{i+1} \times H_{i+1} \times W_{i+1}$ 的矩阵，其中：

$$H_{i+1} = (H_i + 2P_{i1} - h_i)/S_{i1} + 1 \tag{15 - 1}$$
$$W_{i+1} = (W_i + 2P_{i2} - w_i)/S_{i2} + 1 \tag{15 - 2}$$

对于输出特征图的任一元素，都可以看作是两个 $C_i \times h_i \times w_i$ 矩阵的点积加上偏置所得。记一次浮点数相乘或一次浮点数相加为一次运算，该层的运算量 Op^i_{conv} 可近似为：

$$Op^i_{\text{conv}} \approx C_{i+1} \times H_{i+1} \times W_{i+1} \times (2 \times C_i \times h_i \times w_i + 1) \tag{15 - 3}$$

该层的参数量 $Param^i_{\text{conv}}$ 为卷积核的参数总数，即：

$$Param^i_{\text{conv}} = C_{i+1} \times (C_i \times h_i \times w_i + 1) \tag{15 - 4}$$

ReLU 函数可表示为：

$$f(x) = \begin{cases} x, & x > 0 \\ 0, & x \leqslant 0 \end{cases} \tag{15 - 5}$$

卷积层的输出特征图通常需要通过激活函数引入非线性特征。ReLU 函数对卷积层输出特征图逐元素进行运算，保留大于 0 的元素，将小于 0 的元素全部置 0。所有元素均完成激活的卷积层输出特征图也被称为激活图(activation map)。

ReLU 函数对于无人机载平台也很友好，其计算过程不包含任何指数运算，只需一个简单的判别即可实现。对于 CNN 中的第 i 个卷积层，假设该层的输出特征图为 $1 \times C_{i+1} \times$

$H_{i+1} \times W_{i+1}$ 的矩阵,记一次浮点数判别为一次运算,则 ReLU 函数带来的计算量可表示为:

$$Op_{\text{relu}}^i = C_{i+1} \times H_{i+1} \times W_{i+1} \qquad (15-6)$$

CNN 模型通常会在连续的卷积层中周期性地插入池化层。池化层的作用将卷积层提取出的特征进行降采样,从而降低 CNN 模型中间参数所需的内存空间,同时也可以减少卷积层的计算量和参数数量。

池化层对输入特征图逐通道进行运算。对于 CNN 中的第 i 个最大池化层,假设该层的输出特征图为 $1 \times C_{i+1} \times H_{i+1} \times W_{i+1}$ 的矩阵,池化的模板大小为 $k \times k$,记一次浮点数比较为一次运算,则该最大池化层的计算量可表示为:

$$Op_{\text{maxpool}}^i = C_{i+1} \times H_{i+1} \times W_{i+1} \times k \times k \qquad (15-7)$$

同理,输出特征图为 $1 \times C_{i+1} \times H_{i+1} \times W_{i+1}$ 的矩阵、池化的模板大小为 $k \times k$ 的平均池化的计算量可表示为:

$$Op_{\text{avgpool}}^i = C_{i+1} \times H_{i+1} \times W_{i+1} \times k \times k \qquad (15-8)$$

2. 目标检测算法

SqueezeNet V1.1 的网络结构,如图 15 - 2 所示。SqueezeNet 中使用 1×1 卷积对输入特征图进行压缩的结构被称为 Fire 层。Fire 层先用 1×1 卷积层对输入特征图进行压缩,然后使用 1×1 卷积层和 3×3 卷积层对压缩过的输入特征图进行特征提取,输出结果拼接为输出特征图。

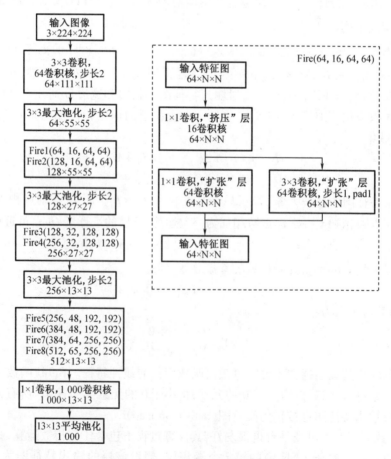

图 15 - 2 SqueezeNet V1.1 网络结构

综上所述,本研究采用 SqueezeNet V1.1 作为无人机载平台的目标检测算法。在此基础上,本研究将对 SqueezeNet V1.1 模型进行优化,探索合适的方法将其运算定点化。

15.3 针对硬件实现的 CNN 定点化算法

在训练时,CNN 模型的网络参数和中间结果通常为单精度浮点数。由于没有硬件浮点数运算单元,在 FPGA 上实现浮点数运算需要消耗额外的逻辑资源生成浮点数运算相关的硬件电路,因此在 FPGA 上实现浮点 CNN 模型的加速需要消耗大量的逻辑资源。

1. 卷积层参数定点化

本研究采用线性量化实现卷积层参数的定点化。假设某一卷积层中共有 n 个参数,该卷积层的全部权重参数记为 W,其中:

$$W = (w_0, w_1, \cdots, w_{n-1}) \tag{15-9}$$

在对参数进行线性量化时,先对所有参数取绝对值,并进行排序:

$$W_{\text{abs}} = (|w_0|, |w_1|, \cdots, |w_{n-1}|) \tag{15-10}$$

$$W_{\text{sorted}} = (w_0^*, w_1^*, \cdots, w_{n-1}^*), |w_0^*| \geqslant |w_1^*| \geqslant \cdots \geqslant |w_{n-1}^*| \tag{15-11}$$

为了提高量化精度,可使绝对值最大的一小部分权重参数在量化之后溢出量化范围。记溢出比例为 $overflow$,此时不溢出量化范围的权重参数的最大绝对值 w_{max} 的计算公式为:

$$index = \lfloor n \times overflow \rfloor, \quad 0 \leqslant overflow \leqslant 1 \tag{15-12}$$

$$w_{\text{max}}^* = |w_{index}^*| \tag{15-13}$$

式(15-12)中 $\lfloor \rfloor$ 表示向下取整。此时可确定参数的动态范围,令:

$$Q = \lceil \log_2(w_{\text{max}}) \rceil + 1 \tag{15-14}$$

除溢出部分外,所有权重参数的绝对值满足:

$$-2^Q \leqslant w_j \leqslant 2^Q - 1 \tag{15-15}$$

对 W 中的所有权重参数进行 B bit 线性量化之后的结果 w_i' 为:

$$w_i' = \left[\frac{w_i}{2^{Q+1-B}} + 0.5 \right], \quad i = 0, 1, \cdots, n-1 \tag{15-16}$$

w_i 可近似表示为:

$$w_i \approx w_i' \times 2^{Q+1-B}, \quad i = 0, 1, \cdots, n-1 \tag{15-17}$$

再对溢出部分的权重参数进行钳位,对所有 w_k' 满足 $w_k' > 2^{B-1} - 1$:

$$w_k' = 2^{B-1} - 1 \tag{15-18}$$

对所有 w_l' 满足 $w_l' < -2^{B-1}$:

$$w_l' = -2^{B-1} \tag{15-19}$$

此时得到的 $W' = (w_0', w_1', \cdots, w_{n-1}')$ 即为 B bit 线性量化之后的权重参数。量化单个卷积层产生的量化误差 e_q 可表示为:

$$e_q = \sum_{i=0}^{n-1} (w_i - w_i' \times 2^{Q+1-B})^2 \tag{15-20}$$

SqueezeNet V1.1 的总量化误差 E 即为各卷积层量化误差的和。

本书研究了在激活值不量化、溢出率 *overflow* 为 0 时卷积层参数的量化精度对 SqueezeNet V1.1 在 ImageNet 2012 验证集上 top−1 正确率和 top−5 正确率的影响。结果如图 15−3 所示,随着量化位数的下降,模型的正确率也逐渐下降。当量化位数大于等于 8 时,top−1 正确率和 top−5 正确率下降较为缓慢;当量化位数为 7 时,top−1 正确率和 top−5 正确率略微下降;当量化位数为 6 时,top−1 正确率和 top−5 正确率显著下降。实验结果说明,卷积层的参数降低至 8 位时,CNN 模型还能保持较好的效果。

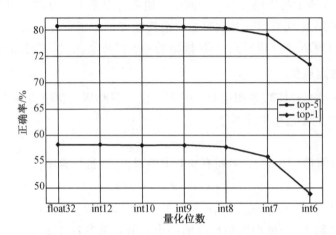

图 15−3 SqueezeNet V1.1 参数量化位数和正确率关系

在此基础上,本书进一步研究了 SqueezeNet V1.1 模型正确率与量化溢出率 *overflow* 以及量化误差的关系,如图 15−4 所示。从实验结果看,量化位数较高时,模型正确率随着溢出率 *overflow* 升高而降低,说明卷积层参数的动态范围实际对模型正确率有较大影响,为保证模型的正确率量化时要尽可能保证卷积参数的动态范围。量化误差 E 与模型的正确率损失没有直接关系。以 8 位量化精度为例,溢出率、模型正确率和量化误差的关系如图 15−4 所示。溢出率在 0.000 1 至 0.001 之间时,量化误差低于溢出率为 0 时的模型,而在溢出率逐渐增加的过程中,模型的正确率却逐渐降低。

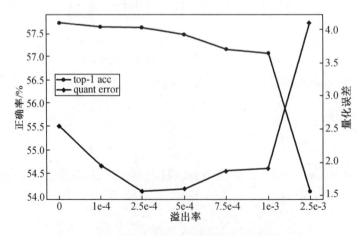

图 15−4 8 位精度下正确率和量化误差的关系

2. 卷积层激活图定点化

对卷积层激活图的量化过程与参数的量化过程类似。由于 SqueezeNet V1.1 模型中使用的激活函数为 ReLU,因此 SqueezeNet V1.1 模型中所有卷积层激活图中任意元素均为非负数。假设某一卷积层中激活图共有 n 个激活值,该卷积层的全部激活值记为 $A = (a_0,$ $a_1, \cdots, a_{n-1})$,其中:

$$a_i \geq 0, i = 0, 1, \cdots, n-1 \qquad (15-21)$$

对所有激活值进行降序排列:

$$A_{sorted} = (a_0^*, a_1^*, \cdots, a_{n-1}^*), a_0^* \geq a_1^* \geq \cdots \geq a_{n-1}^* \qquad (15-22)$$

可确定溢出 $overflow$ 下的最大值 a_{max}:

$$index = \lceil n \times overflow \rceil, \quad 0 \leq overflow \leq 1 \qquad (15-23)$$

$$a_{max} = a_{index}^* \qquad (15-24)$$

此时可确定激活值的动态范围,令:

$$P = \lceil \log_2(a_{max}) \rceil + 1 \qquad (15-25)$$

除溢出部分外,所有激活值满足:

$$0 \leq a_j \leq 2^P - 1 \qquad (15-26)$$

对 A 中全部激活值进行 B bit 线性量化的结果为:

$$a_i' = \left\lceil \frac{a_i}{2^{P-B}} + 0.5 \right\rceil, \quad i = 0, 1, \cdots, n-1 \qquad (15-27)$$

a_i 可近似表示为:

$$a_i \approx a_i' \times 2^{P-B}, \quad i = 0, 1, \cdots, n-1 \qquad (15-28)$$

再对溢出部分的激活值进行钳位,对所有 a_k' 满足 $a_k' > 2^B - 1$:

$$a_k' = 2^B - 1 \qquad (15-29)$$

此时得到的 $A' = (a_0', a_1', \cdots, a_{n-1}')$ 即为 B bit 线性量化之后的激活值。

本书研究了当参数不量化、溢出 $overflow$ 为 0 时,激活图的量化精度对 SqueezeNet V1.1 在 ImageNet 2012 验证集上 top-1 正确率和 top-5 正确率的影响,结果如图 15-5 所示。可以看出,相比于卷积层参数,激活图对量化精度不敏感。当量化位数大于等于 8 时,top-1 正确率和 top-5 正确率几乎没有下降;当量化位数为 7 时,top-1 正确率和 top-5 正确率略微下降;当量化位数为 6 时,top-1 正确率和 top-5 正确率显著下降。

3. 定点卷积层模型

对任意卷积层输出特征图中的任一元素 y,其计算过程可以表示为:

$$y = \max\left(\sum_{i=1}^{c \times h \times w} w_i^{float} a_i^{float} + b^{float}, 0 \right) \qquad (15-30)$$

其中,w_i^{float} 为单精度浮点权重参数;a_i^{float} 为单精度浮点输入特征图;b^{float} 为单精度浮点偏置;c 为输入特征图的通道数;h、w 分别为卷积核的长和宽。通过上面所述的方式,可分别对 w_i^{float}、a_i^{float} 和 b^{float} 进行定点量化:

$$w_i^{float} \approx w_i^{int} \times 2^{-M}$$
$$a_i^{float} \approx a_i^{int} \times 2^{-N}$$
$$b^{float} \approx b^{int} \times 2^{-L} \qquad (15-31)$$

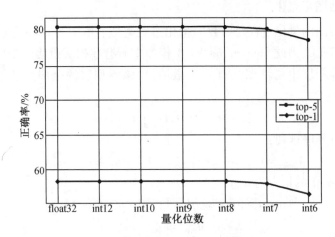

图 15 - 5　激活图量化位数对正确率的影响

卷积的计算过程可近似转换为:

$$y \approx \max\left(\sum_{i=1}^{c \times h \times w} \left(w_i^{\text{int}} \times 2^{-M} \right) \times \left(a_i^{\text{int}} \times 2^{-N} \right) + b^{\text{int}} \times 2^{-L}, 0 \right) \qquad (15-32)$$

记其中定点运算部分的运算结果为 y^{int},有:

$$y^{\text{int}} = \max\left(\sum_{i=1}^{c \times h \times w} w_i^{\text{int}} a_i^{\text{int}} + b^{\text{int}} \times 2^{L-(M+N)}, 0 \right) \qquad (15-33)$$

$$y \approx y^{\text{int}} \times 2^{-(M+N)} \qquad (15-34)$$

在 FPGA 上,卷积层参数和激活值的位数越低,消耗的逻辑资源越少,计算速度越快。取 0.5% 作为正确率损失阈值,此时可取卷积层参数和激活值均进行 8 bit 量化。

对权重参数、偏置、激活值进行 8 bit 量化之后,有:

$$-2^7 \leqslant w_i^{\text{int}} \leqslant 2^7 - 1$$
$$0 \leqslant a_i^{\text{int}} \leqslant 2^8 - 1$$
$$-2^7 \leqslant b^{\text{int}} \leqslant 2^7 - 1 \qquad (15-35)$$

故:

$$-2^{15} < w_i^{\text{int}} a_i^{\text{int}} < 2^{15} - 1 \qquad (15-36)$$

即在定点卷积加速器中,$w_i^{\text{int}} a_i^{\text{int}}$ 可以用 16 bit 定点乘法器实现。在 SqueezeNet V1. 1 中,$c \times h \times w$ 最大为 4 608,中间结果无法满足:

$$-2^{15} < \sum_{i=1}^{c \times h \times w} w_i^{\text{int}} a_i^{\text{int}} < 2^{15} - 1 \qquad (15-37)$$

所以在 FPGA 中对 $w_i^{\text{int}} a_i^{\text{int}}$ 计算结果拓展至 32 bit 进行累加运算。同时,$b^{\text{int}} \times 2^{L-(M+N)}$ 也需拓展至 32 bit 进行运算。

基于线性量化,本书提出了静态线性量化的量化方式。与线性量化不同的是,静态线性量化不通过对激活值绝对值排序来确定激活值的动态范围,而是根据各卷积层激活值在训练集上的动态范围确定。

对某一卷积层中的全部 n 个激活值 $A = (a_0, a_1, \cdots, a_{n-1})$,直接根据经验确定动态范围 P,8 bit 量化结果 $A' = (a_0', a_1', \cdots, a_{n-1}')$ 可表示为:

$$a_i' = \left[\frac{a_i}{2^{P-8}} + 0.5\right] \tag{15-38}$$

对于定点数,该计算过程可直接用移位运算代替:

$$a_i' = \left[\frac{a_i}{2^{P-8}} + 0.5\right] = \left[\frac{a_i + 2^{P-7}}{2^{P-8}}\right] = (a_i + (1 \ll (P-7))) \gg (P-8) \tag{15-39}$$

再对超过动态范围进行钳位,对所有 $a_i' > 255$,有:

$$a_i' = 255 \tag{15-40}$$

即静态线性量化将线性量化所需的内存访问、排序、量化转化为资源消耗极低的移位运算与钳位操作。与线性量化相比,由于可能存在激活值溢出动态范围的情况,因此静态线性量化会有部分正确率损失。经过静态线性量化的 ReLU 激活函数变为了:

$$f(x) = \begin{cases} 2^P, & x \geq 2^P \\ x, & 0 < x < 2^P \\ 0, & x \leq 0 \end{cases} \tag{15-41}$$

如果对 ReLU 函数的激活范围不加限制,输出范围为 0 到正无穷,当激活值非常大时,低精度的定点运算无法很好地覆盖激活值的动态范围,导致网络的精度下降。

经过大量实验,本书对 SqueezeNet V1.1 各卷积层选取的动态范围,如表 15-1 所示。采用静态线性量化之后,定点 SqueezeNet V1.1 模型的分类的 top-1 正确率和 top-5 正确率如表 15-2 所示。虽然正确率略超过 0.5% 的正确率损失容限,但也足以满足目标检测的精度需求。

表 15-1　各卷积层选取的动态范围

层名	P	层名	P
Conv1	-3	Fire5 Squeeze	2
Fire1 Squeeze	-2	Fire5 Expand	2
Fire1 Expand	-2	Fire6 Squeeze	3
Fire2 Squeeze	-1	Fire6 Expand	3
Fire2 Expand	-1	Fire7 Squeeze	3
Fire3 Squeeze	0	Fire7 Expand	3
Fire3 Expand	0	Fire8 Squeeze	3
Fire4 Squeeze	1	Fire8 Expand	2
Fire4 Expand	1	Conv2	2

表 15-2　定点 SqueezeNet V1.1 模型的正确率

	线性量化	静态线性量化	正确率损失/%
Top-1 正确率/%	57.704	57.490	0.214
Top-5 正确率/%	80.194	79.904	0.290

4.加速算法结构

本书设计的基于 FPGA 的目标检测加速算法结构,如图 15 –6 所示。

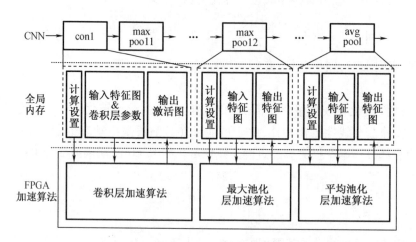

图 15 –6 基于 FPGA 的目标检测加速算法结构

该算法由卷积层加速算法、最大池化层加速算法和平均池化层加速算法组成。由于 SqueezeNet V1.1 模型中只包含卷积层和池化层,故 SqueezeNet V1.1 模型中所有运算均可通过本书实现的算法进行加速。

本书设计的最大池化层加速算法和平均池化层加速算法均采用 SIMD 方式实现。以 SIMD 方式实现的浮点卷积层加速算法作为基础,探索了多种优化方式,并结合上节实现的定点 CNN 模型设计了高性能、低功耗的定点卷积层加速算法。

5.卷积层加速算法

本研究综合了 SqueezeNet V1.1 定点模型、参数共享和跳过 0 激活值后续运算的定点卷积层加速算法,具体如下所示。

算法 1 定点卷积层加速算法

输入:X:输入特征图,$Weight$:卷积核参数,$bias$:卷积核偏置,S_b:卷积核偏置移位,(C_0, W_0, W_0):输入特征图尺寸,(C_1, K, K):卷积核尺寸,Pad:卷积补边,$Stride$:卷积步长,(C_1, W_1, W_1):输出特征图尺寸,S_o:输出移位,N:参数共享倍数,M:循环展开参数

输出:Y:输出激活图

1:　　functionConvolution(X, $Weight$, $bias$, C_0, W_0, C_1, K,

2:　　　　　　　　　　W_1, Pad, $Stride$, S_b, S_o, N, M)

3:　　　　for Y channel index $i = 1$ to (C_1 / N)

4:　　　　　for Y height index $j = 1$ to W_1

5:　　　　　　for Y width index $k = 1$ to W_1

6:　　　　　　　Vectorlized read $\vec{b} = bias[Ni - N + 1 : Ni]$

7：　　　　　Initialize $\vec{accum} = \vec{b} \ll S_b$

8：　　　　　for kernel height index $l = 1$ to K

9：　　　　　　for kernel width index $m = 1$ *to* K

10：　　　　　　Compute height and width index of X：

11：　　　　　　$h = (j - 1) \times Stride + l - Pad$

12：　　　　　　$w = (k - 1) \times Stride + m - Pad$

13：　　　　　　if $h \geqslant 1$ and $h \leqslant W_0$ and $w \geqslant 1$ and $w \leqslant W_0$

14：　　　　　　　// if no need to pad

15：　　　　　　　#pragma unroll M

16：　　　　　　　for kernel channel index $n = 1$ to C_0

17：　　　　　　　　Read $x = X[n][h][w]$ from memory

18：　　　　　　　　if $x > 0$

19：　　　　　　　　　Vectorlizedread $\vec{t} = Weight[Ni - N + 1 : Ni][n][l][m]$

20：　　　　　　　　　Compute dot product in parallel：

21：　　　　　　　　　$\vec{accum} = \vec{accum} + x\,\vec{t}$

22：　　　　　　Perform ReLU activation：$\vec{accum} = \vec{accum} > 0$? $\vec{accum}$：0

23：　　　　　　Shift operation：$\vec{accum} = (\vec{accum} + (1 \ll (S_o - 1))) \gg S_o$

24：　　　　　　Clamp operation：$\vec{accum} = \vec{accum} = \vec{accum} > 255$? 255 : $\vec{accum}$

25：　　　　　　Store $\vec{accum}$ to $Y[Ni - N + 1 : Ni][j][k]$

定点卷积层加速算法的输入特征图 X、卷积核参数 $Weight$、卷积核偏置 $bias$、输出激活图 Y 均为 8 bit 定点数，累加中间变量 $\vec{accum}$ 为 N 维向量，其中每个元素均为 32 bit 定点数。

对比浮点卷积层加速算法，定点卷积层加速算法增加了 S_b 和 S_o 两个参数。根据式 (15 - 33)，在计算卷积时，偏置需要先乘 $2^{L-(M+N)}$ 再与点积计算结果相加。在 FPGA 上，与 2 的幂的乘法可以用更为硬件友好的移位运算替代，即：

$$S_b = L - M - N \qquad (15 - 42)$$

S_o 为计算卷积层输出特征图静态线性量化时所需的参数，根据式 (15 - 34) 和式 (15 - 39) 可得：

$$S_o = P + M + N - 8 \qquad (15 - 43)$$

由于采用了 N 倍参数共享，计算点积的 3 个内层循环，同时计算 N 张输出激活图同一位置的元素，因此通过累加计算点积的过程由标量乘加变为了 N 维向量的乘加运算。需要说明的是，算法中针对向量的移位、比较等运算，均为逐元素运算。例如第 7 行对累加中间结果的初始化 $\vec{accum} = \vec{b} \ll S_b$ 为将 $\vec{b}$ 中的每一个元素左移 S_b 位赋值给 $\vec{accum}$。

同时，该算法采用了参数共享和跳过 0 激活值后续运算后，定点卷积层加速算法处理单张图片卷积层内存读取访问总量为：

$$Mem_{total\_int} = \sum_i \left[\frac{1}{N} Mem_X^i + (1 - p^i) Mem_{kernel}^i \right]$$

$$\approx \frac{1}{2N} Mem_{total} + 0.305 Mem_{total}$$

$$= \frac{1 + 0.61N}{2N} Mem_{total} \tag{15-44}$$

取参数共享倍数 N 为16,此时有:

$$Mem_{total\_int} \approx \frac{1 + 0.61 \times 16}{2 \times 16} Mem_{total} = 0.336 Mem_{total} \tag{15-45}$$

即定点卷积层加速算法理论上可减少约65%的内存访问量。同时由于输入和输出数据均为 1 Byte 定点数据,分类单张图片所需的内存带宽变为:

$$BW_{int} \approx 700 \text{ M} \times 0.336 \times 1 \text{ Byte} = 235.2 \text{ MB} \tag{15-46}$$

在 DDR3 内存的无人机载平台上,SqueezeNet V1.1 的理论速度上限提升至约每秒处理 27 张图片。此外,因为对卷积核参数和卷积核偏置采用了向量化的数据读取,对比浮点卷积层加速算法整体的内存访问效率还会有所提升。

与浮点卷积层加速算法不同的是,SIMD 处理单元数量不再通过循环展开数单参数控制,而是由参数共享倍数 N 和循环展开参数 M 共同控制。在内存循环中,每个周期都会迭代计算 M 次 N 维向量的乘加,在 FPGA 内部会生成 $M \times N$ 个定点乘加器,即处理单元数为:

$$PE = M \times N \tag{15-47}$$

定点卷积层加速算法在 FPGA 上的实现,如图 15-7 所示。

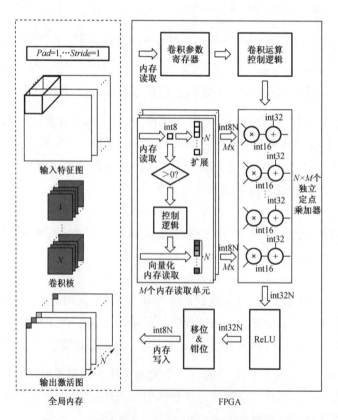

图 15-7　定点卷积层加速算法在 FPGA 上的实现

从功能上划分,定点卷积层加速算法在 FPGA 上的实现可以分为卷积运算控制逻辑、内存读取单元、并行乘加器和内存写入单元四个部分。算法在 FPGA 上运行时,先从内存中读取卷积层的参数,存入内部的寄存器中。卷积运算逻辑根据寄存器中的参数,设置定点卷积加速算法嵌套循环的迭代次数,并控制内存读取单元和并行乘加器实现对应的卷积运算。卷积运算的结果随即进入内存,写入单元完成 ReLU 激活和静态量化,并最终把激活值写入全局内存。

6. 池化层加速算法

采用 SIMD 方式并行计算的最大池化层加速算法如下所示。

算法 2　最大池化层加速算法

输入:X:输入特征图,(C_0, W_0, W_0):输入特征图尺寸,(C_0, W_1, W_1):输出特征图尺寸,

　　　PE:处理单元数量

输出:Y:输出激活图

```
1:      function Maxpool (X, C_0, W_0, W_1, PE)
2:      for Y channel index i = 1 to C_0
3:        for Y height index j = 1 to W_1
4:          for Y width index k = 1 to W_1
5:            Initialize tmp = 0
6:            for kernel height index l = 1 to 3
7:              #pragma unroll PE
8:              for kernel width index m = 1 to 3
9:                Compute height and width index of X:
10:               h = (j - 1) ×2 + l
11:               w = (k - 1) ×2 + m
12:               Read x = X[n][h][w] from memory
13:               Find max value: tmp = x > tmp ? x : tmp
14:             Store tmp to Y[i][j][k]
```

SqueezeNet V1.1 中共有 3 个最大池化层,均为 3×3 步长为 2 的池化运算,所以最大池化层加速算法的输入只有输入特征图 X、输入特征图的尺寸、输出特征图的尺寸和处理单元数量 PE。

最大池化层加速算法由 5 层嵌套循环组成。3 个外层循环输出特征图所有元素对应着输入特征图位置;2 个内层循环在 3×3 尺寸的模板内遍历比较所有元素,得到最大值并存入输出特征图中的对应位置。

与卷积层加速算法类似,最大池化层加速算法通过循环展开的方式进行并行计算。当不进行循环展开时,在每个时钟周期只能比较一个元素的大小;循环展开之后,FPGA 内部会生成 PE 个独立的内存读取和元素比较单元,即每个时钟周期可以进行 PE 次元素比较。最大池化层加速算法在性能理论上和 PE 呈正比。

采用 SIMD 方式并行计算的平均池化层加速算法如下所示。

算法 3 平均池化层加速算法

输入: X: 输入特征图, PE: 处理单元数量

输出: Y: 输出激活图

1: functionAvgpool(X, PE)

2:     for X channel index i = 1 to 1 000

3:        Initializetmp = 0

4:        for X height index j = 1 to 13

5:           #pragma unroll PE

6:           for X width index k = 1 to 13

7:              Read $x = X[n][h][w]$ from memory

8:              Accumulate: $tmp = tmp + x$

9:        $tmp = tmp \div 169$

10:         Store tmp to $Y[i]$

SqueezeNet V1.1 中仅有一个平均池化层。该层和 Conv2 层共同作用完成分类器的工作。平均池化层的作用是将 Conv2 层输出的 1 000 × 13 × 13 尺寸激活图转化为 ImageNet 数据集中 1000 个分类各类别的得分。池化运算模板的尺寸为 13 × 13。一次,平均池化层加速算法的输入仅为输入特征图 X 和处理单元数量 PE。

平均池化层加速算法由 3 个嵌套循环组成,最外层的循环遍历输入特征图 1 000 个通道,2 个内层循环计算输入特征图 13 × 13 区域所有元素的平均值,并存入输出特征图。

平均池化层加速算法通过循环展开的方式进行并行计算。采用 PE 个循环展开后,在每个时钟周期最内层循环可进行 PE 次累加,平均池化层性能和 PE 成正比。

15.5 加速算法性能测试

本书设计的目标检测加速算法的资源消耗和运行 SqueezeNet V1.1 处理单张图像所需时间,如表 15 - 3 所示。算法的整体吞吐量等效 5.95GFLOPS,每秒可处理约 8 帧图像。

表 15 - 3 目标检测加速算法资源消耗和吞吐量

	ALUT/%	FF/%	RAM/%	DSP/%	运行时间/ms
最佳性能目标检测加速算法	83	59	100	88	121

在此基础上,本研究测试了目标检测加速算法在 FPGA 上运行时的功耗。由于 DE10 - Nano 上 FPGA 和 ARM 处理器集成在同一芯片上,无法单独测量 FPGA 的功耗;同时 DE10 - Nano 开发板板载的其他未用到的传感器、接口,以及电阻、电容、电感等其他元器件,也会对功耗测试产生干扰。所以本研究分别测试了 ARM 处理器工作、FPGA 待机和

ARM 处理器。当 FPGA 协同完成目标检测加速算法时,DE10 – Nano 开发板总体的功耗,以两者的差值作为目标检测加速算法在 FPGA 上运行时的功耗估算。ARM 处理器、FPGA 协同完成目标检测加速算法的功耗数据为 DE10 – Nano 开发板连读运行加速算法处理 1 000 张随机输入图片时的平均值。

如图 15 – 8 所示,当测量功耗时,DE10 – Nano 开发板通过优利德公司生产的 UT658 型功率计连接到直流电源。该方法测得 FPGA 运行本研究设计的目标检测加速算法时的功耗为 2.5 W,与图 15 – 9 的 Quartus Ⅱ 18.1 软件给出的 2.3W 功耗的功耗估算结果基本一致。后续所有相关分析均采用 2.5 W 作为 FPGA 的功耗。

图 15 – 8　功耗测试系统连接示意图

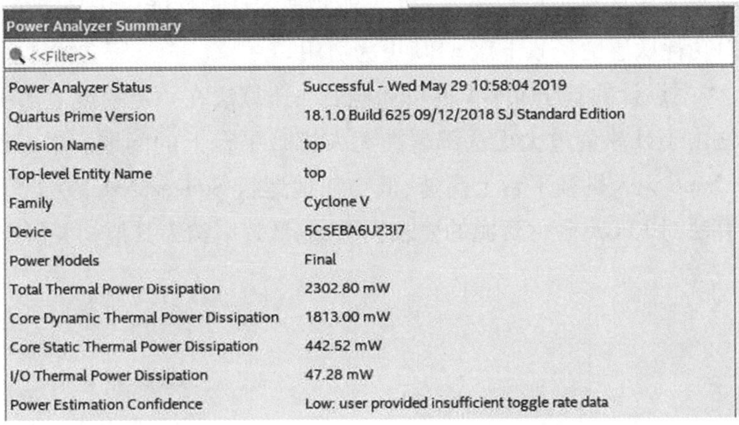

Power Analyzer Summary	
🔍 <<Filter>>	
Power Analyzer Status	Successful - Wed May 29 10:58:04 2019
Quartus Prime Version	18.1.0 Build 625 09/12/2018 SJ Standard Edition
Revision Name	top
Top-level Entity Name	top
Family	Cyclone V
Device	5CSEBA6U23I7
Power Models	Final
Total Thermal Power Dissipation	2302.80 mW
Core Dynamic Thermal Power Dissipation	1813.00 mW
Core Static Thermal Power Dissipation	442.52 mW
I/O Thermal Power Dissipation	47.28 mW
Power Estimation Confidence	Low: user provided insufficient toggle rate data

图 15 – 9　Quartus Ⅱ 软件功耗估算结果

由于在资源有限的 FPGA 平台上设计 CNN 加速算法的相关研究较少,本研究并未找到在与 DE10 – Nano 开发板相同 FPGA 平台上实现的目标检测加速算法。因此,本研究选取了在相同 FPGA 厂商 Intel 公司生产的同制程超大体量 FPGA 平台上实现的相关研究,和在不同 FPGA 厂商 Xilinx 公司生产的同制程、面向嵌入式系统的 FPGA 平台上的相关研究作为对比。对比结果见表 15 – 4。

表 15 - 4　本研究提出的算法与相关研究对比

	FPGA2016	FPT2017	SqueezeJet	本研究
FPGA 厂商	Intel	Intel	Xilinx	Intel
型号	5SGXEA7	5SGXEA7	XC7Z020	5CSEA6
制程/nm	28	28	28	28
逻辑单元/k	622	622	85	110
RAM/Mb	50	50	4.9	5.57
DSP	352	352	220	112
处理器	n/a	n/a	双核 ARM A9	双核 ARM A9
CNN 模型	AlexNet	AlexNet	SqueezeNet v1.1	SqueezeNet v1.1
模型精度	定点	浮点	定点	定点
实现方法	OpenCL	OpenCL	Vivado HLS	OpenCL
工作频率/MHz	120	181	100	101.7
运行时间/ms	45.7	43	278.4	121
性能/GOPs	31.8	33.9	2.59	5.95
功率/W	25.8	27.3	2.275	2.5
能量效率/GOPs/W	1.23	1.24	1.14	2.38

　　基于 FPGA 的目标检测加速算法,除计算性能外,能量效率也是评价加速算法的重要指标之一。能量效率表示的是单位功耗下 FPGA 能实现的计算性能。正是能量效率高这一特点使 FPGA 在对功耗敏感的场景下比 GPU 更为适用。

　　综上所述,本书设计的基于 FPGA 的目标检测加速算法在一定程度上解决了基于 CNN 的目标检测算法由于计算量过大无法部署在无人机载平台上的问题。本书设计的加速算法可在 DE10 - Nano 无人机载平台上高速、低功耗地运行 SqueezeNet V1.1 模型。同时,本书设计的加速算法对 FPGA 硬件资源的要求较低,能量效率约为其他相关研究的 1.9 倍。

附　录　A

1. 基于 CORDIC 算法的 DDS 的原理图(6 级流水线)

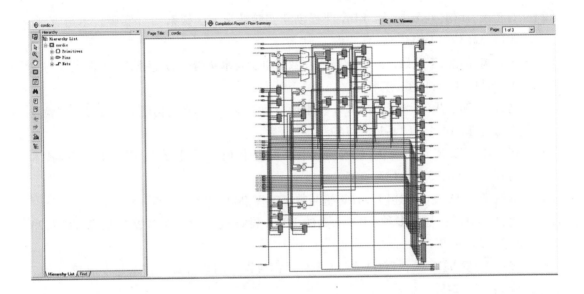

2. 基于 CORDIC 算法的 DDS 的原理图(3 级流水线)

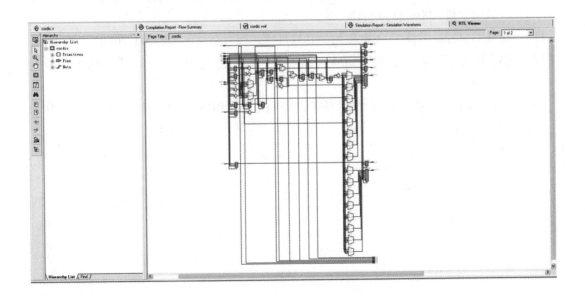

参 考 文 献

[1] 吴楚格,王凌,郑晓龙.求解不相关并行机调度的一种自适应分布估计算法[J].控制与决策,2016,31(12):2177-2182.

[2] 谷善茂,杜德,刘云龙,等.EDA课程创新实验教学方法探索[J].实验技术与管理,2015,32(3):40-43.

[3] 王彩凤,胡波,李卫兵,等.EDA技术在数字电子技术实验中的应用[J].实验科学与技术,2011,9(1):4-6.

[4] 高金定,邬书跃,孙彦彬,等.EDA技术创新型实验教学体系的构建与实践[J].实验技术与管理,2011,28(2):158-160.

[5] 崔国玮,李文涛.基于EDA技术的数电课程设计新模式的探索与实践[J].实验技术与管理,2008,25(1):123-125.

[6] 刘昌华.EDA技术综述[J].计算机与数字工程,2007,35(12):49-53.

[7] 蒋昊,李哲英.基于多种EDA工具的FPGA设计流程[J].微计算机信息,2007,23(32):201-203.

[8] 张亚平,贺占庄.基于FPGA的VGA显示模块设计[J].计算机技术与发展,2007,17(6):242-245.

[9] 周树德,孙增圻.分布估计算法综述[J].自动化学报,2007,33(2):113-124.

[10] 王玫,王桂珍,田丽鸿.基于EDA改革数电课程设计,培养学生创新能力[J].电气电子教学学报,2006,28(4):18-21.

[11] 傅佳辉,吴群.微波EDA电磁场仿真软件评述[J].微波学报,2004,20(2):91-95.

[12] 孙富明,李笑盈.基于多种EDA工具的FPGA设计[J].电子技术应用,2002,28(1):70-73.

[13] 潘松,王国栋.基于EDA技术的CPLD/FPGA应用前景[J].电子与自动化,1999(3):3-6.